高职高专物联网技术与应用专业系列教材

单片机应用技术

主　编　刘德新　曹雪梅

副主编　龚汉东

西安电子科技大学出版社

内 容 简 介

本书以单片机的应用为导向，通过大量应用实例项目巩固单片机相关知识点，所有实例项目均可在 Proteus 软件中仿真完成。全书共分 10 章，内容包括单片机概述、最小单片机系统、C51 编程设计、单片机输入应用与输出应用、单片机内部资源及应用、基于实际应用的数据采集与输出控制、串口通信与综合应用。附录介绍单片机开发环境。

本书内容丰富，讲解深入浅出，具有较强的实践性与系统性。本书以理论够用、实用为主，注重对读者实践能力的培养，每章都设计有实例项目，且每个实例都是从实际应用项目中总结提炼出来的，以期让读者建立完整、系统的工程观念。

本书既可作为高职高专、本科层次职业教育、应用型本科物联网技术与应用、电子技术等相关专业的单片机课程教材，也可作为单片机初学者的自学教材。

图书在版编目(CIP)数据

单片机应用技术 / 刘德新，曹雪梅主编. —西安：
西安电子科技大学出版社，2021.2(2022.8 重印)
ISBN 978-7-5606-6005-9

Ⅰ. ①单…　Ⅱ. ①刘…　②曹…　Ⅲ. ①单片微型计算机—教材　Ⅳ. ①TP368.1

中国版本图书馆 CIP 数据核字(2021)第 021971 号

策　　划　明政珠
责任编辑　阎　彬
出版发行　西安电子科技大学出版社(西安市太白南路 2 号)
电　　话　(029)88202421　88201467　　　邮　　编　710071
网　　址　www.xduph.com　　　　　　　电子邮箱　xdupfxb001@163.com
经　　销　新华书店
印刷单位　陕西天意印务有限责任公司
版　　次　2021 年 2 月第 1 版　　2022 年 8 月第 3 次印刷
开　　本　787 毫米×1092 毫米　1/16　印　张　15.5
字　　数　360 千字
印　　数　1501～4500 册
定　　价　36.00 元
ISBN 978-7-5606-6005-9 / TP

XDUP 6307001-3

前　言

本书是一本全面讲解 8051 单片机开发及其嵌入式系统设计的书籍。全书内容设计遵循由浅入深、循序渐进的学习规律。编者充分考虑嵌入式软硬件学习的特点，紧密结合开发实例，系统完整地介绍了 Keil C51 程序编译和 Proteus 仿真平台下的 AT89C51 单片机开发技术。

全书共 10 章。

第 1 章简要介绍单片机的概念、发展历程及开发语言，使读者对单片机有个初步的认识。

第 2 章介绍 MCS-51 单片机的硬件知识，包括芯片的外部引脚、内部结构和单片机最小系统构成。

第 3 章介绍 C51 软件设计基础。首先介绍 C51 单片机的存储方式，包括存储器的寻址方式和不同存储位置的变量定义方式；然后讲解 C51 单片机软件基础知识，包括数据类型、基本运算、基本语句、函数、数组与指针。

第 4 章与第 5 章介绍单片机的输入、输出应用开发，包括键盘接口、LED 显示器接口与字符型 LCD 显示接口的使用及其应用实例。掌握本章内容后，读者就可以在 Proteus 环境下设计简单的单片机系统和编写简单的单片机输入、输出接口控制程序，进行单片机系统的仿真实验。

第 6 章介绍 MCS-51 单片机内部资源及应用，包括中断系统和定时器/计数器的组成及应用。

第 7 章与第 8 章主要讲述基于实际应用的数据采集与输出控制，通过应用实例展示 A/D 和 D/A 转换器接口的使用。

第 9 章介绍串行通信，包括 RS-232 通信、RS-485 通信与 I^2C 总线及其应用。

第 10 章为综合应用，包括实时时钟/日历系统设计实例与交通灯控制系统设计实例。

附录介绍了单片机的开发环境，包括编译软件 Keil C51 与单片机系统仿真软件 Proteus。

由于编者水平有限，书中难免存在不足之处，恳请广大读者批评指正，以便在今后的修订工作中进一步改进。

编　者

2020 年 10 月于深圳

目　　录

第 1 章 单片机概述

单片机技术的实用性非常强，本书围绕单片机和单片机系统的应用，由浅入深地介绍单片机技术。为了更好地掌握该技术，读者在学习的过程中一定要亲自动手去完成单片机的硬件电路设计和软件编程。为了减少读者的学习成本，本书所有的项目都可以在 Proteus 软件中仿真完成。

1.1 单片机简介

1.1.1 单片机的概念

单片机的全称是单片微型计算机(Single Chip Microcomputer)，又称为微控制器(Microcontroller)。它是把中央处理器(CPU)、随机存取存储器(RAM)、只读存储器(ROM)、输入/输出端口(I/O)等计算机主要功能部件都集成在一块电路芯片上所构成的微型计算机。它不是一块简单地完成某一个逻辑功能的芯片，而是把一个计算机系统集成到一个芯片上，和一般的计算机相比，单片机只缺少 I/O 设备。可以说一块单片机就是一个微型计算机，它体积小、重量轻、价格便宜，为学习、应用和开发提供了便利条件。此外，学习使用单片机是了解计算机原理与结构的最佳选择。

单片机的内部自成体系，集成的部件主要有中央处理器、随机存取存储器、只读存储器、可编程存储器(或闪烁存储器)、并行接口电路、串行通信接口电路、定时器/计数器、中断控制器等。若再加上其他的外围设备，就可以组成一个完整的单片机系统，所以本书主要介绍单片机系统。

单片机的分类一般是以字长(单片机一次处理二进制数据的位数)来划分的，主要有 4 位、8 位、16 位和 32 位单片机，其中 8 位单片机为主流单片机。

1.1.2 单片机发展历程

美国 Intel 公司在 1971 年率先推出 4 位微处理器，拉开了单片机发展的序幕。早期的单片机都是 4 位或 8 位的，其中最成功的是 Intel 公司的 8031，因为简单可靠且性能不错，8031 获得了一致好评。1980 年，Intel 公司在 8031 的基础上又推出 MCS-51 系列单片机，这标志着单片机在其应用领域的快速发展。基于 MCS-51 的单片机系统直到现在还在广泛使用。随着工业控制领域要求的提高， 16 位单片机出现了，但因为其性价比不够理想，并未得到广泛的应用。20 世纪 90 年代末，随着消费电子产品的大发展，单片机技术得到了巨大的提高。随着 Intel i960 系列特别是后来的 ARM 系列的广泛应用，32 位单片机迅速取代 16 位单片机的高端地位，并且进入主流市场。而传统的 8 位单片机的性能也得到了飞速提高，处理能力比起 20 世纪 80 年代提高了数百倍。目前，高端的 32 位单片机主频已经超过 300 MHz，性能直追 20 世纪 90 年代中期的专用处理器。

随着科学技术的发展，单片机的集成度越来越高，集成的部件也越来越多。许多单片机中集成了几乎所有常用的芯片，例如串行可编程存储器、看门狗电路、模/数转换电路、数/模转换电路、DMA 通道等，都能集成到一片单片机中。

虽然单片机从诞生到现在的时间并不长，但其发展速度却相当迅速。它的产生与发展几乎和微处理器(计算机的微处理器)的产生和发展是同步的。

本书以 STC 公司的 STC12C5A60AD/S2 系列单片机和 Atmel 公司的 AT89C51 单片机为例介绍单片机结构原理，并完成单片机的一系列实验。

1.1.3 单片机的应用

单片机具有体积小、重量轻、可靠性高、价格低廉、功耗低、控制功能强和运算速度快等优点，其应用范围极其广泛，在国民经济建设、军事及家用电器等领域均得到了广泛的应用。按照单片机的特点，其应用领域可以划分为单机应用和多机应用两种。

1. 单机应用

单机应用是指在一个应用系统中只使用一片单片机，这是目前应用最多的一种方式。单机应用的主要领域有：

(1) 测控系统。用单片机可以构成各种不太复杂的工业控制系统、自适应控制系统和数据采集系统等，以达到测量与控制的目的，如一般温度控制、自动生产线控制、液体控制及常用设备的测量等。

(2) 智能仪表。用单片机改造原有的仪器和仪表的测量控制功能，使得仪器、仪表向智能化、数字化、多功能化和综合化等方向发展。如对温度、压力、流量和浓度等进行测量、显示和控制的仪器仪表，通过单片机及单片机的软件编程，不仅可以完成相关参数测量，还可以使仪器、仪表具有运算、误差校正、线性化、零漂移处理和监控等功能，集测量、处理和控制功能于一体。

(3) 机电一体化产品。单片机与传统的机械产品的结合，使传统机械产品结构简化和控制智能化，如新一代数控机床、电脑绣花机和医疗器械等机电一体化产品。

(4) 智能接口。在计算机控制系统中，特别是在较大型的工业测控系统中，用单片机进行接口的控制与管理，加上单片机与主机的并行工作，可以大大提高系统的运行速度。例如，在大型数据采集系统中，可以用单片机对模/数转换接口进行控制，不仅可以提高采集速度，而且可以对数据进行处理，如进行数字滤波或误差修正等。

(5) 智能民用产品。在家用电器、玩具、游戏机、声像设备、电子秤、收款机、办公设备和厨房设备等众多产品中，单片机控制器的引入不仅可以使产品的功能增强和性能提升，还可以获得良好的使用效果。

2. 多机应用

单片机的多机应用系统大致可以分为多功能集散系统、并行多机控制系统和局部网络系统。

(1) 多功能集散系统。多功能集散系统是为了满足工程系统多种外围功能的要求而设置的多机系统。例如，一个加工中心的计算机系统除了要完成机床加工运行控制，还要对对刀系统、坐标指示、刀库管理、状态监视和伺服驱动等机构进行控制。

(2) 并行多机控制系统。并行多机控制系统主要解决工程应用系统的快速性问题，使其构成大型实时工程应用系统。典型的并行多机控制系统有快速并行数据采集、处理系统和实时图像处理系统等。

(3) 局部网络系统。单片机局部网络系统的出现，使单片机的应用进入了一个新的领域。目前单片机构成的局部网络系统主要是分布式测控系统。单片机主要用于系统中的通信控制，以及构成各种测控子系统。

综上所述，目前单片机已经广泛应用于工业控制、机电一体化设备、智能仪器仪表、信号处理、现代兵器、交通能源、商用设备、网络与通信、医疗器械及家用电器等各个领域。随着单片机性能的不断提高，其应用将会更加广泛。

1.2　单片机开发语言与软件

1.2.1　单片机程序设计语言

目前 8 位单片机的开发通常采用的编程语言是汇编语言或 C 语言。随着单片机开发技术的不断发展，编程语言已从普遍使用的汇编语言过渡到高级语言(如 C 语言)。汇编语言是指利用单片机的汇编指令完成的编程语言；单片机 C 语言是指利用 C 语言在单片机上进行开发的编程语言，通常也称为单片机 C51 语言。

采用这两种编程语言进行开发，哪一种更好呢？

比较一下采用这两种编程语言开发的优点和不足：

- 采用汇编语言，开发人员需要对指令非常熟悉，对寄存器掌握透彻；
- 采用 C 语言，开发人员只需掌握 C 语言的编程规则；
- C 语言是结构化的语言，考虑的是编程的思路，可读性强；
- C 语言不要求开发人员了解单片机的指令系统，仅要求开发人员对 MCS-51 系列单片机的存储结构有初步认识；
- C 语言中对寄存器的分配、存储器的寻址及数据类型的定义等细节由编译器管理；
- C 语言程序有规范的结构，可分为不同的函数，可以使程序结构化；
- C 语言的关键字及运算函数可按照近似人的思维方式使用；
- C 语言编程及程序的调试时间更短，大大提高了工作效率；

- C 语言提供的库函数中包含了许多标准子函数，具有较强的数据处理能力；
- 已编写好的 C 语言程序可方便地移植到新的程序中，方便模块化程序设计；
- 汇编语言的执行效率比 C 语言略高；
- C 语言的编程效率比汇编语言高很多。

总体来说，采用汇编语言进行单片机开发，要求开发人员对单片机的内部结构要有较深刻的认识，对单片机硬件的掌握要比较透彻。而由于 C 语言具有诸多优点，采用它进行单片机的开发是未来发展的趋势。为了提高开发效率，采用 C51 语言进行开发的工程师越来越多，所以，掌握 C51 语言的开发和应用是非常重要的。

1.2.2 单片机开发软件

本书所采用的单片机开发语言是 C51，用到的软件包括编程软件和仿真软件。

编程软件用的是目前最流行的开发 MCS-51 系列单片机的软件平台之一 Keil C51，它是学习 C51 单片机软件开发最重要的工具。Keil C51 软件提供了包括 C 编译器、宏汇编、连接器、库管理和一个功能强大的仿真调试器等在内的完整开发方案。

单片机仿真软件用的是英国 LabCenter Electronics 公司推出的 Proteus 软件，它可以对基于微控制器的设计连同所有的附带电子器件一起仿真，即完成一个完整的单片机系统仿真。Proteus 软件集成了高级原理布线、混合模式 SPICE 电路仿真、PCB 设计以及自动布线，可实现一个完整的电子电路系统设计。

开发单片机时，可在 Keil C51 上进行程序的编辑、编译和链接，还可在 Proteus 上进行仿真。通过仿真可以看到实际的效果，并且可以根据结果的反馈去修改程序，达到较好的学习效果。Keil C51 与 Proteus 软件的安装与使用方法，在本书附录中做了详细介绍。

1.3 单片机应用实例

本节将介绍单片机的两个简单的应用实例，通过这两个实例的学习可以大致了解单片机以及单片机系统的应用。在学习这两个实例前，可以先学习一下 Keil C51 和 Proteus 软件的使用方法(见附录)。

1.3.1 引例 1

如图 1-1 所示为单片机控制 LED 的原理图，可实现单片机控制发光二极管(Light Emitting Diode，LED)的显示。图 1-1 所示是一个最基本的电路，也是本书的第一个实验电路，将作为后续章节中跑马灯的电路图。图 1-1 中的单片机可以是 MCS-51 系列单片机中的任何一款；C1、C2 及 X1 构成晶体振荡器电路；C3、R9 是最简单的复位电路；VD1～VD8 是 LED；R1～R8 是 LED 的限流电阻。LED 电路的连接方式一般采用灌电流形式。LED 的具体工作过程由单片机的软件控制来完成。

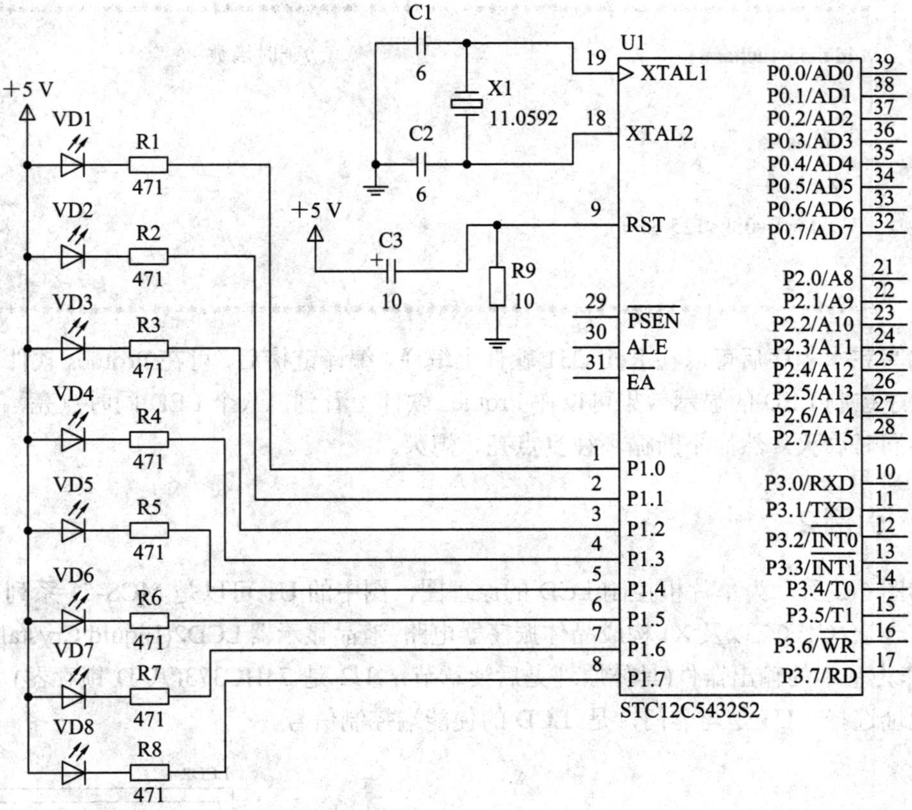

图 1-1　单片机控制 LED 的原理图

下面为单片机控制 LED 显示的程序。

```
/*************************************************************************/
#include <reg52.h>                              //头文件
#define uchar unsigned char                     //类型缩写定义
void delay(uchar);                              //函数声明
/*************************************************************************/
void main(void)                                 //主函数
{
    uchar exchange;                             //变量声明
    exchange=0xff;
    while(1)                                    //循环
    {
        P1=exchange;                            //送单片机的 P1 端口
        exchange=~exchange;                     //变量取反
        delay(255); delay(255); delay(255);     //延时大约 760 ms
    }
}
```

```
/************************************************************************/
void delay(uchar x)                                    //延时函数
{
    uchar k;
    while(x--)
      for(k=0; k<125; k++);
}
/************************************************************************/
```

编写完本程序后可以在 Keil C51 软件上编译，编译链接后，可在 Protues 软件上进行仿真。程序控制 LED 的显示效果可以在 Protues 软件上看到：八个 LED 同时点亮，延时一段时间后同时熄灭，然后不断循环往复点亮、熄灭。

1.3.2 引例 2

如图 1-2 所示为单片机控制 LCD 的原理图，图中的 U1 可以是 MCS-51 系列单片机中的任何一款；C1、C2 以及 X1 构成晶体振荡器电路；液晶显示器 LCD2(Liquid Crystal Display，LCD)作为基本的输出器件(具体原理见后续章节)；U2 是 74HC373(八 D 锁存器)，为 LCD 提供地址选择；U3 是与非门，是 LCD 的使能端控制信号。

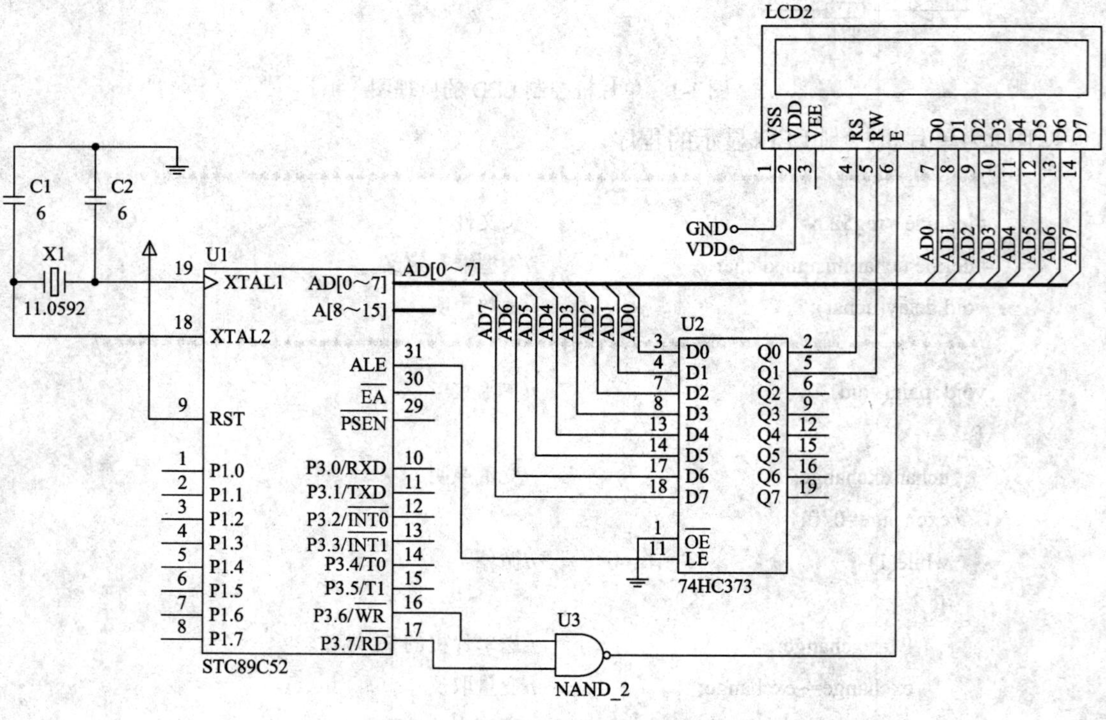

图 1-2　单片机控制 LCD 的原理图

本电路的软件控制部分待读者学完后续章节中 LCD 的内容后，可再根据此原理图自行完成。

本章小结

本章首先对单片机进行了概述，介绍了单片机的概念和发展历程等基本内容，然后对单片机的开发语言及相关软件做了简单说明，最后通过两个引例，使读者对单片机的开发与应用有了一个系统、直观的认识。

本章习题

1. 日常生活中应用单片机的产品有哪些？至少举出 5 个例子。
2. 手机中应用单片机了吗？若有，想想单片机在手机中的作用是什么？
3. 单片机可以利用 C 语言和汇编语言进行开发，两者相比 C 语言具有哪些优点？
4. 你认为程序设计中的可读性体现在哪些方面？
5. 单片机一般怎样分类？8 位单片机的常用领域有哪些？
6. 思考本章引例 1 程序中为什么有一个死循环？假如你的手机中的单片机程序没有死循环，手机会发生什么现象？

第 2 章　最小单片机系统

目前，世界上有几十家半导体公司在生产兼容 MCS-51 的单片机，每家公司又有几十甚至上百种兼容 MCS-51 单片机的产品。虽然 MCS-51 单片机的生产厂家众多，各公司生产的 MCS-51 单片机型号也不同，但是其 CPU 的内核是一样的，只是单片机内部的外围配置有所不同。因此，学习单片机时只需选择一款合适的单片机即可。本书后面章节中均以 STC 公司生产的 STC89C52、STC12C5A60S2/AD 和 Atmel 公司的 AT89C51 为例，这两类单片机的特性差别不是很大。STC 公司的 STC89C52 及其系列产品都具有程序自动下载功能，是学习单片机的典型芯片，也是进行产品开发较好使用的单片机。本系列的单片机还有很多，读者可以在相关的网站找到相应的资料。

本章先以 STC89C52 为例介绍相关的功能。其他的 MCS-51 系列单片机的特性及功能大同小异，所以只要认真学好某一种单片机，其他的单片机也就能灵活应用了。

STC89C52 芯片采用高性能的静态 80C51 设计，以先进的 CMOS 工艺制造并包含非易失性 Flash 程序存储器，可通过并行编程或在线系统编程(In-System Programming，ISP)的方法进行编程。

STC89C52 分别包含 256 B RAM、32 个 I/O 端口、3 个 16 位定时器/计数器、6 个中断源、4 个中断优先级、嵌套的中断结构、1 个增强型 UART、看门狗定时器，以及片内振荡器和时钟电路。

此外，STC89C52 芯片的静态设计使其具有非常宽的频率范围，甚至可低至零。具有两个软件可选的节电模式：空闲模式和掉电模式。空闲模式时，冻结 CPU 的运行，但允许 RAM、定时器、串口和中断系统继续保持其功能。掉电模式时，保持 RAM 的内容，但冻结振荡器的工作，这样可使片内其他功能都停止工作。由于是静态设计，时钟停止不会使用户数据丢失，重新操作时可从时钟停止点恢复运行。

2.1　单片机内部结构

如图 2-1 所示是 STC89C52 的内部结构图，如表 2-1 所示为 STC89C52 与其他单片机的参数比较表。

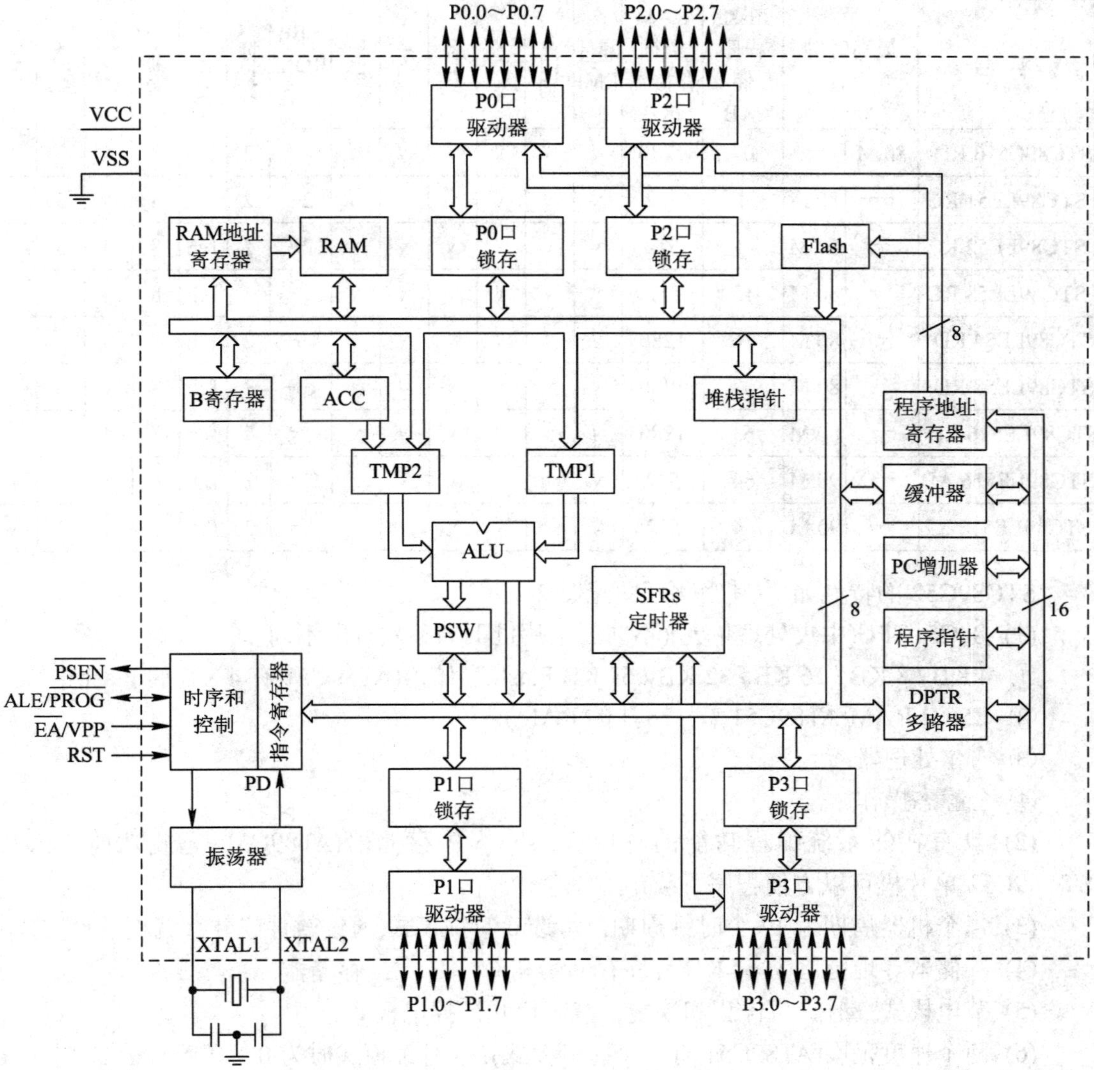

图 2-1　STC89C52 的内部结构图

表 2-1　STC89C52 与其他单片机的参数比较表

型　号	最高时钟频率/Hz		Flash 程序存储器/KB	RAM 数据存储器/KB	降低 EMI	看门狗	双倍速	P4 口	ISP	IAP	EEPROM/KB	数据指针	串口 UART	中断源	优先级	定时器	A/D
	5 V	3 V															
STC89C51 RC	80 M	—	4	512	√	√	√	√	√	√	2+	2	1ch	8	4	3	
STC89C52 RC	80 M	—	8	512	√	√	√	√	√	√	2+	2	1ch	8	4	3	
STC89C53 RC	80 M	—	13	512	√	√	√	√	√	√	—	2	1ch	8	4	3	
STC89C54 RD+	80 M	—	16	1280	√	√	√	√	√	√	16+	2	1ch	8	4	3	
STC89C55 RD+	80 M	—	20	1280	√	√	√	√	√	√	16+	2	1ch	8	4	3	
STC89C58 RD+	80 M	—	32	1280	√	√	√	√	√	√	16+	2	1ch	8	4	3	

续表

型　号	最高时钟频率/Hz		Flash程序存储器/KB	RAM数据存储器/KB	降低EMI	看门狗	双倍速	P4口	ISP	IAP	EEPROM/KB	数据指针	串口UART	中断源	优先级	定时器	A/D
STC89C516 RD+	80 M	—	63	1280	√	√	√	√	√	√	—	2	1ch	8	4	3	
STC89LE51 RC	—	80 M	4	512	√	√	√	√	√	√	2+	2	1ch	8	4	3	
STC89LE52 RC	—	80 M	8	512	√	√	√	√	√	√	2+	2	1ch	8	4	3	
STC89LE53 RC	—	80 M	13	512	√	√	√	√	√	√	—	2	1ch	8	4	3	
STC89LE54 RD+	—	80 M	16	1280	√	√	√	√	√	√	16+	2	1ch	8	4	3	
STC89LE58 RD+	—	80 M	32	1280	√	√	√	√	√	√	16+	2	1ch	8	4	3	
STC89LE516 RD+	—	80 M	63	1280	√	√	√	√	√	√	—	2	1ch	8	4	3	
STC89LE516 AD	—	90 M	64	512	√	—	—	√	√		—	2	1ch	6	4	3	√
STC89LE516 X2	—	90 M	64	512	√	—	√	√	√		—	2	1ch	6	4	3	√

STC89C52 的特性如下(其简化框图见图 2-2)：

(1) 80C51CPU(中央处理单元)(不同的单片机下列参数有所不同)：

① 4 KB / 8 KB / 16 KB / 32 KB / 64 KB Flash 存储器(AT89C51 有 4 KB 的 Flash)；

② 256 B RAM(AT89C51 有 128 B 的 RAM)；

③ 布尔处理器；

④ 全静态操作。

(2) 具有在线系统编程功能的片内 Flash 程序存储器(AT89C51 无此功能，选用 STC89C52 单片机可以方便程序下载)。

(3) 每个机器周期为 12 个时钟周期，可选 6 时钟模式(通过软件或并行编程器设置)。

(4) 存储器寻址范围为 64 KB 程序存储器和 64 KB 数据存储器。

(5) 节电模式：时钟可停止和恢复；空闲模式；掉电模式。

(6) 两个速度范围(AT89C51 有一个时钟模式)：6 时钟模式时为 0～40 MHz；12 时钟模式时为 0～45 MHz(一般单片机只有一个 12 时钟模式)。

(7) 双 DPTR 寄存器(一般单片机只有一个 DPTR 寄存器)。

(8) 3 个保密位。

(9) 4 个中断优先级(一般单片机只有两个中断优先级)。

(10) 6 个中断源(AT89S51 有 5 个中断源)。

(11) 4 个 8 位 I/O 端口。

(12) 全双工增强型 UART：帧错误检测；自动地址识别。

(13) 3 个定时器/计数器(AT89S51 有两个定时器/计数器)。

(14) 看门狗定时器。

(15) 可编程时钟输出。

(16) P4 端口。

(17) 2 KB / 16 KB 的 E^2PROM。

(18) 异步端口复位。

(19) 低 EMI(禁止 ALE，6 时钟模式)。

(20) 可通过外部中断实现掉电唤醒。

(21) 工作电压：3.4～5. 5 V(5 V 单片机) / 2.0～3.8 V(3 V 单片机)。

(22) 工作温度范围：0℃～75℃ / −40℃～+85℃。

(23) DIP、LQFP 和 PLCC 封装。

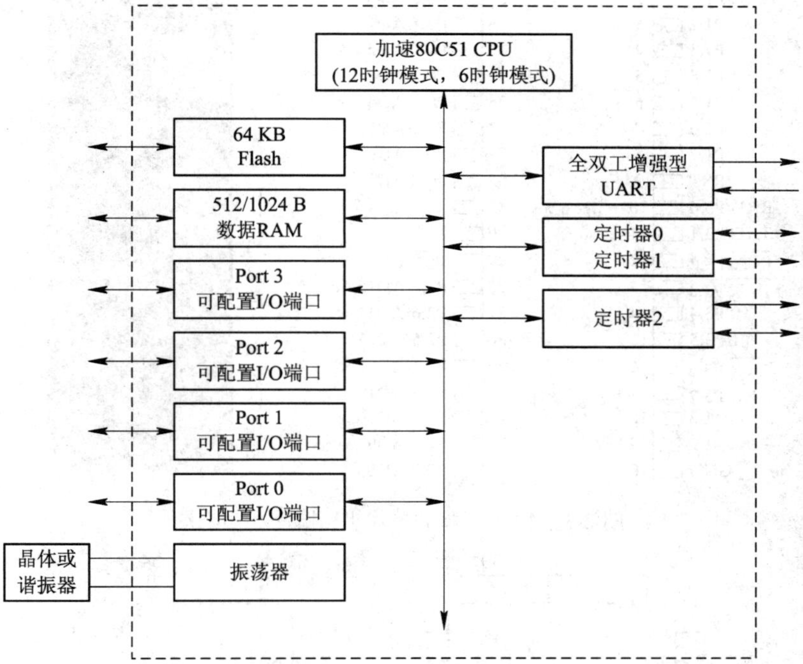

图 2-2　单片机的内部结构简化框图

小测验：

1. 单片机选型的依据是什么？若现在需要设计一个遥控器和一台洗衣机，应怎样选择单片机？

2. 若需要 17 KB 的程序存储器，选择表 2-1 中的哪个芯片更合适？说出你的理由。

3. 单片机的基本组成有哪些？试举一例说明单片机的基本组成。

4. 试找出两种单片机，并比较这两种单片机的相同点和不同点。

5. 单片机的程序存储器的最大容量是多少？数据存储器的容量一般是多少？

6. 单片机一般有几个端口？

2.2　单片机外部引脚

单片机芯片常用的封装形式有双列直插(Dual In-line Package，DIP)、PLCC 和 QFP，它们都有 40 或 44 个引脚，其引脚图分别如图 2-3 和图 2-4 所示。在 MCS-51 系列单片机的 40 个引脚中，有两个专用于主电源的引脚、两个外接晶体的引脚、4 个控制引脚，以及 32

个输入/输出(I/O)引脚。在单片机的 44 个引脚中，多余的 4 个引脚实际是没有用的，其他 40 个引脚功能与只有 40 个引脚的单片机的引脚功能相同。在这 40 个引脚中，因需要完成许多其他功能，所以其中的 32 个 I/O 引脚中，有很多引脚具有第二甚至第三功能。如表 2-2 所示为 40 个引脚的单片机引脚功能描述。

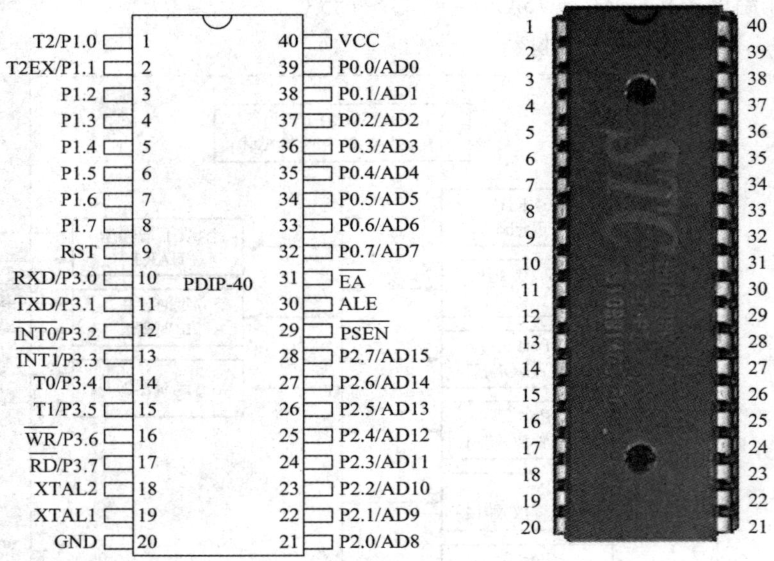

图 2-3　40 个引脚的单片机引脚图和实物图

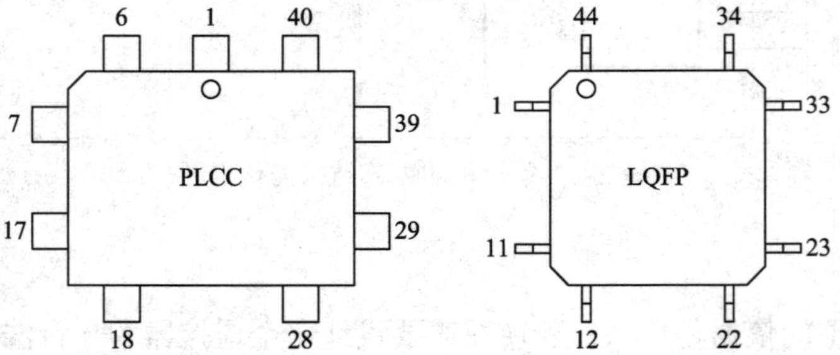

引脚	功能	引脚	功能	引脚	功能
1	NIC*	16	P3.4/T0	31	P2.7/A15
2	P1.0/T2	17	P3.5/T1	32	$\overline{\text{PSEN}}$
3	P1.1/T2EX	18	P3.6/$\overline{\text{WR}}$	33	ALE
4	P1.2	19	P3.7/$\overline{\text{RD}}$	34	NIC*
5	P1.3	20	XTAL2	35	$\overline{\text{EA}}$/VPP
6	P1.4	21	XTAL1	36	P0.7/AD7
7	P1.5	22	VSS	37	P0.6/AD6
8	P1.6	23	NIC*	38	P0.5/AD5
9	P1.7	24	P2.0/A8	39	P0.4/AD4
10	RST	25	P2.1/A9	40	P0.3/AD3
11	P3.0/RXD	26	P2.2/A10	41	P0.2/AD2
12	NIC*	27	P2.3/A11	42	P0.1/AD1
13	P3.1/TXD	28	P2.4/A12	43	P0.0/AD0
14	P3.2/$\overline{\text{INT0}}$	29	P2.5/A13	44	VCC
15	P3.3/$\overline{\text{INT1}}$	30	P2.6/A14		

图 2-4　单片机的引脚

表 2-2 40 个引脚的单片机引脚功能描述

名称	引脚号			类型	名称和功能
	DIP	LCC	QFP		
VSS	20	22	16	I	地：0 V 参考点
VCC	40	44	38	I	电源：提供掉电、空闲、正常工作电压
P0.0～P0.7	39～32	43～36	37～30	I/O	P0 端口：P0 端口是开漏双向端口，可向其写入 1 使其状态为悬浮，用作高阻输入。P0 也可以在访问外部程序存储器时作低字节地址和程序代码总线；在访问外部数据存储器时作低字节地址和数据总线
P1.0～P1.7	1～8	2～9 1～3	40～44	I/O2	P1 端口：P1 端口是带内部上拉电阻的双向 I/O 端口，向 P1 端口写入 1 时，P1 端口被内部上拉为高电平，也可用作输入端口。当作为输入引脚时，被外部拉低的 P1 端口会因为内部上拉而输出电流。 P1 端口还有以下第二功能：
	1	2	40	I/O	T2(P1.0)：定时器/计数器 2 的外部计数输入/时钟输出；
	2	3	41	I	T2EX(P1.1)：定时器/计数器 2 重装载/捕捉/方向控制
P2.0～P2.7	21～28	24～31	18～25	I/O	P2 端口：P2 端口是带内部上拉电阻的双向 I/O 端口，向 P2 端口写入 1 时，P2 端口被内部上拉为高电平，也可用作输入端口。当作为输入引脚时，被外部拉低的 P2 端口会因为内部上拉而输出电流；在访问外部程序存储器和外部数据时分别作为高字节地址和 16 位地址(MOVX @DPTR)；当使用 8 位寻址方式(MOV @Ri)访问外部数据存储器时，P2 端口发送 P2 特殊功能寄存器的内容 P2.7 端口在编程/擦除时必须为“1”(89C601/C61 用)
P3.0～P3.7	10～17	11 13～19	5 7～13	I/O	P3 端口：P3 端口是带内部上拉电阻的双向 I/O 端口，向 P3 端口写入 1 时，P3 端口被内部上拉为高电平，可用作输入端口。当作为输出引脚时，被外部拉低的 P3 端口会因为内部上拉而输出电流。单片机的 P3 端口各引脚具有以下特殊第二功能：
	10	11	5	I	RXD(P3.0)：串行输入端口；
	11	13	7	O	TXD(P3.1)：串行输出端口；
	12	14	8	I	$\overline{INT0}$ (P3.2)：外部中断 0；
	13	15	9	I	$\overline{INT1}$ (P3.3)：外部中断；
	14	16	10	I	T0(P3.4)：定时器 0 外部输入；
	15	17	11	I	T1(P3.5)：定时器 1 外部输入；
	16	18	12	I	$\overline{WR}$ (P3.6)：外部数据存储器写信号；
	17	19	13	I	$\overline{RD}$ (P3.7)：外部数据存储器读信号

续表

名称	引 脚 号			类型	名 称 和 功 能
	DIP	LCC	QFP		
RST	9	10	4	I	复位：当晶振在运行中时，只要复位引脚出现两个机器周期高电平即可复位，内部有扩散电阻连接到VSS，仅需要外接一个电容到VCC即可实现上电复位
ALE/$\overline{\text{PROG}}$	30	33	27	O	地址锁存使能：在访问外部存储器时，输出脉冲锁存地址的低字节，在正常情况下，ALE输出信号恒定为1/6振荡频率，并可用作外部时钟或定时，注意每次访问外部数据时一个ALE脉冲将被忽略。该引脚还可作为Flash编程时的编程脉冲输入引脚。ALE可以通过置位SFR auxililary.0禁止，置位后ALE只能在执行MOVX指令时被激活
$\overline{\text{PSEN}}$	29	32	27	O	程序存储使能：用于读外部程序存储器。当从外部读取程序时，$\overline{\text{PSEN}}$每个机器周期被激活两次，在访问外部数据存储器时$\overline{\text{PSEN}}$有效，访问内部程序存储器时$\overline{\text{PSEN}}$无效
$\overline{\text{EA}}$/VPP	31	35	29	I	外部寻址使能/编程电压：在访问整个外部程序存储器时，必须置为低电平；如果为高电平，将执行内部程序。当RST释放后该引脚的值被锁存，任何时序的改变都将无效。该引脚在对Flash编程时用于输入编程电压(VPP)
XTAL1 XTAL2	19 18	21 20	15 14	I O	晶体1：振荡反相放大器输入端和内部时钟发生电路输入端； 晶体2：振荡反相放大器输出端

整个单片机对外呈三总线形式(地址总线AB、数据总线DB、控制总线CB)，由P2、P0端口组成16位地址总线，其中P0端口还可分时复用作为数据总线，P3端口的4个控制引脚组成控制总线。由于有16位地址总线，因此可以使外部数据存储器和程序存储器的寻址空间范围都达到64 KB。

小测验：

1. 单片机的地址总线由哪些端口组成？数据总线又由哪些端口组成？地址总线和数据总线分别是多少位？
2. P3端口的第二功能分别是什么？
3. P0、P2端口分别有哪些功能？
4. 常用的单片机有哪些封装形式？
5. 在单片机不需要扩展外部程序存储器时，$\overline{\text{PSEN}}$引脚怎样处理？$\overline{\text{EA}}$引脚又怎样处理？

6. 44 引脚的单片机比 40 引脚的单片机多出来的 4 个引脚怎样处理？

7. 单片机的工作电压是多少？

2.3　单片机基本电路

单片机最小系统，或者称为单片机最小应用系统，是指用最少的元件组成的单片机可以工作的系统。单片机最小系统的三要素是电源、时钟电路、复位电路。

单片机在执行指令时，通常将一条指令分解为若干基本的微操作，这些微操作所对应的脉冲信号在时间上的先后次序称为单片机的时序。为了便于理解，下面先介绍几个常用的名词。

(1) 振荡周期：振荡源周期，即晶体振荡器的振荡周期。

(2) 时钟周期：也叫状态周期或 S 周期。2 个振荡周期为 1 个状态周期，2 个振荡周期作为 2 个节拍分别称为节拍 P1 和节拍 P2。在状态周期的前半周期 P1 有效时，通常完成算术逻辑操作；在后半周期 P2 有效时，一般进行内部寄存器之间的传输。

(3) 机器周期：一个机器周期包含 6 个时钟周期，一般用 S1～S6 表示，共有 12 个节拍，依次可表示为 S1P1、S1P2、S2P1、S2P2…S6P1、S6P2。

(4) 指令周期：完成一条指令所用的全部时间，以机器周期为单位。MCS-51 系列单片机指令分为单字节单周期指令、单字节双周期指令、双字节单周期指令、双字节双周期指令、三字节双周期指令，以及单字节 4 周期指令等，所以，一般指令周期含 1～4 个机器周期。

例如：外接的晶体振荡器的时钟频率 f_{osc} = 12 MHz，则单片机的 4 个周期分别为

振荡周期：1/12 μs；

时钟周期：1/6 μs；

机器周期：1 μs；

指令周期：1～4 μs。

不同的晶体振荡器的时序会有所不同，所以振荡周期、时钟周期、机器周期也会不一样。

单片机执行指令的指令周期来源于晶体振荡器，其机器周期取决于晶体振荡器的频率。

2.3.1　时钟电路

单片机的时钟是工作的基础，MCS-51 单片机的时钟可以由内部时钟方式和外部时钟方式产生，具体电路分别如图 2-5 的(a)和(b)所示。

1. 内部时钟方式

内部时钟方式是指在 XTAL1 和 XTAL2 端外接晶体振荡器作为定时元件，通过内部的反相放大器自激振荡产生时钟。时钟发生器对产生的振荡频率进行二分频，若晶体振荡器的频率 f_{osc} =12 MHz，则时钟频率为 6 MHz。f_{osc} 的选择范围一般在 0～90 MHz。不同的单片机对晶体振荡器的频率要求是不同的，读者所使用的单片机对晶体振荡器的要求可以上网查到。

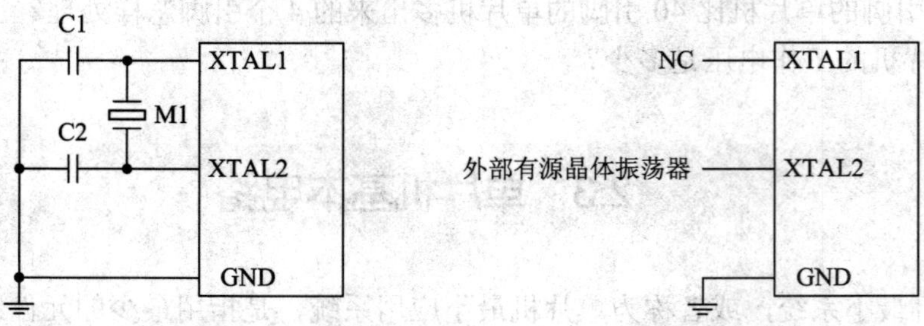

(a) 内部方式　　　　(b) 外部方式

图 2-5　两种时钟产生电路

常用的晶体振荡器的频率有 6 MHz、11.0592 MHz、12 MHz 和 24 MHz，若整个设计过程中有串行口通信，建议选择晶体振荡器的频率为 11.0592 MHz 或其整数倍。图 2-5(a)中的电容 C1 和 C2 的电容值选择范围为 5～35 pF，一般选择 20 pF 左右。

2. 外部时钟方式

外部时钟方式是指通过 XTAL1 或 XTAL2 端接入外部时钟，由有源晶体振荡器直接产生时钟，具体是接 XTAL1 端还是接 XTAL2 端可参考相关资料。

2.3.2 复位电路

通过某种方式使单片机内各存储器的值变为初始状态的操作称为复位。单片机在振荡器工作时，将 RESET 引脚(简称 RST)至少保持两个机器周期高电平(12 时钟模式时为 24 个振荡器周期，6 时钟模式时为 12 个振荡器周期)就可实现复位。为了保证上电复位的可靠性，复位引脚 RST 必须保持足够长时间的高电平，该时间至少为振荡器的稳定时间(通常为几毫秒)加上两个机器周期。

上电时，正电源 VCC 和复位引脚 RST 必须同时上升以实现正确的启动，当复位引脚 RST 为低电平时，I/O 端口的值将被锁存。

最简单的上电复位电路图如图 2-6 (a)所示。因为电容具有电压不跃变的特点，所以在上电瞬间复位引脚 RST 与 VCC 的电位相同。随着电容的充电，复位引脚 RST 的电压会逐渐下降，在外界条件不变的情况下，复位引脚 RST 始终保持低电平。一般情况下，可以假设复位正脉冲宽度大于 10 ms，若取 10 ms，则电阻可取 10 kΩ，电容可取 1 μF。针对 STC89C52 及其系列单片机而言，只需要外接一个电阻即可；而对于 AT89C51 而言，则需要同时连接电阻和电容。

若需要手动复位单片机，则可以简单地在电容两端再并联一个复位用的按钮即可，如图 2-6(b)所示。当需要复位时，只需要按下复位按钮就可以达到复位的目的。在图 2-6(b)中若在按钮处串联一个小电阻则电路性能更好。

在图 2-6 电路中，可以将电阻和电容的位置互换，但单片机要求高电平复位，所以在单片机的第 9 引脚，即 RST 引脚上要连接一个带施密特电路的反相器。这是因为复位电路在上电后就会对电容充电，电容充电电压按指数衰减，通过带施密特电路的反相器可对输入给单片机的信号进行校正，这样就能更加可靠地使单片机复位。

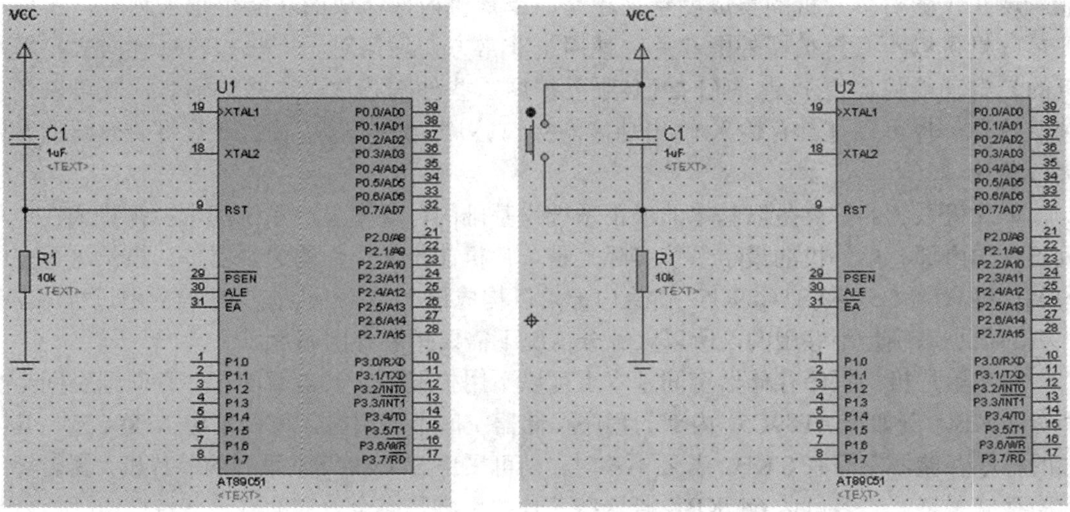

(a) 上电复位电路　　　(b) 带手动的复位电路

图 2-6　单片机的复位电路

在实际产品应用过程中，为了保证产品的可靠性，可以选用专用的复位芯片，例如 MAX813、MAX706 等。另外，最好要有专门的看门狗定时器(Watch Dog Timer，WDT)，如 STC89C52 和 AT89C51 芯片的内部都有看门狗定时器。

单片机内部带有硬件看门狗定时器，是在 CPU 运行软件失控的情况下，作为一种恢复的方法。若单片机内部不含硬件看门狗定时器，为了保证产品的可靠性，则最好外接硬件看门狗定时器，例如 MAX813、MAX706、MAX791 等。如图 2-7 所示为 MAX813 的电路接法。MAX813 是一个可以上电复位、手动复位和内置 WDT 的芯片，其中第 7 引脚与单片机的 RST 引脚连接，第 6 引脚可以连接单片机的任意 I/O 端口。此 I/O 端口必须在 1.6 s 以内提供一个翻转信号给 MAX813 的第 6 引脚，俗称喂狗，否则 MAX813 将在 RST 引脚上产生一个复位信号，以使单片机复位。

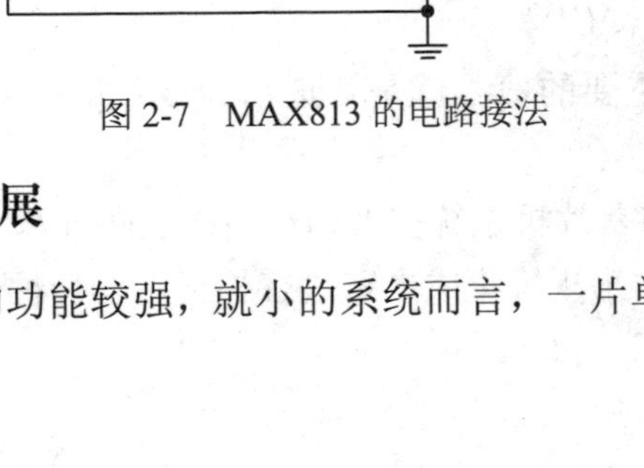

图 2-7　MAX813 的电路接法

2.3.3　单片机系统的扩展

MCS-51 系列单片机的功能较强，就小的系统而言，一片单片机就可以完成一定的功能。现在，随着单片机的集成度越来越高，单片机内部集成的功能也越来越多，所以很多单片机可以不必再扩展外围芯片，使用也非常方便。但对于一些大的系统而言，单片机的自身功能将显得不足，此时就必须要扩展一些外围芯片。这些外围芯片既可以是存储器芯片，也可以是具有输入/输出功能的接口芯片，还可以是后面章节将要介绍的专用接口芯片。

单片机系统的扩展是以基本的最小系统为基础的，现在最小系统基本上都集成在单片机芯片的内部。单片机的最小系统实际上是单片机能正常工作的最少器件，虽然这里介绍的单片机 AT89C51 和 STC89C52 自身内部可以构成最小系统，但在实际的应用过程中，单片机的最小系统是不够用的，所以大部分情况下需要扩展外围芯片。

现在单片机的程序存储器空间基本上可以不用扩展了，其内部的程序存储器空间至少都有 4 KB。例如若 AT89C51 内部的程序存储器空间不够用时，可以采用 AT89C52，其内部的程序存储器空间有 8 KB；若还不够时，则可采用 STC89C5X 系列的单片机，其内部的程序存储器空间最多可达 64 KB，且这些芯片的引脚是完全兼容的。这些特性给使用者带来了很大的方便。下面介绍单片机系统的扩展方法。

1. 单片机系统扩展内容

系统扩展一般主要有以下几方面的内容：

(1) 外部程序存储器空间的扩展(现已不用扩展)。

(2) 外部数据存储器空间的扩展。

(3) 输入/输出接口的扩展。

(4) 常用外围芯片的扩展(例如键盘等)。

2. 单片机系统扩展的基本方法

单片机系统的扩展基本上要满足三总线结构形式。

(1) 地址总线。由 P2 端口提供高 8 位地址总线，此端口内部具有输出锁存功能，能保存地址信号。由 P0 端口提供低 8 位地址总线，因为 P0 端口是地址、数据分时使用的通道端口，所以为保存地址信号需要外加地址锁存器来锁存低 8 位地址。一般用 ALE 正脉冲信号的下降沿进行地址锁存，地址锁存器一般采用 74HC373、74HC573 等器件。

(2) 数据总线。由 P0 端口提供，此端口是双向、输入三态控制的 8 位通道端口。

(3) 控制总线。扩展系统时常用的控制信号主要有：

ALE：地址锁存信号，可以用于对低 8 位地址的锁存。

$\overline{\text{PSEN}}$：片外程序存储器的取指信号。

$\overline{\text{WR}}$：外部数据存储器写信号。

$\overline{\text{RD}}$：外部数据存储器读信号。

另外，还有一个非常重要的信号就是片选信号或使能信号，这个信号将在下一小节介绍。

根据上述要求，可以将单片机系统扩展归纳为下述两种基本方法：

(1) 使用常用的 TTL 中小规模集成电路进行扩展。这种扩展方法最简单，只要满足计算机、单片机系统与总线连接的“输出锁存，输入三态”原则，就可以选用 TTL 锁存器作为输出口，三态门作为输入口。例如可以采用 74HC273、74HC373、8282、8283 等器件作为具有锁存功能的输出口，选用 8282、8287、74HC244、74HC245 等器件作为三态输入口，还可以采用 D 触发器、RS 触发器作为外设与单片机 CPU 之间的应答联络控制电路等。这种方法非常适合于较为简单的单片机扩展系统。

(2) 采用标准的微处理器外围芯片进行扩展和通用外围芯片扩展。现在市场上有很多种专用的外围扩展芯片可供选择，详细内容见后面章节中介绍的常用接口芯片。

存储器的扩展和外围芯片的扩展都存在地址的选择问题，也就是编址问题。所谓编址就是给存储单元分配地址，实际上就是芯片的选择问题。总的说来，芯片的选择有线选法和译码法两种方法。

① 线选法。所谓线选法，就是直接以系统的高地址位作为存储器和外围芯片的片选信号，一般只需要将用到的地址线与存储器和外围芯片的片选端直接连接即可。线选法的特点是简单明了，且不需要增加另外的电路。但这种编址方法若对存储空间的使用是断续的，则不能充分有效地利用存储空间，且其扩展存储器或其他芯片有限，只适合于小规模的单片机系统的扩展。此种方法还可以用 P1 或 P3 端口中的某个 I/O 端口作为存储器和外围芯片的片选信号。

② 译码法。所谓译码法，就是使用专门的译码器芯片对系统的高位地址进行译码，译码器的输出作为存储芯片和外围芯片扩展的片选信号。这种方法是一种常用的存储芯片和外围芯片扩展的编址方法，若是对存储器编址，则能够有效地利用存储空间。常用的译码芯片有双 2-4 译码器 74HC139、3-8 译码器 74HC138 和 4-16 译码器 74HC154。

小测验：

若采用的晶体振荡器的频率是 24 MHz，那么单片机的振荡周期、时钟周期、机器周期、指令周期分别是多少？若晶体振荡器的频率分别是 6 MHz 和 20 MHz，那么它们分别又是多少呢？

2.4　单片机存储方式

MCS-51 系列单片机的存储器分为程序存储器(ROM)和数据存储器(RAM)两种，并且有各自的寻址机构和寻址方式，所以 MCS-51 系列单片机从物理上可以划分为以下四种存储空间：

(1) 片内程序存储器空间。

(2) 片外程序存储器空间。

(3) 片内数据存储器空间。

(4) 片外数据存储器空间。

为了叙述方便，下面以 AT89C51 单片机的存储器为例介绍一般的单片机存储结构及使用方法。如图 2-8 所示为单片机存储器结构图。

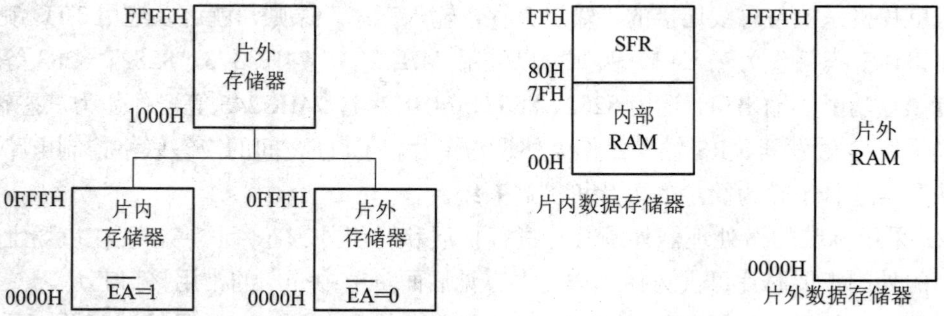

(a) 程序存储器　　(b) 数据存储器

图 2-8　单片机存储器结构图

AT89C51 内部有 4 KB 的闪存，可用作程序存储器空间，其片内程序存储器的地址为 0000H～0FFFH。在程序存储器空间不够用时，可以扩展程序存储器空间。MCS-51 系列的单片机支持扩展外部程序存储器空间，最大可达 64 KB，地址范围为 0000H～FFFFH，扩展方法是在外部连接一个 ROM/PROM/EPROM/Flash Memory 等存储器。

在图 2-8(a)中，对于 AT89C51 而言，当外部扩展了片外程序存储器时，其片内、片外的程序存储器地址在 0000H～FFFFH 是重叠的，具体使用片内还是片外程序存储器，是由单片机芯片本身提供的一个控制信号来决定的。当 $\overline{EA}=1$ 时，程序的执行从片内程序存储器地址的 0000H 开始执行，若程序寄存器 PC 的值超过 0FFFH 时，则自动转换到片外程序存储器的 1000H～FFFFH 地址空间去执行程序。当 $\overline{EA}=0$ 时，程序的执行直接从片外程序存储器地址的 0000H 开始执行。

在实际的使用过程中，可以不用扩展外部程序存储器空间。若 AT89C51 在写程序的过程中，程序超过 4 KB，则可以直接采用 AT89C52。这是因为 AT89C52 与 AT89C51 的引脚是完全兼容的，并且 AT89C52 内部 RAM 比 AT89C51 的多 128 B，而且两者之间的价格也非常接近，所以在设计硬件电路图时，可以考虑直接将单片机接地或通过连接一个 10 kΩ 的电阻后再接地。

STC89C52 及其系列单片机的引脚与 AT89S51 的引脚也是完全兼容的，可以直接使用，并且功能更加强大。

MCS-51 系列单片机的数据存储器分为片内数据存储器和片外数据存储器，两者的地址空间是彼此独立的。

图 2-8(b)中的片外 RAM 数据存储器空间是利用专门的 RAM 芯片扩展得到的，一般用于数据的暂存、缓冲以及运算的中间结果和最后结果的存放，也可用于设定标志位。如果单片机系统没有扩展，则整个单片机系统是没有这个片外数据存储器空间的。

片外数据存储器利用的是 P2、P0 端口作为地址总线，共 16 根地址总线，片外数据存储器最大可以扩展到 64 KB，其地址范围为 0000H～FFFFH。片内数据存储器的地址范围根据不同的单片机稍有不同，但一般单片机地址范围都在 00H～FFH 区间。例如对 AT89C51 来说，00H～7FH 为用户使用的片内数据存储器，80H～FFH 为特殊功能寄存器(SFR)；对 AT89C52 而言，因为其内部有 256 B 的片内数据存储器，所以 00H～FFH 为用户使用的片内数据存储器，而 80H～FFH 仍为特殊功能寄存器(SFR)，其中 80H～FFH 的地址是重叠的。

在实际应用过程中，因内部结构不同，访问方式不同，所以两者互不影响。

下面仍然以 AT89C51 为例介绍片内数据存储器结构，如图 2-9 所示。

7FH	7EH	7DH	7CH	7BH	7AH	79H	78H
77H	76H	75H	74H	73H	72H	71H	70H
6FH	6EH	6DH	6CH	6BH	6AH	69H	68H
67H	66H	65H	64H	63H	62H	61H	60H
5FH	5EH	5DH	5CH	5BH	5AH	59H	58H
57H	56H	55H	54H	53H	52H	51H	50H
4FH	4EH	4DH	4CH	4BH	4AH	49H	48H
47H	46H	45H	44H	43H	42H	41H	40H
3FH	3EH	3DH	3CH	3BH	3AH	39H	38H
37H	36H	35H	34H	33H	32H	31H	30H
2FH	2EH	2DH	2CH	2BH	2AH	29H	28H
27H	26H	25H	24H	23H	22H	21H	20H
1FH	1EH	1DH	1CH	1BH	1AH	19H	18H
17H	16H	15H	14H	13H	12H	11H	10H
0FH	0EH	0DH	0CH	0BH	0AH	09H	08H
07H	06H	05H	04H	03H	02H	01H	00H

图 2-9　片内 RAM 区的结构图

地址在 00H～7FH 的低 128 B 片内 RAM 存储区可以划分为三个区域：通用寄存器区、可位寻址区、用户 RAM 区。

(1) 通用寄存器区(地址在 00H～1FH)。

通用寄存器区是由 0 区(00H～0FH)、1 区(08H～0FH)、2 区(10H～1FH)、3 区(18H～1FH)四个寄存器区组成的。每个寄存器区都含有汇编语言常用的 8 个通用寄存器：R7，R6……R1，R0，共 32 个通用寄存器。每个寄存器可以直接用寄存器名寻址，也可以直接用字节地址寻址。用字节地址寻址时，其地址为 00H～1FH。

在通用寄存器寻址时，可以改变程序状态字(PSW)中的 RS1(PSW.4)和 RS0(PSW.3)这两位的值来确定寄存器组，C51 是利用保留字 using 来完成寄存器组的切换的(后面介绍)，且在上电复位时 RS1RS0=00，即选中 0 区的寄存器。

注意：在上电复位时，堆栈指针的初值指向 07H。在 C51 的编译器中，会根据程序本身的特点而调整堆栈指针，对 C51 的使用者来讲，可以不管堆栈指针。

在不使用通用寄存器时，00H～1FH 的 RAM 存储区可作为用户 RAM 存储区使用，可以直接用字节地址寻址。

(2) 可位寻址区(地址在 20H～2FH)。

可位寻址区共有 16 个字节单元，这些单元可以字节寻址，也可以位地址寻址。其位地址为 00H～7FH(如图 2-9 的左边所示是所有的位地址)，共 128 个位地址。

(3) 用户 RAM 区(地址在 30H～7FH)。

用户 RAM 区只能用字节地址寻址，一般将堆栈区设置在这里。

总之，在 MCS-51 系列单片机中，外部程序存储器与数据存储器是完全分开的，并且统一编址。其区别在于程序存储器的片选信号是由单片机内部产生的，而数据存储器的片选信号是由外部设计产生的。此外，特殊功能寄存器与片内数据存储器的高 128 字节也是统一编址，在使用时也互不影响。

小测验：

1. 单片机的存储器是怎样划分的？若不需要扩展外部程序存储器，$\overline{EA}$ 引脚怎样选择？
2. 单片机的内部数据存储区划分为几个区域？
3. 单片机的可位寻址区在 RAM 区的地址范围是多少？共有多少位？位地址又是怎样划分的？

2.5 单片机最小系统实例

通过前面内容的学习，读者基本上可以掌握 51 单片机的基本组成和编写 C51 程序的基本语法规则，再利用已经学过的 C 语言程序编写方法，就可以编写 C51 程序了。本书从现在开始将全面介绍单片机系统的硬件应用和程序编写。

2.5.1 点亮 LED 实例

在如图 2-10 所示的点亮 LED 实例电路图中，单片机的 P1.0 引脚连接一个 LED，VD1 就是要点亮的 LED。

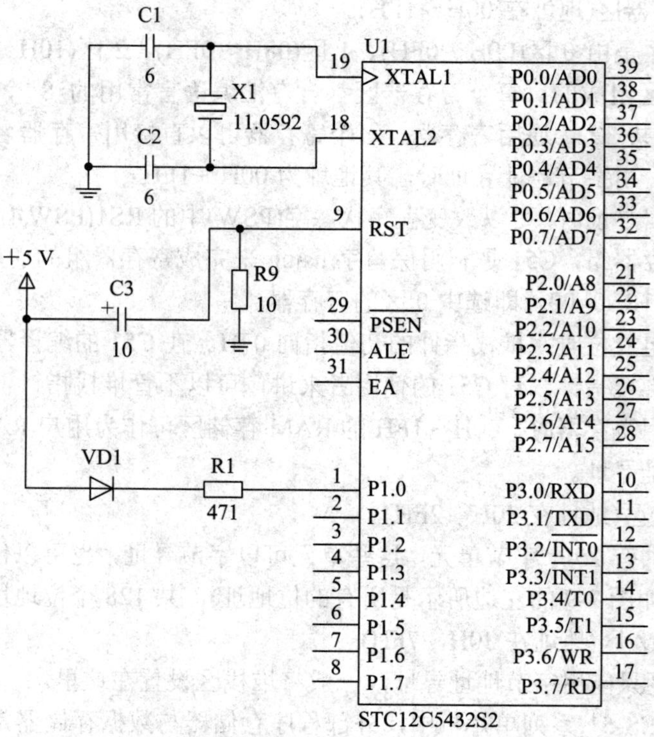

图 2-10 点亮 LED 实例电路图

通过程序怎样来控制一个 LED 的点亮呢？这就需要根据 LED 的点亮要求来编写程序。假设要求 LED 闪动就可以，那么程序就比较简单了，程序设计如下：

```
/*********************************************************************/
#include <reg52.h>                          //定义特殊功能寄存器库
#define uchar unsigned char                 //预定义
void delay(uchar);                          //函数声明
sbit LED=P1^0;                              //定义 P1.0 为 LED
/*********************************************************************/
void main(void)
{
    while(1)
    {
        LED=!LED;                       //取反后送到 LED 端口
        delay(255);delay(255);              //延时 510 ms
    }
}
/*********************************************************************/
void delay(uchar x)                         //延时函数
{
    uchar k;
    while(x--)
        for(k=0;k<125;k++);
}
/*********************************************************************/
```

程序编写完成后可以在 Protues 上进行仿真，就可以看到单片机 P1.0 引脚连接的 LED 不断闪烁，延时时间间隔大约为 500 ms。

2.5.2 跑马灯控制实例

本小节利用前面所掌握的知识讲解跑马灯的工作方式和相关的程序，同时将后面使用到的一些知识也贯穿其中。

从本章开始，后面的硬件及其综合练习全部可以采用 Proteus 软件进行仿真。如图 2-11 所示是跑马灯控制实例的电路图。在图 2-11 中，单片机可以是 STC12C5AD/S2 系列单片机，也可以是任意的 51 内核单片机；8 个 LED 采用共阳极的连接方法，即 8 个 LED 的公共端是连接在电源正极上的。当单片机的 P1 各端口输出低电平时，LED 点亮，当各端口输出高电平时，LED 熄灭。

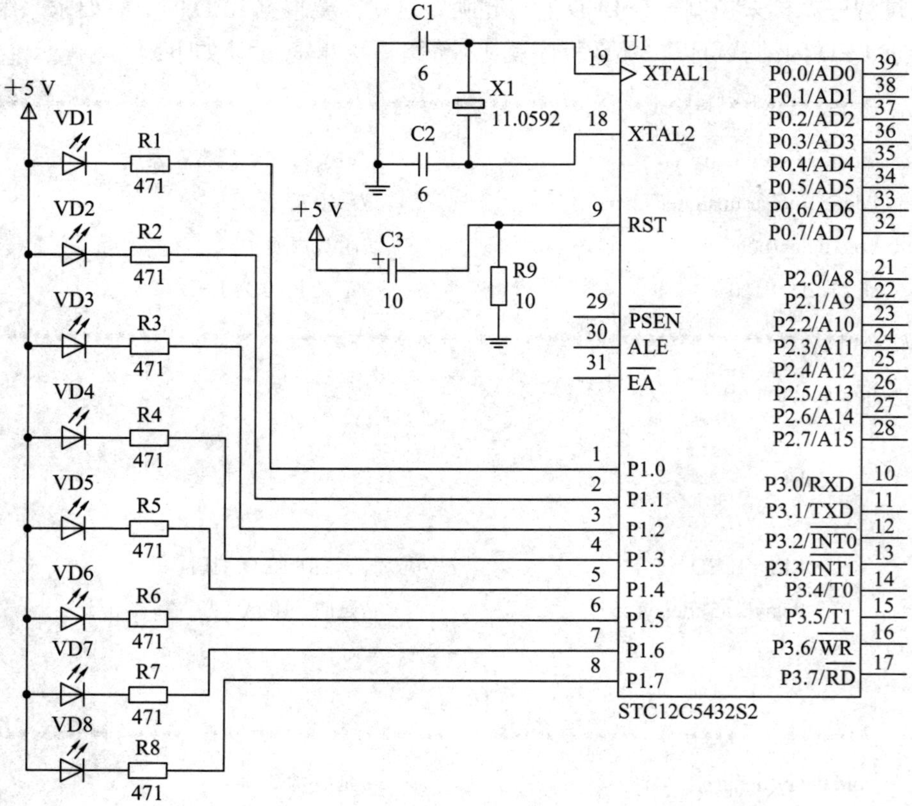

图 2-11 跑马灯控制实例电路图

下面的程序为 8 个 LED 循环显示的程序，即 LED 按照顺序一个一个点亮的程序。

```
/***********************************************************************/
#include <reg52.h>                                    //定义特殊功能寄存器库
#include <intrins.h>                                  //定义循环左移、右移函数库
#define uchar unsigned char                           //预定义
#define uint unsigned int
void delay(uchar);                                    //函数声明
/***********************************************************************/
void main(void)
{
    uchar LedTemp;
    LedTemp=0xfe;                                     //初始值
    while(1)
    {
        P1=LedTemp;                                   //送值到端口
        LedTemp=_crol_(LedTemp,1);                    //循环左移
        delay(255); delay(255); delay(255); delay(255);  //延时
```

```
    }
}
/**************************************************************************/
void delay(uchar x)                                    //延时函数
{
    uchar k;
    while(x--)
        for(k=0; k<125; k++);
}
/**************************************************************************/
```

上述程序的功能是将 8 个 LED 循环点亮，中间延时大约 1 s (假设晶体振荡器的频率为 11.0592 MHz)。送给 P1 端口的变量 LedTemp 的初始值为 0x7F，写成二进制为 0111 1111，因为低电平时 LED 点亮，所以只有一个 LED 被点亮；送完第一次的值后，LedTemp 循环左移，循环后的二进制代码是 1111 1110，延时大约 1 s 后，将新的 LedTemp 的值送 P1 端口点亮相应的 LED；LedTemp 再循环左移后的二进制代码为 1111 1101，这样不断地运行，8 个 LED 就循环向左显示，形成跑马灯效果。

下面看其他种类的跑马灯实例。

在此跑马灯实例中，将 LED 灯分别编号为 1～8 号，请读者修改程序完成两个 LED 的循环点亮程序设计，即 1 号灯和 5 号灯点亮；延时一段时间后，2 号灯和 6 灯点亮；延时一段时间后，3 号灯和 7 号灯点亮；延时一段时间后，4 号灯和 8 号灯点亮；延时一段时间后，1 号灯和 5 号灯再次点亮；依次循环。

完成上述任务后，再看一个例子：

同样是两个 LED 的循环点亮，但点亮的方式不一样：要求 4 号灯和 5 号灯先点亮；延时一段时间后，3 号灯和 6 号灯亮；延时一段时间后，2 号灯和 7 号灯亮；延时一段时间后，1 号灯和 8 号灯亮；延时一段时间后，2 号灯和 7 号灯亮；延时一段时间后，3 号灯和 6 灯亮；延时一段时间后，4 号灯和 5 号灯再次点亮；依次循环。最后的效果是 LED 点亮是先两边开花后收拢，循环往复。

下面给出上述功能的一个参考程序：

```
/**************************************************************************/
#include <reg52.h>                          //定义特殊功能寄存器库
#include <intrins.h>                        //定义循环左移、右移函数库
#define uchar unsigned char
#define uint unsigned int
void delay(uchar);                          //函数声明
/**************************************************************************/
void main(void)
{
    uchar LedTemp;
    LedTemp1=0xef, LedTemp2=0xf7;           //初始值
```

```
    while(1)
    {
        P1=LedTemp1&LedTemp2;                               //送值到端口
        LedTemp1=_crol_(LedTemp1,1);                        //循环左移
        LedTemp2=_cror_(LedTemp2,1);                        //循环右移
        delay(255); delay(255); delay(255); delay(255);     //延时
    }
}
/**************************************************************************/
void delay(uchar x)                                         //延时函数
{
    uchar k;
    while(x--)
        for(k=0; k<125; k++);
}
/**************************************************************************/
```

上述程序采用的是左右循环的方式，读者也可以根据自己的思路将程序写出来完成同样的功能。

有了这些基础后，可以完成其他各种 LED 点亮的跑法程序编写。编写好各种跑马灯程序是学好单片机及其软件的第一步。下面给出一些其他种类的跑马灯实例，请编程实现：

① LED 中一个 LED 从左向右点亮，再从右向左循环跑动。

② LED 从左向右依次点亮，再依次熄灭。

③ LED 变速跑(点亮)，即速度越来越快，接着越来越慢。

完成所有的内容后，就基本掌握了单片机的简单程序编写方法。最后将上述所有的程序合并成一个程序，依次按照上面 LED 的点亮顺序进行仿真。

上述所有程序的延时都采用函数 delay()来直接完成，即单片机是依靠一直不断的循环来完成延时的，这样，单片机就不断地在执行这段延时，不能做其他工作，这对于大型程序是不允许的，也是不现实的。所以在实际应用过程中，程序可以采用定时器中断来完成延时，也可以利用后面章节中将要介绍的定时器的中断来完成延时。

小测验：

1. 在掌握跑马灯程序编写的基础上，试用数组完成跑马灯的各种跑法，数组中至少应完成 60 个十六进制数据。

2. 画出 P0 和 P2 端口连接 16 个 LED，并完成 16 个 LED 的一种循环点亮跑法。

本 章 小 结

本章首先对单片机内部结构与外部引脚做了基本介绍，然后重点介绍了单片机的最小

系统所包括的基本电路。此外，对 51 系列单片机的存储方式，特别是单片机内部 RAM 的分配也做了介绍。最后通过两个单片机最小系统实例来加深读者对相关知识点的理解。

本 章 习 题

1．看门狗定时器的作用是什么？怎样用软件设置一些单片机内置的看门狗定时器功能？

2．画出常用单片机的晶体振荡器电路，晶体振荡器电路中的晶振怎样选择？电容的范围是多少？

3．画出常用单片机的复位电路。复位电路中怎样确定电阻和电容的值？

4．画出 32 KB 单片机扩展外部数据存储器的原理图。

5．画出 64 KB 单片机扩展外部数据存储器的原理图。

6．单片机系统扩展采用线选法和译码法的优缺点分别有哪些？

7．51 系列单片机是高电平复位还是低电平复位？复位后，程序从哪里开始执行？

8．找一片 20 引脚的 51 系列单片机，试比较其与 40 个引脚的单片机有哪些不同，可否外部扩展数据存储器或程序存储器？

9．画出单片机 P1 端口连接 8 个 LED 的电路图，要求采用灌电流形式。

10．单片机扩充部分中，怎样使用双 DPTR 指针？扩展的内部 RAM 分别怎样使用？

11．根据下列要求画出原理图：

(1) 单片机采用 AT89C52，时钟采用 11.0592 MHz；

(2) 有三个 LED 指示灯；

(3) 有四个按键；

(4) 有与计算机连接的接口，可以与计算机通信；

(5) 电源部分可实现 220 V 转 5 V 功能。

第 3 章　C51 编程设计

单片机 C51 编程语言是指利用 C 语言在单片机上进行开发的编程语言。C51 编程语言是标准 C 语言的扩展，它们大部分内容是相同的。C51 相比于 C 语言，多了一些变量类型及其相关的内容。

3.1　数据的存储类型及存储区域

3.1.1　变量的数据类型

为了充分利用 MCS-51 系列单片机的资源，C51 编程语言除具有标准 C 语言的所有数据类型之外，还增加了一些特殊的数据类型。表 3-1 是 C51 编程语言的部分数据类型，其中 int、char、short、unsigned、short、long、float、enum 等的含义和使用方法与标准 C 语言一致。C51 编程语言新增加的数据类型，如 bit、sbit、sfr、sfr16 等将在后面章节介绍。

表 3-1　C51 编程语言的数据类型

数 据 类 型	长　度	值　域
bit	1 bit	0 或 1
signed char	1 byte	−128～+127
unsigned char	1 byte	0～255
signed int	2 byte	−32 768～+32 867
unsigned int	2 byte	0～65 535
signed long	4 byte	−2 147 483 648～+2 147 483 647
unsigned long	4 byte	0～4 294 967 295
float	4 byte	±1.176E−38～±3.40E+38
指针	1～3 byte	对象地址
sbit	1 bit	0 或 1
sfr	1 byte	0～255
sfr16	2 byte	0～65 535

在表 3-1 中，C51 编程语言中使用最多、最广泛的数据类型有三个，分别是 bit、unsigned char、unsigned int。为编程书写方便，在使用 unsigned char 和 unsigned int 数据类型前，最

好在程序的开头部分对这两个数据类型进行简写说明。其语句为：

```
#define   uchar   unsigned char
#define   uint    unsigned int
```

在程序开头做好简写说明后，在程序中定义变量时，可分别用 uchar 和 uint 来定义无符号字符型变量和无符号整型变量(注：uchar 和 uint 只是一种编写习惯)。读者在后续的程序中会经常看到这两个缩写。

例如在上述声明后就可以这样定义变量，即

```
uchar ch1,ch2;
uint x,y;
```

标识符是以字母或下划线开头，由字符、数字和下划线组成的字符串。目前，C 语言的标识符广泛应用于变量、常量、类型名、数组名和函数名等的命名中。变量名需满足标识符的命名规则，例如 Abc、_123 和 StudentClass 等都是正确的变量名。特别需要注意的是，C 语言是严格区分大小写的。例如 ABC、Abc、ABc 和 abc 是作为 4 个不同的变量来使用的。

bit 型变量称为位变量，它是 C51 编程语言扩展的变量类型，应用非常广泛。bit 型变量占二进制的一位，取值是 0 或 1，其变量定义形式为：

```
bit   变量列表；
```

变量列表中多个变量之间用逗号隔开。bit 型定义的变量自动存储于内部 RAM 的位寻址区的 20H～2FH 中，例如：

```
bit   display;                    //定义 display 为位变量
bit   flag1，flag2;               //定义 flag1 和 flag2 为位变量
```

另外，bit 型变量还可用作函数参数、函数返回值等，例如：

```
bit function(bit b0,bit b1)
{
    ⋮
    return(b1);
}
```

使用 bit 型变量时需注意以下三点：

(1) 用“＃pragma disable”说明函数和用“using n”指定的函数，不能返回 bit 值。

(2) 一个 bit 变量不能声明为指针，如语句“bit *bit_pointer;”是错误的。

(3) 不能定义 bit 数组，如语句“bit bit_array[5];”是错误的。

bit 型变量一般用于 if、while、do…while、for 等语句需要判断成立或不成立、是否有无的场合，例如它可以作为指示灯的亮灭标志、发送或未发送的判断位等。

小测验：

1. 单片机 C51 编程语言中相对于 C 语言扩展了哪些关键字？分别是什么？

2. 单片机 C51 编程语言常用的数据类型有哪些？这些数据类型分别怎么定义变量？分别举例说明。

3. 用什么数据类型可以将变量定义在可位寻址区？

3.1.2 变量的存储类型

Keil C51 编译器完全支持 MCS-51 系列单片机中微处理器的结构，可访问 MCS-51 系列单片机硬件系统的所有部分，并可准确地赋予每个变量不同的存储器类型(data、idata、pdata、xdata、code)。

如表 3-2 所示是存储器类型列表。当赋予变量存储器的类型后，C51 编译器则根据给定的存储器类型将变量放在相应的位置上。

表 3-2 存储器类型列表

存储器类型	描　述
data	直接寻址内部数据存储器00H～7FH(128 B)，访问变量速度最快
bdata	可位寻址内部数据存储器20H～2FH(16 B)，允许位与字节混合访问
idata	间接寻址内部数据存储器00H～FFH(256 B)，不适用89S51
pdata	分页(256 B)寻址外部数据存储器，主要用于紧凑模式
xdata	寻址外部数据存储器(64 KB)0000H～FFFFH
code	寻址程序存储器(64 KB)0000H～FFFFH

定义的数据或变量若放在片内数据存储器中，则存储器类型有 data、bdata 和 idata。其中，data 的速度是最快的，包括工作寄存器区、可位寻址区和普通 RAM(字节寻址)区；bdata 只含可位寻址区，且 C51 编译器不允许用 bdata 来声明 float 和 double 类型的变量；idata 除包括 data 的存储器外，还包括寻址地址为 80H～FFH 的存储器。idata 不适用于 51 系列单片机，因为 51 系列单片机中只有 128 B 的内部数据存储器。52 系列以上的单片机可直接使用 idata 类型存储器。

定义的数据或变量若放在片外数据存储器中，则存储器类型为 pdata 或 xdata。其中，pdata 是分页寻址外部数据存储器(分页的概念是以 P2 作为页地址，以 P0 作为每页的地址)，一般用于紧凑模式；xdata 是常用的片外寻址数据存储器，一般的外部变量都定义为 xdata。使用这两个存储器类型的前提是必须有扩展的片外数据存储器，若没有，则不能使用。

定义的数据或变量若放在程序存储器中，则存储器类型为 code。code 一般用于定义固定不变的数据，定义的数据将与程序一起烧录到 EPROM/Flash Memory 中。

总的来说，访问片内数据存储器(data、bdata、idata)比访问片外数据存储器(xdata、pdata)要快一些。可将经常使用的变量放在片内数据存储器，而将类型较长，如数据固定不变的数组、表格、汉字库等，或不常改变的数据放在片外数据存储器中。

C51 存储器类型的大小及值域如表 3-3 所示。

变量定义加上存储器类型后，完整的变量说明语句如下：

```
unsigned char data charvar;          //无符号字符型变量 charvar 放在片内数据存储器(00H～7FH)
bit bdata flag;                      //位变量 flag 放在位寻址区(20H～2FH)
unsigned  30xample30t intvar;        //无符号整型变量 intvar 放在片内存储器(00H～FFH)
unsigned intpdata floatvar;          //无符号整型变量 floatvar 放在分页寻址的片外数据存储器
unsigned long xdata vector[10][4][4]; //无符号长整型数组 vector 放在片外数据存储器，共占用存
                                     //储器的空间为 10 × 4 × 4 × 4 = 640 B，用于该数组的存放
```

unsigned char code msg[]="ENTER PARAMETER";　　//字符串数组 msg 放在程序存储器

C51 编译器允许在变量定义之前声明存储器类型，因此定义语句"char data charvar;"与定义语句"data char charvar;"是完全等价的。

表 3-3　C51 存储器类型的大小及值域

存储器类型	长度/bit	长度/byte	值域范围
data	8	1	0～255
bdata	1	—	0～1
idata	8	1	0～255
pdata	8	1	0～255
xdata	16	2	0～65 535
code	16	2	0～65 535

3.1.3　存储器模式

在定义变量时，如果省略存储器类型标识符，编译器会自动选择默认的存储器模式。存储器模式确定了变量在存储器中的地址空间。存储器模式有 SMALL、COMPACT 和 LARGE 三种，如表 3-4 所示。如果存储器模式为 SMALL，则在声明 char charvar 时，charvar 被放在 data 指定的存储器中；如果选择 COMPACT 模式，则 charvar 被放在 pdata 指定的存储区；如果使用 LARGE 模式，则 charvar 被放入外部存储区。

表 3-4　存储器模式

存储器模式	描　　述
SMALL	参数及局部变量放入可直接寻址的内部存储器(最大 128 B，默认存储器类型是 data)，因此访问速度最快，十分方便。另外一些对象，如堆栈，也必须置于片内存储器中
COMAPCT	参数及局部变量放入分页片外存储器(最大 256 B，默认存储器类型是 pdata)。参数和局部变量采用间接寻址方式，但堆栈仍然置于片内存储器中
LARGE	参数及局部变量直接放入外部数据存储器(最大 64 KB，默认存储器类型是 xdata)。参数和局部变量的访问比较慢，且影响程序代码的长度，因此效率比较低

存储器模式除自动选择默认存储器类型外，还可以确定参数传递区以及对无明确存储器类型进行说明。在固定的存储器进行地址变量参数传递是 C51 单片机的一个标准特征。在 SMALL 模式下，参数传递在内部数据存储区完成；在 LARGRE 和 COMPACT 模式下允许参数在外部存储器中传递；同时也支持混合模式，例如在 LARGE 模式下生成的程序可将一些函数分页放入 SMALL 模式中，从而加快执行速度。

在这三种模式中，SMALL 模式是将所有缺省变量、参数及局部变量放在片内 RAM 中，其优点是访问速度快，缺点是空间有限，只适用于中小程序。

COMPACT 模式是将所有缺省变量、参数及局部变量放在外部 RAM 区的一页(256 B)中，具体哪一页可由 P2 端口指定。可在 STARTUP.A51 文件(此文件是 Keil C51 的一个配置文件)中指出，也可用 pdata 指定。COMPACT 模式与 SMALL 模式相比，COMPACT 模式存储器存储空间较宽裕，速度比 SMALL 慢，但比 LARGE 快，是一种中间状态。

LARGE 模式将所有缺省变量、参数及局部变量放在多达 64 KB 的外部 RAM 区，其优点是存储器存储空间大，可存储的变量多，缺点是速度较慢。

在表 3-4 所示的三种存储器模式中，一般默认模式为 SMALL 模式，即当程序占用空间不大时，直接选择存储器模式为 SMALL。需要注意的是，若 MCS-51 单片机系统没有扩展外部数据存储器，则 COMPACT 和 LARGE 是不能使用的。

提示：存储模式可以在 C51 编译器选项中进行选择(见附件 Keil C51 的应用)。

小测验：

1. 完整的数据变量定义形式是什么？
2. 单片机的位寻址区可否作字节寻址？怎样定义一个变量在可位寻址区？
3. 存储器类型有哪些？定义两个变量名分别为 var1、var2，类型是无符号整型，放在位寻址区。

3.2 MCS-51 单片机特殊功能寄存器

3.2.1 特殊功能寄存器

MCS-51 单片机片内提供了 128 B 的特殊功能寄存器(SFR)，地址为 80H～FFH。除了程序计数器 PC 和 4 组工作寄存器外，其他所有寄存器都在 SFR 中。

特殊功能寄存器所占用的存储器可以为位寻址、部分字节寻址或字节寻址。MCS-51 单片机只用了其中一部分 SFR，用以控制定时器、计数器、串口、I/O 及其他部件。如表 3-5 所示为 AT89C51 单片机所有的特殊功能寄存器及其初值。

表 3-5 AT89C51 的特殊功能寄存器表(SFR)

F8H	—	—	—	—	—	—	—	—	FFH
F0H	B 0000 0000	—	—	—	—	—	—	—	F7H
E8H	—	—	—	—	—	—	—	—	EFH
E0H	ACC 0000 0000	—	—	—	—	—	—	—	E7H
D8H	—	—	—	—	—	—	—	—	DFH
D0H	PSW 0000 0000	—	—	—	—	—	—	—	D7H
C8H	—	—	—	—	—	—	—	—	CFH
C0H	—	—	—	—	—	—	—	—	C7H
B8H	IP xx00 0000	—	—	—	—	—	—	—	BFH

续表

B0H	P3 1111 1111	—	—	—	—	—	—	—	B7H
A8H	IE 0x00 0000	—	—	—	—	—	—	—	AFH
A0H	P2 1111 1111	—	AUXR1 xxxx xxx0	—	—	—	WDTRST xxxx xxxx		A7H
98H	SCON 0000 0000	SBUF xxxx xxxx	—	—	—	—	—	—	9FH
90H	P1 1111 1111	—	—	—	—	—	—	—	97H
88H	TCON 0000 0000	TMOD 0000 0000	TL0 0000 0000	TL1 0000 0000	TH0 0000 0000	TH1 0000 0000	AUXR xxx0 0xx0	—	8FH
80H	P0 1111 1111	SP 0000 0111	DP0L 0000 0000	DP0H 0000 0000	DP1L 0000 0000	DP1H 0000 0000	—	PCON 00xxx000	87H

在使用特殊功能寄存器的过程中，需注意以下三点：

(1) 字节地址能被 8 整除(即以 0 或 8 为尾数)的特殊功能寄存器具有位寻址能力。表 3-6 列出了可位寻址的特殊功能寄存器的每一位二进制的功能，其含义将在后面的章节中作介绍。

表 3-6　AT89C51 中能位寻址的 SFR

(F8H)	FFH	FEH	FDH	FCH	FBH	FAH	F9H	F8H
B	F7H	F6H	F5H	F4H	F3H	F2H	F1H	F0H
(F0H)	B.7	B.6	B.5	B.4	B.3	B.2	B.1	B.0
(E8H)	EFH	EEH	EDH	ECH	EBH	EAH	E9H	E8H
ACC	E7H	E6H	E5H	E4H	E3H	E2H	E1H	E0H
(E0H)	ACC.7	ACC.6	ACC.5	ACC.4	ACC.3	ACC.2	ACC.1	ACC.0
(D8H)	DFH	DEH	DDH	DCH	DBH	DAH	D9H	D8H
PSW	D7H	D6H	D5H	D4H	D3H	D2H	D1H	D0H
(D0H)	CY	AC	F0	RS1	RS0	OV	F1	P
(C8H)	CFH	CEH	CDH	CCH	CBH	CAH	C9H	C8H
(C0H)	C7H	C6H	C5H	C4H	C3H	C2H	C1H	C0H
IP	BFH	BEH	BDH	BCH	BBH	BAH	B9H	B8H
(B8H)	—	—	—	PS	PT1	PX1	PT0	PX0
P3	B7H	B6H	B5H	B4H	B3H	B2H	B1H	B0H
(B0H)	P3.7	P3.6	P3.5	P3.4	P3.3	P3.2	P3.1	P3.0
IE	AFH	AEH	ADH	ACH	ABH	AAH	A9H	A8H
(A8H)	EA	—	—	ES	ET1	EX1	ET0	EX0

续表

P2 (A0H)	A7H	A6H	A5H	A4H	A3H	A2H	A1H	A0H
	P2.7	P2.6	P2.5	P2.4	P2.3	P2.2	P2.1	P2.0
SCON (98H)	9FH	9EH	9DH	9CH	9BH	9AH	99H	98H
	SM0	SM1	SM2	REN	TB8	RB8	TI	RI
P1 (90H)	97H	96H	95H	94H	93H	92H	91H	90H
	P1.7	P1.6	P1.5	P1.4	P1.3	P1.2	P1.1	P1.0
TCON (88H)	8FH	8EH	8DH	8CH	8BH	8AH	89H	88H
	TF1	TR1	TF0	TR0	IE1	IT1	IE0	IT0
P0 (80H)	87H	86H	85H	84H	83H	82H	81H	80H
	P0.7	P0.6	P0.5	P0.4	P0.3	P0.2	P0.1	P0.0

(2) 特殊功能寄存器中，P0、P1、P2 和 P3 端口的地址分别为 80H、90H、A0H 和 B0H。若对这些寄存器进行操作，实际上是对端口进行操作。例如将 90H 设置为 FFH，含义是将 P1 端口的 P1.0～P1.7 全置为 1；若设置为 00H，则含义是将 P1 端口全置为 0。

(3) 在 C51 程序中，特殊功能寄存器的名字全部采用大写字母。

3.2.2 特殊功能寄存器的定义方式

为了能直接访问这些特殊功能寄存器，C51 编程语言提供了一种定义方法。这种定义方法与标准 C 语言是不兼容的，仅适合于对 MCS-51 系列单片机进行 C 语言编程。该方法定义了用于访问特殊功能寄存器的三个关键字，分别是“sfr”“sfr16”和“sbit”。

关键字“sfr”的语法规则如下：

```
sfr sfr_name=int_constant;
```

例如：

```
sfr  P1=0x90;                    //P1 端口寄存器地址为 90H
sfr  TMOD=0x89;                  //定时器/计数器控制寄存器地址为 89H
```

注意：关键字“sfr”后面必须跟一个特殊功能寄存器的名字，“=”后面的地址必须是常数，且不能是带有运算的表达式。常数的取值范围必须在特殊功能寄存器地址范围之内，即位于 0x80 到 0xFF 之间。

MCS-51 系列单片机根据型号和类型的不同，具有不同的特殊功能寄存器。它们都可以使用 C51 编程，把对特殊功能寄存器的定义文件放在一个头文件中，这个头文件的扩展名为“.h”。例如：AT89S51 定义的特殊功能寄存器的头文件为“reg51.h”，AT89S52 定义的特殊功能寄存器的头文件为“reg52.h”。在编写 C51 单片机程序时，应将该头文件放在程序文件的最开头处，格式为：

```
#include  <reg51.h>
```

或为

```
#include  “reg52.h”
```

特殊功能寄存器的头文件“regxxx.h”可以用任何文本编辑器编写，用户可以根据需要随时进行修改。Keil C51 已经为许多常用的单片机提供了相应的特殊功能寄存器的头文件，用户可以自己参阅 Keil C51 的“include”文件夹。

对 SFR 的 16 位数据的访问，C51 提供了另外一个关键字“sfr16”，可完成字寻址。“sfr16”的高 8 位地址位于低 8 位地址之后，可以直接对 16 位值进行访问，AT89S52 中的定时器 2 就使用了这种关键字，其定义如下：

```
sfr16   T2=0xCC;                    //定时器 2：低 8 位地址为 0xCC，高 8 位地址为 0xCD
```

在关键字“sfr”和“sfr16”的定义中的“=”不是赋值的含义，而是 SFR 的地址。“sfr16”不适合于定时器/计数器 0 和 1。

此外，对于具有位运算的特殊功能寄存器，可以采用关键字“sbit”来定义，“sbit”的定义形式有以下三种。

第一种定义形式为

```
sbit   bit_name=sfr_name ^ int_constant;
```

这种定义方式要求特殊功能寄存器是已经定义过且能位寻址的特殊功能寄存器，这样“^”后面是已定义的特殊功能寄存器的基地址，该值的范围为 0～7 的整数。

例如：

```
sfr   PSW=0xD0;
sbit   CY=PSW^7;
sbit   OV=PSW^2;
```

第二种定义形式为

```
sbit   bit_name=int_constant ^ int_constant ;
```

这种定义方式是以一个整型常数作为特殊功能寄存器的基地址，由于基地址表示的是特殊功能寄存器的地址，所以该地址值的范围是 80H～FFH，并能被 8 整除。

例如：

```
sbit   CY=0xD0^7;
sbit   OV=0xD0^2;                    //PSW 的地址为 D0H
sbit   EA=0xA8^7
```

第三种定义形式为

```
sbit   bit_name=int_constant;
```

这种定义方式是将可位寻址的特殊功能寄存器的位地址直接赋值给位变量，地址范围必须位于 80H～FFH 之间。

例如：

```
sbit   CY=0xD2;
sbit   OV=0xD7;
sbit   EA=0xAF
```

这三种形式中，第一种形式比较直观，较常被采用。在实际应用过程中，可按照如下形式进行应用：

```
sfr   P1=0x90;
```

```
sbit  RED=P1^0;
sbit  YELLOW=P^1;
sbit  BLUE=P1^2;
```

3.2.3 关键字“bit”与“sbit”的区别

关键字“bit”与“sbit”都可以用来定义位变量，那么这两者之间有什么区别呢？

“bit”定义的变量是位变量，只能存放在单片机内部 RAM 的可位寻址区中，即内部存储器 20H～2FH 中的某一个二进制位。例如：

```
bit  flag ;                          //flag 存放在可位寻址区中
```

“sbit”除可以定义特殊功能寄存器中的可位寻址 SFR 外，还可以定义内部 RAM 的可位寻址区，但定义的方式与“bit”不一样。其定义方式是首先定义一个变量，并且此变量必须放在内部 RAM 的可位寻址区，然后再定义其中的一些位或所有位。例如：

```
bdata  unsigned char  mydata ;
sbit  control=mydata^0 ;             //control 定义为 mydata 的第 0 位
sbit  display=mydata^1 ;             //control 定义为 mydata 的第 1 位
sbit  blink=mydata^2 ;               //control 定义为 mydata 的第 2 位
```

或

```
bdata  unsigned int  youdata ;
sbit  red=youdata^15 ;               //control 定义为 youdata 的第 15 位
sbit  yellow=youdata^7 ;             //control 定义为 youdata 的第 7 位
sbit  green=youdata^0;               //control 定义为 youdata 的第 0 位
```

“sbit”声明要求基址寄存器的存储器类型一定要为“bdata”，否则只有采用绝对的位声明方法才是合法的。位地址(“^”操作符号后)的最大值依赖于指定的数据基类型，这个值对于 char 和 uchar 数据类型而言是 0～7，对于 int、uint、short 和 ushort 数据类型而言是 0～15，对于 long 和 ulong 数据类型而言是 0～31。

sbit 声明也可为数据结构和函数所调用。

```
union  lft  {unsigned int mf;unsigned char ml;};
bdata  struct bad{unsigned char ml; union lft u; }tcp;
sbit tcpf31=tcp.u.ml^15;
sbit tcpml0=tcp.ml^0;
sbit tcmpl7=tcp.ml.^7;
```

小测验：

1. bit、unsigned char、unsigned int 数据类型占单片机多少位二进制？它们的取值范围分别是多少？
2. AT89S51 有多少个特殊功能寄存器？P0、P1、P2、P3 端口的地址分别是多少？
3. 51 系列单片机的内部寄存器是怎样划分的？

4. 任意寻找一个兼容 51 的单片机，比较这个单片机与 AT89S51 的特殊功能寄存器有哪些不同？

5. 怎样将数据定义在程序存储区中？单片机程序存储器的最大空间可以到多少？

6. 在存储器的 SMALL 模式中，参数和局部变量被暂存在哪里？在 COMPACT 和 LARGE 模式中又是如何存放呢？

7. 在单片机的特殊功能寄存器中，哪些寄存器是可以位寻址的？

8. 关键字“sfr”定义特殊功能寄存器的格式是什么？假设 P4 端口在 SFR 中的地址为 0xC0，如果需要定义 P4 端口地址，怎样利用 sfr 定义呢？

9. 在“sbit”的三种定义形式中，你认为哪种定义形式最好？试举例说明之。

10. 关键字“bit”和“sbit”的应用有什么相同点和不同点？

11. 怎样访问一个外部数据存储器的数据？举例说明之。

12. 试定义一个变量名为“OnOff”且占用一个字节的无符号数的变量，放在位寻址区，并给其中的每一位二进制命名，名字自定。

3.3　C51 的运算符和流程控制语句

C51 基本继承了 C 语言的所有运算符和流程控制语句，也就是说 C 语言运算符和流程控制语句基本都可以应用于 C51 程序设计中。

C51 源程序是 ASCII 文件，采用任何一个编写 ASCII 文件的软件都可以编写 C51 源程序，不过习惯上 C51 源程序还是采用 Keil C51 软件的集成环境来编写。

C51 源程序是由文件构成的，每个文件又是由函数构成的，所以有时候说 C51 源程序是由函数构成的。C51 源程序有且仅有一个主函数，其名字为 main 函数。主函数是 C51 源程序执行的入口，也是程序结束的出口，主函数的格式为

```
void   main(void)
{
    说明部分;
    语句部分;
}
```

主函数可以放在整个程序的任何地方，但整个程序的执行一定从主函数开始执行。

Keil C51 软件支持多文件编写和编译。C51 源程序的书写格式非常自由，一行内可以写几个语句，一个语句也可以写在多行上。每个语句的最后必须有一个分号作为结束符。

C51 源程序的注释可以采用两种方式，分别是“/*……*/”和“//”。“/*……*/”可以注释一行，也可以注释多行，注释从“/*”开始到“*/”结束，而“//”的注释从“//”开始，到本行结束。

C51 源程序的文件扩展名为“.C”，经过编译后得到“.OBJ”文件，最后经过链接后形成“.HEX”文件。“.HEX”文件可以通过相应的烧录器或下载软件下载到单片机的程序存储器中，该步骤完成后，单片机就可以运行所编写的程序了。

3.3.1 C51 的运算符

C51 可以使用 C 语言的所有运算符。在介绍具体的运算符之前，先介绍两个基本概念，一个是优先级，另一个是结合方向。

(1) 优先级。当运算对象两侧都有运算符时，两个运算符执行的先后次序。运算符按照优先级从高到低执行，例如先乘除，后加减。C 语言严格规定了各个运算符的执行顺序，可以参阅 C 语言的相关书籍。

(2) 结合方向。一个运算对象两侧的运算符优先级相同时的运算顺序可分为左、右结合两种。左结合是指当运算符优先级相同时，按照从左到右的顺序执行运算；右结合是指运算符优先级相同时，按照从右到左的顺序执行运算。例如运算式“9-5+3”，其中加和减的优先级是相同的，执行顺序是先减后加，这就是左结合。大部分一元运算符都是左结合的方式。右结合的运算符有赋值运算符和条件运算符。

C51 的运算符包括算术运算符、关系运算符、逻辑运算符、位运算符、自增自减运算符和复合运算符。

(1) 算术运算符。

算术运算符包括加或正号(+)、减或负号(–)、乘(*)、除(/)和取余(%)运算符。

加或正号(+)、减或负号(–)与数学中的用法是完全相同的。

乘(*)：除写法上需要注意外，其余与数学的用法完全相同，例如：数学中的 ab，在这里应该写成 a*b。

除(/)：除法分为整除和普通除法。若两个运算对象都为整数时，表示整除，例如：5/3 结果为 1，1/3 结果为 0；若两个运算对象中有一个为实数时，表示普通除法，例如 1.0/2 结果是 0.5。在单片机的 C51 编程中，整除用得非常多。

取余(%)：此运算符要求两个运算对象必须是整数，结果为两个运算对象的余数，例如：5%3 结果为 2，1%2 的结果是 1。

在单片机中，常常利用运算符“/”和“%”来完成一个整数的分解。例如：将 56 分解成 5 和 6，可以通过 56/10 和 56%10 运算分别得到 5 和 6。如果是一个三位数，例如 789，则可以通过 789/100、789/10%10(或 789%100/10)和 789%10 运算分别得到 7、8、9。若已知变量 var 是两位整数，则可以通过 var/10 和 var%10 运算来得到十位数和个位数。

(2) 关系运算符。

关系运算符包括小于(<)、小于等于(<=)、大于(>)、大于等于(>=)、等于(==)和不等于(!=)。其中，小于(<)、小于等于(<=)、大于(>)、大于等于(>=)与数学的用法是完全相同的，但要注意小于等于和大于等于运算符的书写格式。特别要注意的是，等于符号(==)和赋值符号(=)用法上的区别，它们的含义是不同的。

由关系运算符连接起来的式子称为关系表达式，关系表达式的结果为 0 或 1。在小于(<)、小于等于(<=)、大于(>)、大于等于(>=)、等于(=)和不等于(!=)这 6 个关系运算符中前面 4 个优先级相同，后面 2 个优先级相同，而且前面 4 个优先级高于后面 2 个优先级。

例如：5>3 的运算结果为 1，5>3>1 的运算结果为 0。

(3) 逻辑运算符。

逻辑运算符包括逻辑非(!)、逻辑与(&&)和逻辑或(‖)。

其中，逻辑非(!)是单目运算符，逻辑与(&&)和逻辑或(‖)是双目运算符。逻辑非(!)的优先级最高，逻辑与(&&)次之，逻辑或(‖)最低。

由逻辑运算符连接起来的式子为逻辑表达式，逻辑表达式的结果为 0 和 1。逻辑运算时，所有非 0 值全当成 1。例如：!5 的运算结果为 0，5&&8 的运算结果为 1。

(4) 位操作运算符。

位操作运算符包括按位反(~)、按位与(&)、按位或(|)、按位异或(^)、按位左移(<<)和按位右移(>>)。

其中按位反(~)是单目运算符，其他运算符则都为双目运算符。特别要注意位操作运算符的运算对象只能是整型数据或字符型数据，不能是实型数据。这非常符合单片机的要求，因为在单片机的操作中，用到的数据类型主要是整型数据和字符型数据。位操作运算符在单片机 C51 程序中用的非常多。下面分别介绍这几个位操作运算符。

按位反(~)是将运算对象二进制位中的每一位按位取反。例如：若定义 char a=0x59；则~a 的结果是 0xa6。

按位与(&)是将两个运算对象的二进制位按位相与。按位与的运算规则是相应位中有 0 则结果为 0，只有两个位都为 1 时结果为 1。例如：char a=0x54，b=0x3b，则 a&b 为 0x10。按位与在单片机 C51 中常用来将指定位清零，例如 P1=P1&0x0f 的含义是将 P1 端口的高 4 位清零。

按位或(|)是将两个运算对象的二进制位按位相或。按位或的规则是对应位中有 1 则结果为 1，只有两个位都为 0 时结果为 0。例如：char a=0x54，b=0x3b，则 a | b 为 0x7f。按位或在单片机 C51 中常用来将指定位置 1，例如 P1=P1|0x0f 的含义是将 P1 端口的低 4 位置 1。

按位异或(^)是将两个运算对象的二进制位按位异或。按位异或的运算规则是对应位不同时结果为 1，相同时结果为 0。例如：char a=0xa5，b=0x37，则 a^b 为 0x92。按位异或在单片机 C51 中常常用来将指定位取反，例如 P1=P1^0x0f 的含义是将 P1 端口的低 4 位取反。

按位左移(<<)和按位右移(>>)运算符是用来将一个数的各个二进制位全部左移或右移若干位，移位后，空白位补 0，溢出的位舍弃。例如：

若 a=EAH=11101010B，则表达式 a=a<<2 表示将 a 值左移两位，其结果为 A8H；表达式 a=a>>2 表示将 a 值右移两位，其结果为 3AH。

在单片机的汇编语言中，我们常常使用循环左移和循环右移运算，但在 C51 中没有循环左移和循环右移运算，只能通过函数来完成，具体操作见后面章节的函数介绍。

(5) 自增自减运算符。

自增自减运算符包括自增 1(++)和自减 1(--)。自增减运算符的作用是使变量值自加 1 或自减 1。

++i 和--i 表示在使用 i 之前，先使 i 值加(减)1；i++, i--表示在使用 i 之后，再使 i 值加(减)1。

若 i 值原来为 5，那么它们的区别在哪里呢？下面举例进行说明。

j=++i 含义是 i 先增加 1，即 i 变为 6 后再赋值给 j，所以 j 的值为 6。

j=i++ 含义是先将 i 的赋值给 j，即 j 的值为 5，之后 i 再增加 1 变为 6。

特别注意：自增和自减只能用于单个变量而不能用于常量或变量表达式，它们的结合方向为右结合。

(6) 复合运算符。

双目运算符都可以与赋值运算符“=”组合在一起组成一个新的运算符，称为复合运算符。C 语言提供 10 种复合赋值运算符，包括+=、-=、*=、/=、%=、&=、|=、^=、>>=和<<=。

例如：a=a+b 可写为 a+=b；a=a<<3 可写为 a<<=3。

其他运算符相对用得比较少，可在 C 语言相关参考书中查阅其用法。

3.3.2 流程控制语句

C 语言是结构化程序设计语言，结构化程序设计语言的基本元素是模块，是程序的一部分。

结构化程序由若干个模块组成，每一个模块中，都只有一个出口和一个入口；每个模块中包含若干个基本结构，而每个基本结构中都可以有若干条语句。

C 语言的流程控制语句有顺序结构、选择结构和循环结构三种。顺序结构是按照物理位置顺序执行语句。选择结构出现了分支结构，分为双分支结构(if 语句)和多分支结构(switch 语句)。循环结构是对需要重复执行的语句进行处理，分为先判断后执行语句(while、for 语句)和先执行后判断语句(do…while 语句)。读者可参阅 C 语言程序设计相关书籍学习上述结构。

下面介绍单片机 C51 中应用最广泛的采用循环结构完成的延时程序，程序如下：

```
void delay(unsigned char x)
{
    unsigned char k;
    while(x--)
        for(k=0; k<125; k++);
}
```

上述延时程序在晶体振荡器为 12 MHz 时，大约可延时 x 毫秒。考虑到参数 x 的取值范围，最长延时时间为 255 ms。

小测验：

1. 现在有一个两位十进制的数，怎样分成两个一位的十进制数，例如：36 分解成 3 和 6。三位十进制数分解成三个一位的十进制数，又怎样分解呢？

2. 试计算下列表达式的值(假设 a，b，c 均为整数)：

① a=5>3；

② b=5>3>1；

③ a/=a+a (设 a 的初值为 12)；

④ a+=a-=a*=a　(设 a 的初值为 3)。

3. 假设位操作运算符的第一个运算对象为 0xC7，另外一个运算对象为 0x59，分别计算位与、位或、位异或的值。0xc7 的位反运算结果又是什么？

4. 写出数学表达式 3≤x≤8 在 C51 中的算术表达式。

5. k++与++k 有何区别？单独作为语句时有区别吗？

3.4　C51 的数组

数组是一组具有固定数目和相同类型成分分量的有序集合。成分分量的类型是该数组的基本类型，成分分量也称为数组元素。构成一个数组的元素必须是同一个类型的变量，且同一个数组中不允许出现不同类型的变量。

数组数据是用数组名字和不同下标来表示的。

3.4.1　一维数组的定义与初始化

一维数组的定义形式为

类型说明标识符 数组名[整型常量表达式];

例如：unsigned int a[10];

该数组定义了 10 个元素，其下标从 0 开始，10 个元素分别为 a[0]，a[1]，a[2]，…，a[9]。

数组的初始化有以下四种情况：

(1) 在定义数组时对数组的全部元素赋初值。例如：

```
unsigned int a[10]={0,1,2,3,4,5,6,7,8,9};
```

(2) 只对数组部分元素赋初值。例如：

```
unsigned int a[10]={0,1,2,3,4};
```

(3) 定义数组时不赋初值，其值默认为 0。

(4) 定义数组时对全部元素赋了初值，可以省略元素个数。例如：

```
unsigned int a[ ]={0,1,2,3,4,5,6,7,8,9};
```

3.4.2　二维数组的定义与初始化

二维数组的定义形式为

类型说明标识符 数组名[常量表达式][常量表达式];

例如：unsigned int a[3][4];

该数组定义了 12(3×4)个元素。二维数组元素的下标也从 0 开始，这 12 个元素分别为 a[0][0]，a[0][1]，a[0][2]，a[0][3]，a[1][0]，a[1][1]，a[1][2]，a[1][3]，a[2][0]，a[2][1]，a[2][2]和 a[2][3]。

二维数组的初始化包括以下三种情况：

(1) 定义二维数组时给全部元素赋初值。例如

```
unsigned int a[3][4]={0,1,2,3,4,5,6,7,8,9,10,11};
```

(2) 分行给二维数组的全部元素赋初值。例如

```
unsigned int a[3][4]={{0,1,2,3},{4,5,6,7},{8,9,10,11}};
```

(3) 给二维数组的全部元素赋初值时，可以省略第一维下标。例如：

```
unsigned int a[][4]={{0,1,2,3},{4,5,6,7},{8,9,10,11}};
```

单片机系统会为数组分配连续的存储空间，数组名则代表数组在内存中存放的首地址(即数组第一个元素在内存中的存储地址)。当程序中定义了一个数组时，C 编译器就会在存储空间中开辟一个区域用来存放该数组的内容。字符型数组每个元素占用 1 个字节；整型数组每个元素占用两个字节；长整型和浮点型数组每个元素占用 4 个字节。若定义一个三维长整型数组 a[10][10][10]，则占用的存储空间为 $10 \times 10 \times 10 \times 4$，即近 4 KB 的存储空间；若定义一个三维长整型数组 a[25][25][25]，则占用的存储空间是 $25 \times 25 \times 25 \times 4$，即近 64 KB 的存储空间。因此，单片机在使用数组时需要谨慎，特别是在内部 RAM 中定义数组时。在单片机中，数组有一个非常重要的应用，即用数组保存在程序运行过程中不改变的常量，如数码管的段代码或一些需要的数据。

下面介绍数组的一个应用，即利用数组完成对以 10 为底的对数的保存。

单片机处理的数据一般为整数，因此下面以一个字节为例，即取值范围为 0～255 的整数进行介绍。查数学中的常用对数表可得：

对数	函数值
lg1	0.000
lg2	0.301
lg3	0.477
⋮	⋮
lg100	2.000
⋮	⋮
lg255	2.407

若把所有的值全部写出来，一共有 255 个。若要定义一个数组来保存这组数据，需先确定 0 的对数为多少。从数学上来说，0 的对数是没有意义的，但在单片机的实际使用过程中，定义 0 的对数为 0。此外，单片机常常处理的是整数，因此可将对应的对数值也处理成整数，即可将对数值全部乘 1000，此时可用一个一维数组来保存这组数据，实现语句如下：

```
unsigned int code LOG10[]={0,0,301,477,…,2000,…,2407};
```

程序中不允许有省略号，必须写出所有的对数值。在引用时只需要引用数组元素即可。例如：要引用以 10 为底 3 的对数，就只需要引用数组元素 LOG10[3]即可，得到的对数值经过处理，然后在 LED、LCD 等显示设备上显示出来。

3.5 C51 的指针

C51 支持的指针有一般指针(Generic Pointer)、存储器指针(Memory_Specific Pointer)和

抽象指针(Abstract Pointer)三种。

3.5.1　一般指针

C51 中一般指针的声明和使用与标准 C 语言相同，另外还可以说明指针的存储类型。例如：

```
unsigned long    *state;
        //state 为一个指向 unsigned long 型整数的指针，而 state 本身则依据存储模式存放
unsigned char    *xdata ptr;
        //ptr 为一个指向 unsigned char 数据的指针，而 ptr 本身放于外部 RAM 区
```

以上的 unsigned long，unsigned char 等指针指向的数据可存放于任何存储器中，具体放在哪个存储器中，后续的章节会有介绍。

一般指针需 3 个字节存储，其中 1 个字节为存储器类型，另两个字节为偏移量。存储器类型决定了指针对象所用的 MCS-51 系列单片机的存储器空间，偏移量则决定了指针对象的实际地址。一般指针的存储形式如下：

地　址	+0	+1	+2
内　容	存储器类型	偏移量高位	偏移量低位

一般指针的存储器类型及其编码如下：

存储器类型	idata	xdata	pdata	data	code
值	1	2	3	4	5

若使用其他类型的存储器，可能会导致不可预测的程序动作。例如：以 xdata 类型的 0x7FFF 地址作为指针，可以表示如下：

地　址	+0	+1	+2
内　容	0x02	0x7F	0xFF

当用常数作指针时，须正确定义存储类型和偏移量。例如将常量值 0x41 写入地址为 0x8000 的外部数据存储器中，可以使用以下语句定义：

```
#define    XBYTE((char *)0x20000L)
XBYTE[0x8000]=0x41;
```

其中，XBYTE 被定义为(char *)0x20000L，0x20000L 为一般指针，其存储类型为 2，偏移量为 0000H。这样，XBYTE 就被定义为指向 xdata 零地址的指针，而 XBYTE[8000]则是外部数据存储器 0x8000 的绝对地址。

#define 中的“L”表示定义为 long 类型的常量，可以写为小写的“l”，其低 16 位二进制表示的是偏移量，而最高位表示存储器类型。为了表示这种指针，必须用长整型来定义存储类型。后面章节还将介绍另外一种访问外部数据存储器的方法。

另外，一个一般指针可以访问任何变量，而不管它在单片机存储器空间中的任何位置。这样就允许一般性函数，如函数 memcpy()可以将数据从任意一个地址空间拷贝到另一个地址空间。

3.5.2 存储器指针

存储器指针在定义时，即指定了存储类型。例如：

```
unsigned char data   *str            //str 指向 data 区中 unsigned char 型数据
unsigned int xdata   *pow;           //pow 指向外部 RAM 的 unsigned int 型整数
```

因为存储器指针只需存放偏移量，所以这种指针在存放时，只需一个字节或两个字节就够了。

存储器指针的完整定义形式为

```
unsigned   char xdata *data pdx;     //除了明确定义指针位于单片机内部存储区(data)中外，
                                     //还定义了指针指向的位置(xdata)，与编译模式无关
data unsigned char xdata *pdx;       //与上面定义完全相同，含义也相同
```

3.5.3 存储器指针与一般指针的转换

一个已定义的存储器指针可转换为一个一般指针(3 字节)及副本，这在某些时候是非常有用的。库函数一般包含一个一般指针变量，如 printf()，scanf()，gets()等函数都包含一个一般指针变量，这些函数如同以前的编译器和库版本一样，因而被广泛使用。例如：

```
extern int printf(void *format，…);
```

在 printf 调用中，2 字节指针自动转换为一个 3 字节指针，因为 printf 的原型需要一个一般指针(3 字节)作为其第一参量。

注：如果没有函数原型，函数调用的参量中指针总是转换为一般指针。如果函数确实需要一个短指针作为参量，那么就会产生错误。为了避免在程序中发生这类错误，需要使用头文件或某些函数声明函数原型，这样能保证让编译器将指针转换为所需类型，否则会产生类型不匹配错误。存储器指针定义说明如表 3-7 所示。

表 3-7　存储器指针定义说明

指针说明	长度	指向
float *p;	3 字节	所有单片机存储器空间中的 float(一般指针)
char data *dp;	1 字节	data 存储器中的 char
int idata *ip;	1 字节	idata 中的 int
long pdata *pp;	1 字节	pdata 中的 long
char xdata *xp;	2 字节	xdata 中的 char
int code *cp;	2 字节	code 中的 int

3.5.4 抽象指针

抽象指针用来在每个存储区访问任意绝对地址，或用来产生绝对调用。在这个过程中，常数型、字符型或整型都用抽象类型作了原则性修改(类型整理)，以允许进行绝对访问或调用。例如：

```
char xdata *px;                      //指向 xdata 的指针
```

```
char idata *pi;                           //指向 idata 的指针
char code *pc;                            //指向 code 的指针
char c;                                   //字符型变量置于 data 区
int i;                                    //整型变量置于 data 区
pc=(void*)main;                           //pc 是指向 main 地址的指针
i=((int(code*)(void))0xFF00();
        //以 0xFF00 作为函数的指针，没有参数，函数的返回值为 int 型
c=*((char code*)0x8000);
        //将 0x8000 作为一个指针，并指向 code 区的 char 型指针，且将其值赋给变量 c
i=*((int code*)0x1200);
        //将 0x1200 作为指向 code 区的 int 指针，并将其值赋给变量 i
px=*((char xdata *xdata*)0x4000);
        //将 0x4000 作为在 xdata 的指针，指向 xdata 区的 char 指针
px=((char xdata *xdata*)0x4000)[0];
        //将 0x4000 作为在 xdata 的指针，指向 xdata 区的 char 指针，但该指针指向一个
        //在 xdata 中的指针数组，访问数组元素 0
px=((char xdata *xdata *)0x4000;
        //将 0x4000 作为在 xdata 的指针，指向 xdata 区的 char 值
```

3.6　C51 的函数

3.6.1　函数的声明形式

函数就是完成一定功能的一段程序。

C 语言的程序由一个个的函数组成。在这些函数中，一定有一个函数为主函数(即 main()函数)。

在 C 语言的函数中，我们把数学中的自变量称为参数，因变量的值称为函数的返回值，简称返回值。所有函数的定义都是相互独立的，一个函数中不能再定义其他函数，即函数不能嵌套定义。函数可以互相调用，即可以转到被调的函数中执行。

函数调用原则为：主函数根据需要可以调用其他普通函数，普通函数之间可以互相调用，但普通函数不能调用主函数。

一个 C 语言程序的执行从 main( )函数开始，调用其他函数后又返回到 main( )中，最后在 main( )中结束整个程序的运行。

通常将定义函数时的参数称为形式参数，简称形参；在调用函数时的参数称为实际参数，简称实参。参数的传递是通过实际参数传递给形式参数，并且是单向传递的，即只能通过实际参数传递给形式参数。实际参数传递给形式参数时要求两类参数个数相同，类型相容，并要一一对应。

凡不加函数返回值类型标识符的函数，默认返回值为整型。若函数返回值的类型标识符与 return 语句中表达式的变量类型不一致，则以函数返回类型标识符为准。若被调用函数不带返回值，最好将该函数定义为 void 类型。

在一个函数中调用另一个函数必须具有以下条件：

(1) 被调函数必须是已经存在的函数(库函数或用户自定义的函数)。

(2) 若使用库函数或不在同一文件中自定义的函数，应该在程序开头处使用#include 包含语句将所有函数的信息包括到程序中来。

(3) 若程序中自定义函数为被调函数，该函数与调用它的函数在同一个文件中，则要求被调函数必须在主调函数之前定义；若被调函数不在主调函数之前定义，则可以采用在主调用函数之前做声明的方法。在编写程序过程中，建议将所有在程序文件中使用的函数都在本程序文件的头部进行声明。

函数声明一般形式为

返回值类型标识符　被调用函数的函数名([参数列表]);

例如：

```
int max(int x,int y);
void main(void)
      { …
        m=max(a,b);
        …
      }
int max(int x,int y)
{
        return (x>y)?x:y;
}
```

在 C51 程序中存在全局变量和局部变量。全局变量是指在函数外部定义的变量，其作用范围是从此变量定义开始处到整个文件结束；局部变量是指在函数内部定义的变量，它分为非静态局部变量和静态局部变量。非静态局部变量的作用范围是从此变量定义开始处到整个函数结束，而静态局部变量的作用范围是从此变量定义开始处到整个程序退出。形式参数当作局部变量使用。

3.6.2 单片机中函数的完全声明形式

C51 函数声明对标准 C 语言函数进行了扩展，具体包括：

(1) 可指定一个函数作为一个中断函数。

(2) 根据需要，可选择所使用的寄存器组。

(3) 可选择不同的存储模式。

(4) 可指定是否为重入函数。

(5) 可指定 PL/M51 函数。

C51 程序在函数声明中，可以包含上述这些扩展属性。声明 C51 函数的完整标准格式为：

[return_type] funcname([args])[{small|compact|large}][reentrant][interrupt n][using m]

其中：

return_type：函数的返回值类型，缺省类型为 int。

funcname：函数名，符合标识符的命名规则。

args：函数的参数列表。

small|compact|large：函数的存储模式。

reentrant：表示函数是否为重入函数。

interrupt：表示本函数为中断函数。

using：指定本函数所用的存储器区。

在本章后面及后面的章节中将分别对它们进行介绍。

3.6.3　函数的参数传递和返回值

Keil C51 编译器可以使用寄存器传递参数(如表 3-8 所示)，也可以使用固定存储器地址或堆栈传递参数，可以通过设置选项来选择具体使用什么方式完成参数传递。总体来说，通过堆栈传递参数对 C51 程序来说更协调，并可支持重用。若有函数递归调用，则堆栈会加深，这样只有保证有大的堆栈才能存取参数。如果不知道递归的层数，那么将无法设置堆栈的大小。此外，编译器通常使用内部 RAM 作为堆栈，但这一般对数学库函数不实用，因为它可能会需要 128 B 或 256 B 中 100 B 以上的字节，而其他操作也需要使用内部 RAM，这可能会导致内部 RAM 的不足。

表 3-8　寄存器传递参数表

参数类型	char，1 字节指针	int，2 字节指针	long，float	一般指针
一个参数	R7	R6，R7	R4～R7	R1，R2，R3
二个参数	R5	R4，R5	R4～R7	R1，R2，R3
三个参数	R3	R2，R3	…	R1，R2，R3

一般通过单片机的存储器进行参数传递最多可传递三个参数。这样产生的结果与采用有效参数机制的汇编子程序相当。如果寄存器被占用，或已经有了“#pragma NOREGPARMS”语句说明，那么参数变量将使用固定的存储器地址，存储器模式决定了单片机存储器为参数提供的地址。

例如：

```
func1(int a)                    //a 是第一个参数，将利用 R6，R7 传递
Func2(int a ,int b)             //a 利用 R6，R7 传递，b 利用 R4、R5 传递
Func3(int a ,int b ,int *c)     //a 利用 R6，R7 传递，b 利用 R4、R5 传递，而 c 则是利用
                                  R1、R2、R3 来传递
```

如果函数的第一个参数是 bit 类型，那么别的参数就不能用寄存器传递，因此用寄存器进行参数传递时，bit 参数应该放在最后声明。

参数传递若采用固定的存储区，则类似于将参数传递给 C 语言函数。参数传递段的首

地址通过名为“?函数名?BYTE”的 Public 符号来确定。当传递相对地址时，则使用名为“?函数名?BIT”的 Public 符号。所有传递的参数都放在以首地址开始递增的存储区内，函数的返回值则放在单片机的寄存器中，如表 3-9 所示。

表 3-9 函数返回值存放的寄存器

返 回 值	寄 存 器	意 义
bit	C	进位标志
(unsigned) char	R7	—
(unsigned) int	R6，R7	高位在 R6，低位在 R7
(unsigned) long	R4～R7	高位在 R4，低位在 R7
float	R4～R7	32 位 IEEE 格式，指数和符号位在 R7
指针	R1，R2，R3	类型选择在 R3，高位在 R2，低位在 R1

3.6.4 函数的存储模式

函数的参数和局部变量均保存在由存储模式指定的缺省存储空间中。单个函数可以在函数声明中用 small、compact 或 large 声明来指定存储模式。例如：

```
#pragma small                                    //缺省为 small 模式
extern int calc(char i, int b) large reentrant;
extern int func(int i, float f) large;
extern void *tcp(char xdata *xp, int ndx) small;
int mtest(int i, int y)                          //small 模式
{return (i*y+y*i+func(-1,4,75)); }
int large_func(int i, int k) large               //large 模式
{return (mtest(i, k)+2); }
```

函数尽量使用 small 存储模式。使用 small 存储模式的好处是，局部变量和函数的参数都保存在单片机的内部 RAM 中，访问效率高。但是，内部 RAM 的空间是有限的，很多情况下 small 模式不能满足程序设计的要求，这样就需要使用其他存储模式。

3.6.5 函数的寄存器组

MCS-51 系列单片机将内部 RAM 的低 32 个字节分成了 4 个寄存器组，每个寄存器组包括 8 个寄存器(R7～R0)。C51 编译器可以在一个函数中决定用哪一组寄存器。在处理中断时，寄存器组是非常有用的。例如：

```
void rb_function(void) using m
{
    ⋮
}
```

其中 m 是取值为 0～3 的整数常量，不允许是任何表达式。“using”不允许用于外部函数，

它对函数的目标代码影响如下：

(1) 函数入口处将当前寄存器保存入栈。

(2) 设置指定的寄存器组。

(3) 函数退出前寄存器组被恢复。

“using”的定义对于返回一个寄存器内的值的函数是无用的，所以使用时要特别注意，以保证任何寄存器切换都只在自己控制的区域发生，如果没做到这一点，那么将会产生不正确的函数结果。即使当用户使用同一寄存器组时，带“using”属性的函数原则上也不能返回一个地址值。“using”在中断函数中应用最为广泛，详细内容见后面章节。

3.6.6　重入函数

MCS-51 系列单片机由于受内部堆栈空间的限制，因此不能像 C 语言那样使用堆栈。在 C 语言中调用函数时一般会将函数的参数和局部变量入栈。为了提高工作效率，C51 没有提供这种堆栈方式，而是采用一种压缩栈的方式，即为每个函数都设定一个空间，用于存放局部变量。

一个函数中的每个变量一般都存放在某个空间的固定位置，当递归调用时会导致变量的覆盖，所以 C51 函数不能被递归调用，也不能应用可能造成递归调用的结构。另外，在进行函数调用时，还可能会被中断服务程序中断，以及在中断服务程序中要再次调用这个函数。对于这些情况，C51 采用重入函数来解决这个问题。

重入函数，又称为再入函数是允许将此函数多次调用的函数声明。

重入函数可以被递归调用，也可以同时被两个或更多的程序调用。在实时应用及中断服务程序代码和非中断程序代码必须共用一个函数的场合中，经常要用到重入函数。

对每一个重入函数来说，根据存储模式，重入堆栈被放置在内部或外部单元中。重入函数可被递归调用，调用可发生在任何时候，即使是中断过程中。在实时处理的应用问题中，常常需要使用重入函数。

使用关键字“reentrant”可以有选择地定义函数是否有重入能力。在存储器模式的基础上，可以为重入函数在内部或外部存储器中模拟一个栈区域。由于 MCS-51 系列的单片机本身缺乏合适的寻址方法，使用栈结构是相当必要的，因而应尽量少用重入函数。

定义重入函数的语法如下：

```
返回值　函数名([参数])[模式]　xample t
```

例如：

```
int calc(char i, int b) reentrant
{
    int x;
    unsingned   int   x;
    x=table[i];
    return(x*b);
}
```

使用重入函数时需要注意以下几点：

(1) 不能传递类型为“bit”的参数，重入功能不能包括位操作及 MCS-51 系列单片机中内部 RAM 的可位寻址区域。

(2) 在与 PL/M51 兼容的函数中不能使用关键字“reentrant”，也不能调用重入函数。

(3) 重入函数可同时有其他属性，如“using”函数模式和“interrupt”。

(4) 实际参数可以传递给间接调用的重入函数，无重入属性的间接调用函数是不能包含调用函数的。

(5) 在同一模块中，任意模块的重入函数(small reentrant，lage reentrant，compact reentrant)不能与具有不同模式的重入函数混合。

(6) 在编译时，重入函数建立的是模拟堆栈区，small 模式下的模拟堆栈区在 idata 区，compact 模式下的模拟堆栈区在 pdata 区，large 模式下的模拟堆栈区在 xdata 区。

重入函数所用的模拟堆栈有自己的堆栈指针，它独立于 MCS-51 单片机的堆栈和堆栈指针。堆栈和堆栈指针可以在 STARTUP.A51 文件中定义和初始化。

注意：在 small 存储模式下，模拟堆栈和 MCS-51 单片机硬件堆栈共享同一存储区，但方向是相反的。重入函数的模拟堆栈区是从上向下生长的，与单片机本身的硬件堆栈刚好相反，单片机的硬件堆栈是从下向上生长的。

3.6.7 本征函数和内部函数

C51 提供的本征函数是指编译时直接将固定的代码插入当前行，而不是用汇编语言的 ACALL 和 LCALL 语句来实现。而非本征函数(内部函数)则必须由汇编语言的 ACALL 及 LCALL 调用，这样就大大提高了函数访问的效率。

C51 的本征库函数共有 9 个，分别如下：

```
_crol_,_cror_:      //将 char 型变量循环向左(右)移动指定位数后返回
_iror_,_irol_:      //将 int 型变量循环向左(右)移动指定位数后返回
_lrol_,_lror_:      //将 long 型变量循环向左(右)移动指定位数后返回
_nop_:              //相当于插入 NOP
_testbit_:          //相当于汇编语言的 JBC bitvar，测试该位变量并跳转，同时清除
_chkfloat_:         //测试并返回源点数状态
```

其函数的全部结构如下：

```
extern void _nop_(void);
extern bit _testbit_(bit);
extern unsigned char_cror_(unsigned char, unsigned char);
extern unsigned int _iror_(unsigned int, unsigned char);
extern unsigned long_lror_(unsigned long, unsigned char);
extern unsigned char_crol_(unsigned char, unsigned char);
extern unsigned int_irol_(unsigned int, unsigned char);
extern unsigned long_lrol_(unsigned long, unsigned char);
extern unsigned char_chkfloat_(float);
```

使用时，必须包含“#include <intrins.h>”一行语句。

Keil c51 还支持许多内部函数。内部函数既是重入函数又是有效函数。所有内部函数都必须使用“#include”语句将对应的库文件包含进来。

例如：若使用拷贝、比较、移动等函数如 memcpy，memchr，memcmp，memmove，memset，则需要包含“string.h”文件。

3.6.8 PL/M51 函数

Keil C51 可以利用关键字“alien”提供一个与 Intel PL/M51 直接而简单连接的接口。关键字“alien”在所有存储器模式下都可用于“extern”和“public”函数。现有的 PL/M51 程序利用 C51 语言的强大功能，可与 Keil C51 连接起来。

“alien”函数始终包含一个标准的参数数量，因此，C51 中定义的三点(…)记号不被接受，且会产生一个错误信息。

例如：

```
extern alien char plm_function(unsigned char, unsigned int);
extern char c_function(unsigned char x, unsigned char y)
{
    return(x*y);
}
```

PL/M51 兼容函数必须以关键字“alien”定义。这样，PL/M51 函数的参数传递及函数返回值才会在 C51 的编译器中被考虑。

3.6.9 “pragma disable”语句

如果在相应的函数前使用前述“#pragma disable”语句声明，则只允许主程序或中断之一调用该函数。

3.7 Keil C51 高级编程

Keil C51 高级编程主要包括以下四点内容：

(1) 绝对地址访问。

(2) C51 与汇编的接口。

(3) C51 软件包中的通用文件。

(4) 段名转换与程序优化。

3.7.1 绝对地址访问

C51 提供了以下三种访问绝对地址的方法。

1. 绝对宏

在程序中，用“#include　<absacc.h>”语句将“absacc.h”库文件包含进来，即可使用

“absacc.h”文件中定义的宏来访问绝对地址，包括 CBYTE、XBYTE、PWORD、DBYTE、CWORD、XWORD、PBYTE、DWORD 等，具体使用可参阅库文件“absacc.h”。

例如：

```
rval=CBYTE[0x0002];                    //指向程序存储器的 0002H 地址
rval=XWORD[0x0004];                    //指向外 RAM 的 0004H 地址
```

2. _at_关键字

C51 访问绝对地址时也可直接在数据定义后加上“_at_ const”关键字即可，但是必须注意：

(1) 绝对变量不能被初始化。

(2) bit 型函数及变量不能用_at_关键字指定。

例如：

```
idata struct link list _at_ 0x40;        //指定 list 结构从 40H 开始
xdata char text[25b] _at_ 0xe000;        //指定 text 数组从 0E000H 开始
```

提示：如果外部绝对变量是 I/O 端口等可自行变化数据，则需要使用“volatile”关键字进行描述，具体可参考“absacc.h”库文件。

3. 连接定位控制

连接定位控制是指利用连接控制指令 code，xdata，pdata，data，bdata 对“段”地址进行控制，如要指定某具体变量地址，则有很大的局限性，在此不作详细讨论。

3.7.2 Keil C51 与汇编语言的接口

由于单片机硬件的限制，在某些特殊场合用 C51 语言编写程序效率不高，或根本不方便用 C51 语言编写，这时只能用汇编语言来编写程序。一般情况下，汇编语言与 C51 语言编写的程序能很好地结合在一起。

本小节首先将详细介绍如何进行汇编语言与 C51 语言的混合编程，然后介绍如何修改 C51 编写的程序以及经过编译后产生的汇编语言的代码，最后介绍得到的完整代码。

1. 汇编语言增加了局部变量

要使汇编语言能加入到 C51 语言编写的程序中去，必须使汇编语言和 C51 语言编写的程序具有对应的参数、返回值和局部变量。

一般在编写汇编语言程序时，变量的参数传递在所使用的存储器上基本是无规律的，这导致了汇编语言子程序之间参数传递的混乱，难以维护。如果在编写汇编语言程序时能仿照 C51 语言的函数编写，并按照 C51 语言的参数传递方式，那么程序会有很好的可读性，也容易维护，这样编写出来的函数就很容易和 C51 语言编写的函数进行连接。

汇编语言中的每一个功能函数都有自己的程序存储区，如果有局部变量，则会有相应的存储空间 data、idata、xdata 等。当程序中需要快速寻址变量时，就可以将它声明在 data 段中；如果需要查询表格时，则可声明在 code 段中。需要特别注意的是，局部变量只对当前使用它们的程序段是有效的。

2. 函数声明和汇编参数传递

为了使汇编语言程序和 C51 语言程序能够兼容，必须为汇编语言编写的程序段指定段名并进行定义。如果要在它们之间传递函数，则必须保证汇编程序用来传递函数的存储区和 C51 函数所使用的存储区是一样的。被调用的汇编语言子程序不仅要在汇编程序中使用伪指令以使 code 选项有效，而且要声明为可再定位的段类型，并且还要在调用它的 C51 语言主程序中进行声明。函数名的转换规律如表 3-10 所示。

表 3-10 函数名的转换规律

主函数中的声明	汇编符号名	说　明
void func(void)	FUNC	无参数传递或不含寄存器的函数名不作改变地转入目标文件中，名字只是简单地转为大写形式
void func(char)	_FUNC	带寄存器参数的函数名前面加“_”前缀，表明这类函数包含寄存器内的参数传递
void func(void) reentrant	_?FUNC	重入函数名前面加“_?”前缀，表明该函数包含栈内的参数传递

下面是一个典型的可被 C51 程序调用的汇编子程序，该子程序不传递参数。

```
?PR?CLRMEM SEGMENT CODE          //程序存储器声明
PUBLIC CLRMEM                    //输出子程序名
RESG ?PR? CLRMEM                 //子程序可被连接器放置在任何地方
/***********************************************************************
子程序：CLRMEM
功能描述：清除内部 RAM 区
参数：无
返回值：无
***********************************************************************/
CLRMEM:
        MOV     R0, #7FH
        CLR     A
IDATALOOP:
        MOV     @R0, A
        DJNZ    R0, IDATALOOP
        RET
        END
```

上述汇编语言程序的文件格式是非常简单的，只需把存放在功能子程序中的段指定一个段名就可以了。因为在代码区中，所以段名的开头为“PR”，这两个字符和 C51 程序中的内部命名转换是兼容的。程序段命名的转换规律如表 3-11 所示。

表 3-11 程序段命名的转换规律

存储区	命名转换
code	?PR?CO
xdata	?XD
data	?DT
bit	?BI
pdata	?PD

RESG 为段名的属性，这意味着连接器可把该段放置在代码区的任意位置。当段名确定后，文件必须先声明为公共符号，如上例中的“PUBLIC CLRMEM”语句，然后再编写代码。对于有传递参数的函数必须符合参数的传递规则。Keil C51 在内部 RAM 中传递参数时，一般都用当前的寄存器组。

参数若通过固定的寄存器来传递给汇编语言程序，且使用“#pragma NOREGPARMS”语句时，则通过固定的存储器地址传递参数。这样就给汇编语言程序与 Keil C51 语言程序之间提供了一个非常简洁的接口，返回值也在单片机寄存器中。

下例为在汇编语言编写的“toupper”函数，参数传递发生在寄存器中。

```
          UPPER    SEGMENT CODE        //程序代码段
          PUBLIC   _toupper            //入口地址
          RESG     UPPER               //选择程序代码段
toupper:  MOV      A, R7               //char 参数在寄存器 R7 中
          CJNE     A, # 'a', UPP1
UPP1:     JC       UPPERT
          CJNE     A, # 'z'+1, UPP2
UPP2:     JNE      UPPRET
          CLR      ACC.5
UPPRET:   MOV      R7, A               //char 返回值在寄存器 R7 中
```

3. 模块内接口

根据需要，有时候需要利用汇编语言来编写一段程序，例如用汇编语言编写一段延时程序或根据硬件需要对某些设备进行操作。如果不需要用汇编语言来编写全部程序或调用汇编语言编写的子程序，那么就可以通过预编译指令“asm”在 C51 程序的代码中插入一些汇编代码，其方法是使用“＃pragma”语句实现，具体结构为

```
#pragma asm
    汇编行
#pragma endasm
```

这种方法实质上是通过指令“asm”与“endasm”告诉 C51 编译器，中间行不用编译为汇编语言。具体用例如下：

```
//<asm.h>
#ifdef ASM
```

```
        unsigned long shiftR1(register unsigned long);
#else
        extern unsigned long shiftR1(register unsigned long);
//end of asm.h


//<asm.c>
#define ASM
#include <asm.h>
#include <reg51.h>
#pragma OT(4, speed)              //锁定优先级别为 4 级(级别可以是 0～9)
unsigned long shiftR1(register unsigned long x)
{
 #pragma asm
      clr        c
      mov        a, r4
      rlc        a
      mov        r4, a
      mov        a, r5
      rlc        a
      mov        r5, a
      mov        a, r6
      rlc        a
      mov        r6, a
      mov        a, r7
      rlc        a
      mov        r7, a
 #pragma endasm
      return(x);
}
      //end of asm.c
```

上述程序是将一个长整型数(4 个字节)左移一位。

4. 模块间接口

C51 模块与汇编语言模块的接口较简单，先用 C51 与 A51 分别对源文件进行编译，然后用 L51 将 obj 文件连接即可。模块接口间的关键问题在于 C51 函数与汇编语言函数(子程序)之间的参数传递。C51 中有两种参数传递方法。

(1) 通过寄存器传递函数参数。

C51 函数最多只能有 3 个参数通过寄存器传递。

(2) 通过固定存储区传递(fixed memory)。

将 bit 型参数传给一个固定存储区的语句为

? function_name?BIT;

将其他类型参数均传给固定存储区的语句为

? function_name?BYTE;

通过固定存储区传递参数必须按照预选顺序存放。至于这个固定存储区本身在何处，则由存储模式决定。

5. SRC 控制

SRC 控制指令将 C 语言程序文件编译后生成汇编语言程序文件(.SRC)。该汇编语言程序文件改名后，可生成汇编语言程序.ASM，再用 A51 进行编译。

3.7.3 动态存储分配

通过标准 C 语言的功能函数 malloc 和 free 可分配动态存储区，Keil C51 也提供了相应的动态存储分配函数。对大多数应用程序来讲，应尽可能地在编译时就确定所需要的内存空间并进行分配。Keil C51 的动态存储分配函数要求用户声明一个字节数组作为堆，根据所需要的动态内存大小来决定数组的长度。作为堆，最好将其数组声明在 xdata 区中，这是因为库函数会使用特定的指针来进行寻址，不需在 data 区中指定动态内存分配(因为 data 区的空间本身太小)。另外，使用 xdata 时，一定要考虑单片机外部有扩展的存储区。

一旦在 xdata 区中声明了这个动态存储区后，指向此动态存储区的指针和动态存储区的大小就要传递给初始化函数 init_mem。该函数将设置一些内部变量进行一些准备工作并对动态存储区进行初始化。当初始化工作完成后，就可以在任何系统中调用动态分配函数。

动态分配函数包括 4 个标准函数。

(1) malloc(size)：在内存的动态存储区中分配一个长度为 size 的连续空间，此函数的返回值是一个指针，其值为该连续空间的起始地址。若函数未能成功执行，则返回值为 NULL。

(2) calloc(n,size)：在内存的动态存储区中分配 n 个长度为 size 的连续空间，函数返回该分配的起始地址。如果分配不成功，则返回 NULL。

(3) realloc(ptr,size)：将 ptr 所指向的已分配内存区的大小改为 size，size 的大小可以比原来分配的空间大或小，函数的返回值为该内存区的指针。

(4) free(ptr)：释放由 ptr 所指向的内存区，ptr 是最近一次调用 calloc 或 malloc 函数时返回的值。

可见，使用动态分配函数就如同使用标准 C 语言一样，十分方便。

本 章 小 结

本章主要对 C51 编程设计相关内容作了介绍，包括数据类型、特殊功能寄存器、运算符、数组、指针、函数等。在学习过程中，读者需要区分 C 语言编程与 C51 编程的区别，重点掌握 C51 编程设计中的特殊功能寄存器部分。

本章习题

1. 试建立一个完整的对数表，要求采用数组方式，且数据形式采用整型数据，同时将数组存放在程序存储区中，即完成 lgx，x 的取值范围为 0～255，约定 lg0 = 0。

2. 完成一个正弦表 sinx，x 的取值范围为 0～255，要求所有的值用正整数表示，且存放在程序存储器中，并编写程序根据 x 的值查找正弦值。

3. reentrant 表示的函数是什么形式的函数？怎样定义之？试举例说明。

4. 函数在调用时，对参数有什么特殊的要求？若参数都是字符类型，那么一般几个参数较合适？

5. 51 系列的单片机有几个寄存器组？单片机的 C 语言如何修改、选择相应的寄存器组？

6. 51 单片机的 C 语言中，是否有循环左移、右移的语句或运算符？若没有，怎样完成循环左移或右移？不同类型的循环左移、右移有什么不同？

7. 单片机的指令中有一个空操作指令 nop，如果在编写程序时根据程序的要求需要加入空操作指令，那么单片机的 C 语言用什么来完成空操作指令？

8. 在程序设计过程中，有哪些方法能保证程序的执行效率，又能保证占用的存储空间较小？

9. 下面的函数是在单片机的晶体振荡器频率为 12 MHz 时，延时的时间大约为实际参数传递给形式参数的值，单位是 ms：

```
void   delay(unsigned char   x)
{
    unsigned char   k;
    while(x--)
      for(k=0; k<125; k++)
      {
      }
}
```

假设在单片机的 P1 端口上连接了 8 个 LED，编写程序完成跑马灯程序。要求：每个间隔大约 1 s，8 个 LED 交替显示。

10. 试编写完成十进制数转换成二进制数的程序。

11. 假如单片机 P1 端口接了 8 个 LED，试编写程序完成 8 个 LED 的变化。要求：第一和第八个 LED 显示；延时 1 s 后，第二和第七个 LED 显示；延时 1 s 后，第三和第六个 LED 显示；延时 1 s 后，第四和第五个 LED 显示；延时 1 s 后，第五和第四个 LED 显示；延时 1 s 后，第六和第三个 LED 显示；延时 1 s 后，第七和第二个 LED 显示；延时 1 s 后，第八和第一个 LED 显示；依次类推循环显示。

12. 在 C 语言中，“while”语句和“do…while”语句有什么区别？

13. 在 51 系列单片机的 C 语言中，保留关键字“_at_”有什么作用?

14. bit 类型是否可以作为函数的返回值类型？是否也可以作为函数的参数?

15. 假设单片机 P1 端口连接了 8 个 LED，试编写程序使第一个 LED 闪烁 8 次后，下一个 LED 再闪烁 8 次，依次类推循环闪烁。

16. 利用数组完成各种跑马灯的闪烁，要求至少 5 种变化形式，延时时间自定。

17. 怎样完成跑马灯闪烁时灯的快慢变化？

第 4 章　单片机输入应用

4.1　单片机端口主要外接输入器件

4.1.1　按键开关

按键开关是指利用按键推动传动机构，使动触点与静触点通断的器件，包括小型按键开关、金属按键开关和复位按键开关。

按键开关是一种装有弹簧，经过人为操作可以自动还原的控制元件，是一种在控制回路中常用的主器件，在单片机系统中常用作控制键或键盘。按键开关的触头允许通过的电流较小，一般最大不超过 5 A。因此，一般情况下，它不直接控制主电路(大电流电路)的通断，而是在控制电路(小电流电路)中发出指令或信号去控制接触器、继电器等器件，再由接触器、继电器去控制主电路的通断、功能转换或电气联锁。

按键开关的种类非常多，可参阅相关的资料去了解。其中单片机常用的一种按键是 DIP 的小型按键(如图 4-1 所示)，它常作为按键去控制某电器或作为单片机的键盘。

图 4-1　单片机中常用的按键开关

4.1.2　拨码开关

拨码开关(也叫 DIP 开关、拨动开关、超频开关、地址开关、拨拉开关、数码开关、指拨开关等)通俗地说就是一款能用手拨动的微型开关，可用来控制各种各样的操作。拨码开关采用的是 0/1 的二进制编码原理。

拨码开关有很多型号，按照脚位来区分有直插式(DIP)和贴片式(SMD)两种；按照拨动的方式来区分有平拨和侧拨两种；按照脚间距来区分有 2.54 mm 和 1.27 mm 两种；按照颜色来区分有黑色、红色和蓝色三种；根据状态来区分有两态和三态两种。拨码开关正常是 1～10 位、12 位等 11 个位数，如图 4-2 是单片机常用的 8 位拨码开关。

图 4-2　单片机常用的 8 位拨码开关

拨码开关已经广泛用于数据处理、通信、防盗自动警铃系统等需要手动编制程序的产品中，在单片机应用中可以作为某种设备的地址或者作为某种状态的设置等。

4.2 单片机输入器件应用实例

4.2.1 按键开关控制实例

按键开关应用在单片机系统的许多场合，一般电子设备或多或少都有一些按键开关，实际产品中根据需要也都设计有相应的按键开关。按键开关与单片机的连接电路如图 4-3 所示，图中有 4 个按键开关，按键开关的连接采用上拉电阻的方式，上拉电阻为 10 kΩ。当按键开关不按下时，P1.0～P1.3 端口的电平为高电平；当按下其中任何一个按键开关时，则相应引脚上的电平为低电平，当手松开时，此脚上的电平变为高电平。程序可以利用此思路来判断是否有按键开关按下。具体每个按键的功能是由程序设计者自行来决定。

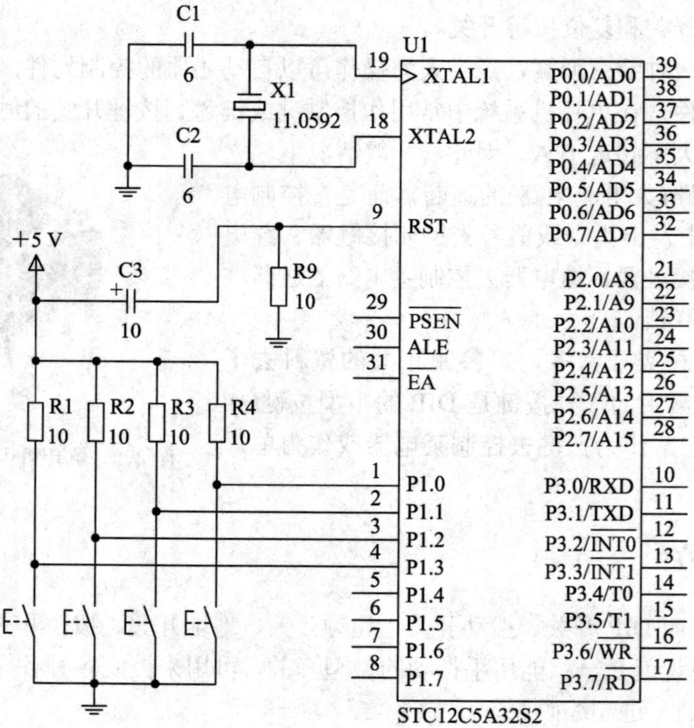

图 4-3 单片机连接按键开关电路图

按键开关控制实例的参考程序如下：

```
/*********************************************************************/
#include <reg52.h>                              //定义特殊功能寄存器库
#define uchar unsigned char
#define uint unsigned int
void delay(uchar);                              //函数声明
uchar KeyScan(void);                            //键盘扫描函数
```

```
/************************************************************************/
void main(void)
{
    uchar KeyValue;
    while(1)
    {
        KeyValue=KeyScan();                    //调用函数，读取键值
        switch(KeyValue)                       //各个键值的应用
        {
            case 0x0E: … ;
            break;
            case 0x0D: … ;
            break;
            case 0x0B: … ;
            break;
            case 0x07: … ;
            break;
        }
    }
}
/************************************************************************/
uchar KeyScan(void)
{
    uchar TempValue;
    TempValue=P1;                              //读端口到变量
    TempValue&=0x0f;                           //将高四位置 0
    if(TempValue!=0x0f)                        //判断是否有键按下
    {
        delay(10);                             //延时后再判断
        TempValue=P1;                          //读端口到变量
        TempValue&=0x0f;                       //将高四位置 0
        if(TempValue!=0x0f)                    //判断是否有键按下
        {
            return TempValue;                  //有键按下时的键值
        }
    }
    return 0;                                  //无键按下时，函数返回值为 0
}
/************************************************************************/
void delay(uchar x)                            //延时函数
{
```

```
        uchar k;
        while(x--)
            for(k=0; k<125; k++);
    }
    /*************************************************************************/
```

本程序需要不断地扫描按键是否被按下，所以主函数不断地调用函数 KeyScan()。

可以思考一下，程序中返回的键值是多少？为什么？程序中“case”语句省略号的地方程序的内容实际上需要写出，也就是相应按键的功能程序。

在实际使用中，可以将 LED 连接在电路图中，这样能够将键值的结果显示在 LED 上，随时可以看到按不同键时键值的变化情况。读者可自行完成本过程。

4.2.2 拨码开关控制实例

拨码开关常常用作电子设备的地址，特别是在互联网的电子设备中，也可以作为电子设备的初始化开关。如图 4-4 所示是单片机连接拨码开关的电路图，其中 SW1 是 8 位拨码开关，连接在单片机的 P0 端口上，RP1 是 10 kΩ 的上拉网络电阻。根据拨码开关所拨的位置就可以确定 P0 端口上对应的拨码开关脚位的电平高低，然后根据二进制组合规则就可以组成 0～255 种共 256 个地址或功能。

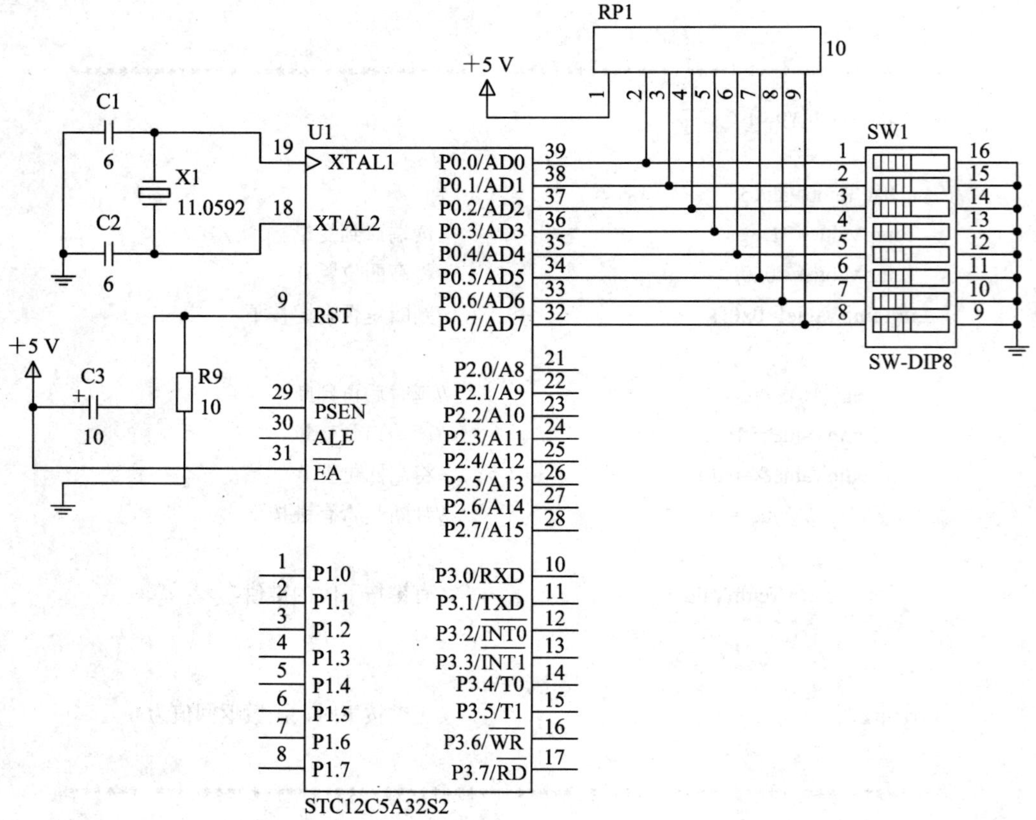

图 4-4　单片机连接拨码开关电路图

拨码开关控制实例的参考程序如下：

```
/********************************************************************/
#include <reg52.h>                                    //定义特殊功能寄存器库
#define uchar unsigned char
/********************************************************************/
void main(void)
{
    uchar KeyAddress;
    while(1)
    {
        KeyAddress=P0;
            ⋮                                         //另外的程序
    }
 }
/********************************************************************/
```

本程序比较简单，当拨码开关拨到某个位置时，将单片机 P0 端口的值读出来即可，至于运行程序后 KeyAddress 的值，可以根据要求来完成。

设备的地址可以采用 E^2PROM(后面将介绍)来设置，但是拨码开关给用户的感觉比较直观，所以在单片机系统中仍然广泛使用。

4.2.3　4×4 键盘电路设计实例

键盘是由排列成矩阵形式的一系列按键开关组成的，它是单片机系统中最常用的人机联系的一种输入设备。用户可以通过键盘向单片机 CPU 输入数据、地址或命令等。

键盘按照其本身的结构形式分为编码式键盘和非编码式键盘两大类。

编码式键盘是由内部硬件逻辑电路自动产生按键的编码，这种键盘使用方便，软件简单，但成本较高。前面介绍的图 4-3 所示电路就为一种编码式键盘。

编码式键盘还有一种中断连接方式，如图 4-5 所示。在没有任何按键按下时，U2(与门)输出高电平；当有任何一个按键按下时，U2 输出低电平，此时就会引发中断。在中断的连接方式中，程序不需要扫描键盘，当有按键按下时会产生中断，然后程序会执行中断服务程序，从而对按键进行处理。中断将在第 5 章中介绍。

非编码式键盘主要是由软件产生按键的编码，这种键盘结构简单，价格便宜，但使用不如编码式键盘方便，键盘的管理程序的编写比较复杂。

现在单片机系统中广泛采用的是非编码式键盘，使用这类键盘时需要解决以下几个问题：

(1) 键的识别：单片机是如何判断是否有键按下，并识别是哪个键。

(2) 如何消除键的抖动。

(3) 键的保护。

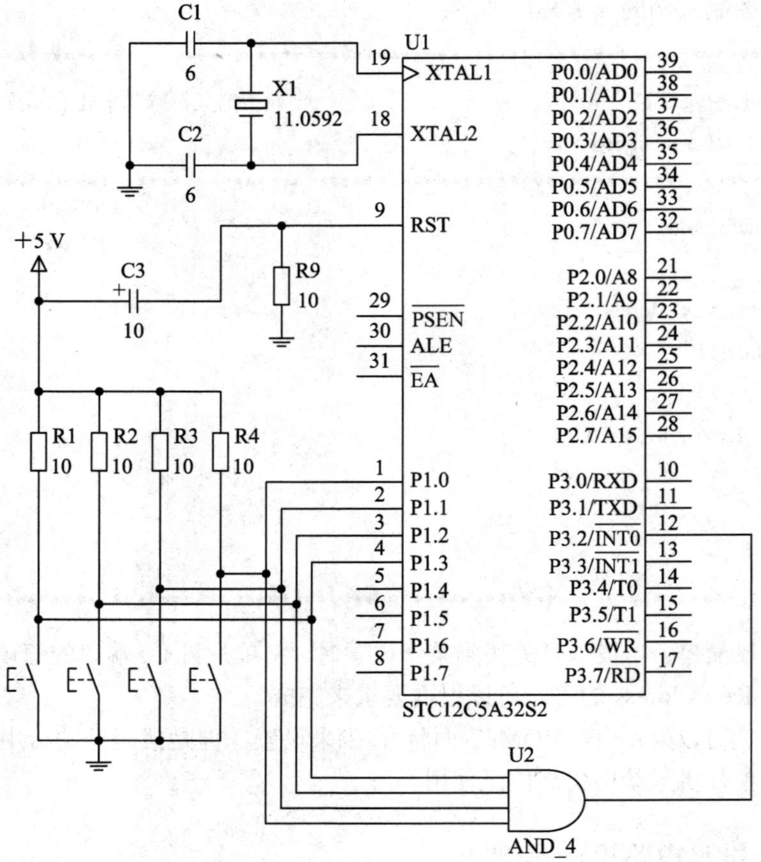

图 4-5 编码式键盘的中断连接方式

在以上几个问题中，最主要的是键的识别。对于键的识别，一般采用的方法是程序扫描方法。下面从四个方面来介绍非编码键盘。

1. 非编码键盘的基本结构

非编码式键盘一般采用的是行列式结构，并按照矩阵形式排列，如图 4-6 所示为它的连接图，两根线交叉部分就是相应的按键。

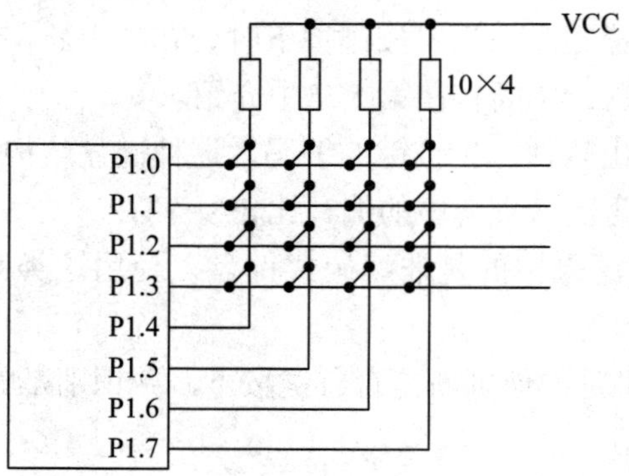

图 4-6 非编码式键盘连接图

2. 非编码式键盘的工作原理

非编码式键盘识别有效按键的方法通常有两种：一种是行扫描法，另一种是线反转法。

1) *行扫描法*

行扫描法的基本原理是通过行线发出低电平信号，如果该行线所连接的键没有键按下的话，则列线所连接的输出端口得到的是全“1”信号；如果有键按下的话，则得到的是非全“1”信号。具体过程如下所述(以 4 × 4 的键盘为例，如图 4-6 所示)。

首先，快速检查整个键盘中是否有键按下。即先通过输出端口在所有的行线上发出全局扫描信号，即全“0”信号，然后检查输入端口的列线信号是否全为“1”。若全为“1”，则表示无键按下；若不是全为“1”，则表示有键按下，但此时不能确定按下的键(闭合键)是在哪一行上。

其次，确定按键在哪一行上，即采用逐行扫描的方法来确定闭合键的具体位置。方法是：先扫描第 0 行，即输出为 1110(第 0 行为“0”，其余 3 行为“1”)，然后再读列信号，判断是否全为“1”。若全为“1”，则表示第 0 行上无键按下；若不全为“1”，则表示第 0 行上有键按下，即闭合键的位置处于第 0 行和不为“1”的列线相交之处。如果第 0 行无键按下，接着扫描第 1 行，用同样的方法判断第 1 行是否有键按下，这样逐行扫描下去，直到找到闭合键或扫描到最后一行为止。

为了防止双键或多键同时按下(除非有复合键除外)，一般就从第 0 行开始扫描直到最后一行，若只发现 1 个闭合键，则为有效键；若发现两个或两个以上的闭合键，则为无效键。

最后，当找到闭合键后，通过其所对应的行值和列值，用特定的方法即可得到该闭合键的特征值。行线和列线的数目越多，该方法就越复杂。对于 4×4 的键盘，该方法还是比较简单的，只要将行线的 4 位和列线的 4 位合并成 8 位即可。求键特征值的关键是不能有重复的特征值，即每一个键只能对应唯一的一个特征值，在此情况下，求键特征值的方法越简单越好。

以图 4-6 所示的键盘为例，假设闭合键的位置在第 3 行第 2 列，当扫描第 0、第 1、第 2 行时，读入的列信号的值是全“1”。只有在扫描到第 3 行时，读入的列信号的值不是全“1”，说明找到了闭合的按键，此时只要将行扫描信号 0111 与列信号 1011 合并即可得到该闭合键的特征值为二进制的 10110111(即 B7H)。至于行与列信号哪个作高四位，哪个作低四位无关紧要，但在同一个键盘中应有相应的规定。如图 4-6 所示，是行扫描信号在后，列扫描信号在前。

得到了键的特征值以后，可以通过查表或其他方法来确定每个键的键值，根据该键值再转到相应的键处理程序，也可以直接将键特征值作为键值来处理。

2) *线反转法*

线反转法也是识别闭合键的一种常用方法。该方法比行扫描法速度要快，但在硬件电路上要求行线与列线均需要有上拉电阻，故电路比行扫描法稍复杂一点，即在如图 4-6 所示的图中另外 4 根线也接上拉电阻。

线反转法的工作原理是：首先将行线作为输出线，列线作为输入线，通过行线输出全“0”信号，并读入列线的值，若没有键按下，则读入的列线值一定为全“1”，如果此时有某一个键按下，则必然会使得某一列线上的值为 0；然后将行线和列线的输入输出关系互换(重新设置输入输出口的状态)，并且将刚才读到的列线值从列线所接的并行端口输出，再读取行线的输入值，那么在闭合键所在的行线上的值必定是 0；最后，当一个键被按下时，必定可以读到一对唯一的行值和列值。

仍然假设闭合键的位置是在第 3 行第 2 列，当行线输出全“0”信号时，读到的列值为 1011，然后从列线输出该数值 1011 后，将会从行线上读到行值 0111。这样行值和列值合起来得到一个二进制数值 1011 0111(即 B7H)，这就可以作为该闭合键的特征值，它对这个键来说是唯一的，并且得到的特征值与行扫描法得到的特征值是相同的。

需要说明的是，若用线反转法来确定闭合键时，如果遇到多个键同时闭合的情况时，则输入的行值和列值中一定有一个以上的 0，由于预先程序中没有建立多键按下的代码程序，因此判断出有多键按下就会被丢弃，用这种方法也可以很方便地处理多键按下问题。

由于线反转法不需要逐行扫描键盘，因此对于行线较多的键盘来说，其速度要比行扫描法快得多。

3. 如何消除键的抖动

由于按键是机械开关结构，所以当用手按下其中一个键时，往往会出现所按键在闭合位置和断开位置之间跳几下后才稳定到闭合状态的情况；在释放一个键时，也会出现类似的情况，这就是键的抖动。抖动持续的时间不一，但通常不会大于 10 ms。

若键的抖动问题不解决，就会引起程序对闭合键的多次读入。对于键抖动最方便的解决方法就是当发现有键按下后，不是立即进行扫描，而是延时大约 10 ms 后再进行扫描。由于一个键按下的时间一般会持续上百毫秒，所以延迟 10 ms 后再扫描处理并不迟。

4. 键的保护

键的保护问题指的是当有双键或多键同时按下时会出现什么问题，以及如何解决。

在图 4-6 中，若在同一行上有两个键同时按下，从硬件上来说，不会出现什么问题。从软件上来说，由于这时读入的列代码中出现了两个 0，由此代码与行值组合成的键特征值就会超过原设定键的范围，因此也就查不出有效的键值来。一旦出现这样的情况，一般作为废键处理。

但是，若在同一列上有两个键同时按下时，从软件上来说，处理的情况与上面说法一样，但从硬件上来说，采用行扫描法与采用线反转法的情况有所不同。采用线反转法问题不大，但对行扫描法来说，因为“0”信号是逐行发出的，当扫描到一个键所在的行为“0”，而另一个键所在的行为“1”时，就出现了行输出端口短路现象，从而造成输出端口的损坏，这是绝对禁止的。

现在，单片机系统中所使用的键盘采用行扫描法的比较多，一般都没有采用短路保护电路，因此在使用时要特别注意，防止双键或多键同时按下。

下面就以图 4-6 所示的电路为例，采用行扫描法编写键的扫描程序。在程序中，扫描函数的返回值为键的特征值，若无键按下，则函数的返回值为 0。

```
/***********************************************************************/
#include <reg52.h>
#include <intrins.h>
```

```
#define uchar unsigned char
#define uint unsigned int
void delay10ms(uchar);                          //函数声明
uchar keybscan(void);
/*************************************************************************/
void main(void)
{
    uchar key;
    while(1)
    {
        key=keybscan();                          //函数的返回值给 key
        switch(key)                              //根据键值处理相应的动作
        {
            case   0x11:   ...    break;
            case   0x12:   ...    break;
            ⋮
            case   0x88:   ...    break;
        }
    }
}
/*************************************************************************/
void delay10ms(uchar x)                          //本函数延迟约 10 ms
{
    uchar i;
    while(x--)
    for(i=0; i<125; i++);
}
/*************************************************************************/
uchar keybsan(void)
{
    uchar sccode, recode;
    P1=0xf0;                                     //P1 高四位为 1，低四位为 0
    if((P1&0xf0)!=0xf0)                          //判断是否有键按下
    {
        delay10ms(10);                           //延时大约 10 ms
        if((P1&0xf0)!=0xf0)                      //延时后再判断是否有键按下
        {
            sccode=0xfe;
```

```
            while((sccode&0x10)!=0)                    //是否完成
            {
                P1=sccode;
                if((P1&0xf0)!=0xf0)
                {
                    recode=(P1&0xf0)|0x0f;      //是否是本行键按下
                    return ((~sccode)|(~recode));       //返回
                }
                else
                    sccode=_crol_(sccode,1);                //修改
            }
        }
    }
}
return (0);
}
/****************************************************************************/
```

此按键扫描程序是一个非常经典的程序，读者在实训的时候，可以将采集回来的键值送到 LED 端口进行显示，从而可以观察读出来的键值是否正确。学习本程序后，就可以编写利用键盘完成可调时钟的程序。

思考：

如果对可调时钟程序加入一些限制，例如：仿照现在的时钟用三个按键完成时钟的调整，其中的两个键用来分别调整时、分，另外一个按键用来实现相应的时、分加 1 或减 1；也可以自行定义各个键的功能来调整时间。如果条件允许的话，可以测试一下程序运行的时间是否准确，如果不是很准确，想想影响时间准确性的因素有哪些？又该怎样去修改程序来调整时间？

在程序调试过程中，读者会遇到一个问题：假设当某个键的功能是将某一个值加 1 时，此时在这个按键按下去一次后，将会加很多次，例如，如果当前值是 5，按下这个功能键后，则数值可能变为 22，或其他的随机值。一般希望按此键一次，数值加 1，读者可以自己思考一下，怎么修改程序实现按键一次只完成一次加 1 或减 1 呢？

下面介绍一种更为简单的方法，即两次扫描法。其原理是：首先送 0xF0 到 P1 端口，即 P1 端口的高四位送高电平，P1 端口的低四位送低电平，读出 P1 端口的高四位并保存在某一变量 KeyValue1(变量可以随便定义)中；再送 0x0F 到 P1 端口，即 P1 端口的高四位送低电平，P1 端口的低四位送高电平，读出 P1 端口的低四位并保存在某一变量 KeyValue2 中；再将变量 KeyValue1 和 KeyValue2 这两个变量合并成一个变量，即为当前按键的键值。合并时要注意：用变量 KeyValue1 的高四位与变量 KeyValue2 低四位合并即可。

程序代码读者自行写出，并比较这种方式与前面的行列扫描方式哪种更好？

本章小结

本章对单片机的主要外接输入器件按键开关与拨码开关做了介绍，然后介绍了三个实例，包括按键开关控制实例、拨码开关控制实例和 4 × 4 键盘电路设计实例。其中对非编码式键盘识别有效按键的方法——行扫描法与线反转法做了重点阐述。

本章习题

1. 单片机主要外接器件有哪些？
2. 编码式键盘与非编码式键盘有什么区别？
3. 非编码式键盘识别有效按键的方法有哪些？

第 5 章　单片机输出应用

5.1　单片机端口主要外接输出器件

5.1.1　LED

LED(Light Emitting Diode)是发光二极管的缩写，它是一种能够将电能转化为可见光的半导体器件，其导电性能与普通二极管类似。LED 是单片机应用系统中一种简单而常用的输出器件，通常用来指示设备的状态或其他信息。它的优点是寿命长、光效高、无辐射、低功耗、价格低，以及对电压、电流的要求低和容易实现多路等，因而在单片机应用系统中应用非常普遍。

LED 在前面的章节中已经讲得非常多了，这里不再作详细介绍。

5.1.2　数码管

1. 数码管基本工作原理

数码管实际上也是一种 LED，它是由许多 LED 组合而成的一个整体，一般所说的数码管是由 7 段条形的 LED 组成，因此也称之为 7 段 LED 数码显示器。点亮其适当的字段，就可显示出不同的字形。但实际上很多 7 段数码显示器在右下角带有一个圆形的 LED 作为小数点用，这样一共就有 8 段，其中 7 个用于显示字形，1 个用于显示小数点，故通常又称 8 段 LED 数码显示器，其内部结构如图 5-1 所示。

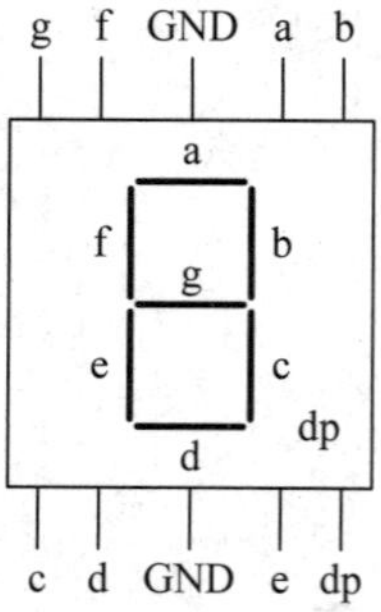

图 5-1　LED 数码显示器内部结构图

通过 LED 数码显示器的发光二极管亮暗的不同组合，可以用来显示数字、字母及其他符号。LED 数码显示器中的发光二极管共有两种连接方法。

1) 共阴极接法

如图 5-2(a)所示为共阴极接法，这种方法把发光二极管的阴极连在一起构成公共阴极。使用时公共阴极接地，这样当 LED 数码显示器二极管阳极输入为高电平的段，发光二极管就导通点亮，而输入为低电平的段则发光二极管不点亮。

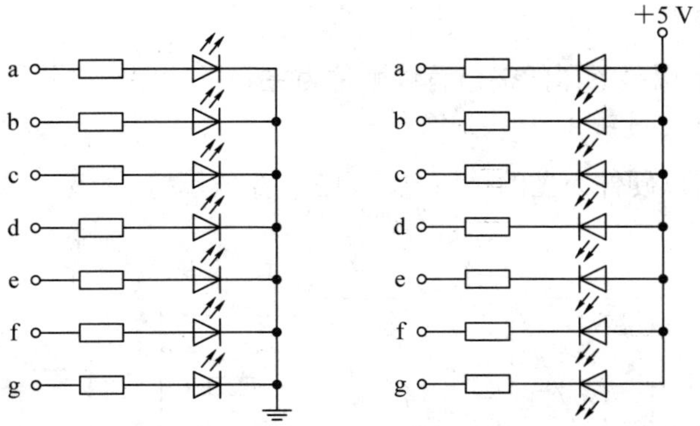

(a) 共阴极接法　　(b) 共阳极接法

图 5-2　7 段 LED 数码显示器二极管的连接方法

2) 共阳极接法

如图 5-2(b)所示为共阳极接法，这种方法把发光二极管的阳极连在一起构成公共阳极。使用时 LED 数码显示器二极管公共阳极接 +5 V 电源，这样当阴极输入为低电平的段，发光二极管就导通点亮，而输入为高电平的段则不点亮。

使用数码显示器时要注意区分这两种接法的不同。

为了在 7 段 LED 数码显示器上显示不同的数字或字符，首先要把数字或字符转换成相应的代码。因为这些代码是显示数字或字符字形的，所以称之为字形代码。

LED 数码显示器有 7 段发光二极管，再加上一个小数点位，共计 8 段，因此提供给 LED 数码显示器的字形代码正好是一个字节，各段代码位的对应关系如下：

代码位	D7	D6	D5	D4	D3	D2	D1	D0
显示段	dp	g	f	e	d	c	b	a

由于电路接法不同，形成的代码也不相同，用数码显示器显示十六进制数、空白字符与字母 P 的显示代码如表 5-1 所示。

表 5-1　十六进制数、空白字符与字母 P 的显示代码

字符	共阳极代码	共阴极代码	字符	共阳极代码	共阴极代码
0	C0H	3FH	9	90H	6FH
1	F9H	06H	A	88H	77H
2	A4H	5BH	B	83H	7CH
3	B0H	4FH	C	C6H	39H
4	99H	66H	D	A1H	5EH
5	92H	6DH	E	86H	79H
6	82H	7DH	F	8EH	71H
7	F8H	07H	空白	FFH	00H
8	80H	7FH	P	8CH	73H

注：(1) 表中所列字符的显示段码都是小数点不亮的情况。(2) “空白”字符就是表示没有任何显示。

2. 数码管接口电路

单片机与 LED 数码显示器的接口有以硬件为主和以软件为主两种接口方法。

1) *以硬件为主的接口方法*

LED 数码显示器以硬件为主的接口电路如图 5-3 所示。

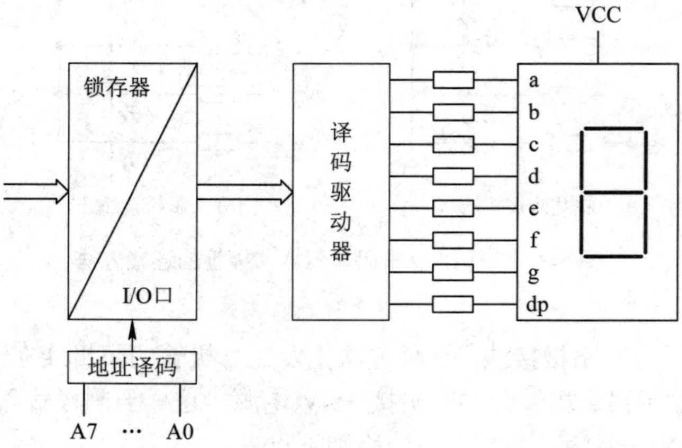

图 5-3 LED 数码显示器以硬件为主的接口电路

在数据总线和 LED 数码显示器之间，必须有锁存器或 I/O 接口电路，此外还需要有专用的译码器和驱动器。通过译码器把一位十六进制(四位二进制)数译码为相应的字形代码，然后由驱动器提供足够的功率去驱动发光二极管。

LED 数码显示器硬件接口电路方法，软件操作起来很简单，仅需要一条指令就可以完成 LED 显示。但这种接口方法的缺点是使用的硬件电路较多，硬件译码本身缺乏灵活性，只能显示十六进制数。

2) *以软件为主的接口方法*

LED 数码显示器以软件为主的接口方法是以软件查表的方法来代替硬件译码，不但节省了译码器，而且还能显示更多的字符。当然，以软件为主的接口方法也需要简单的硬件电路配合，如图 5-4 所示就是以软件为主的 LED 数码显示器接口电路。

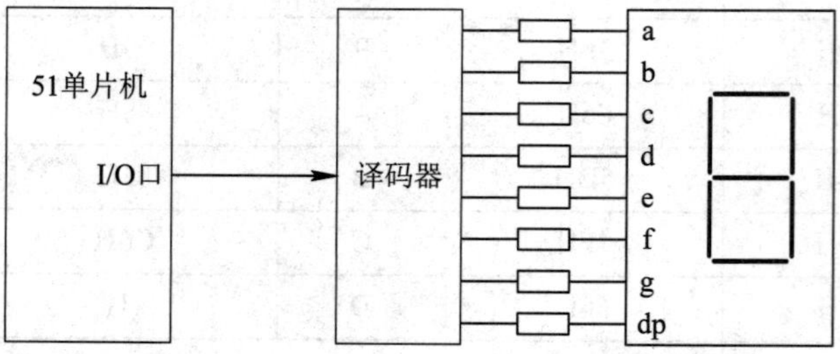

图 5-4 LED 数码显示器以软件为主的接口电路

5.1.3 LCD

LCD(Liquid Crystal Display)液晶显示器在计算器、万用表、电子表及家用电子产品中应用广泛。它显示的主要是数字、专用符号和图形。

液晶显示器显示的原理是利用液晶的物理特性，通过电压对其显示区域进行控制，使其根据输入信号显示相应的内容。液晶显示器具有显示质量高、数字式接口、体积小、重量轻和功耗低等优点。

基于液晶显示器具有厚度薄，适用于大规模集成电路直接驱动及易于实现全彩色显示等特点，目前已经被广泛应用在便携式电脑、数字摄像机、PDA 和移动通信工具等众多领域。

1. 字符型 LCD 的特点、引脚及其功能

液晶显示器的分类方法有很多种，通常可按其显示方式分为段式、字符式和点阵式等。1602 字符型液晶显示模块(LCD1602)是一种专门用于显示字母、数字、符号等点阵式 LCD，分为上下两行，每行显示 16 个字符，通常也称为 1602 字符型液晶显示器。其外形结构如图 5-5 所示。

图 5-5　LCD1602 外形结构图

1) 字符型 LCD 特点

(1) 可直接与 8 位或 4 位单片机连接。

(2) 内置字符发生器 ROM，可提供 160 种工业标准用的字符，包括全部大小写字母、阿拉伯数字及日文片假名，以及 32 个特殊字符和符号的显示。

(3) 内置 RAM 可根据用户的需要，自行设计字符或符号。

(4) +5 V 单电源供电。

2) 字符型 LCD 引脚及功能

字符型 LCD 显示模块上通常有 16 个引脚(如表 5-2 所示)，其中第 15、16 脚为背光源输入，也有一些没有背光源输入的，则可以不用此两脚。另外 14 个引脚的功能分别是：

表 5-2　LCD 各引脚

编　号	符　号	引脚说明	编　号	符　号	引脚说明
1	GND	电源地	9	DB2	数据
2	VCC	电源正极	10	DB3	数据
3	VO	液晶显示偏压	11	DB4	数据
4	RS	数据/命令选择	12	DB5	数据
5	R/W	读/写选择	13	DB6	数据
6	E	使能信号	14	DB7	数据
7	DB0	数据	15	A	背光源正极
8	DB1	数据	16	K	背光源负极

(1) GND(1 脚)：电源地。

(2) VCC(2 脚)：电源正电压(5 V)。

(3) VO(3 脚)：对比度调整电压(0～+5 V)。

(4) RS(4 脚)：输入脚，用于寄存器选择。当 RS = 0 时，读状态寄存器或写命令寄存器；当 RS=1 时，读写数据。

(5) R/W(5 脚)：输入脚，1 是读操作，0 是写操作。

(6) E(6 脚)：输入脚，使能信号，当 R/W = 1 时，E 高电平有效；当 R/W = 0 时，E 下降沿有效。

(7) DB0～DB3(7～10 脚)：输入/输出脚，数据总线的低 4 位，若与 4 位单片机连接时则可以不用。

(8) DB4～DB7(11～14 脚)：输入/输出脚，数据总线的高 4 位。

2. 字符型 LCD 的指令系统

字符型液晶显示模块组件内部主要由 LCD 显示屏(LCD Panel)、控制器(Controller)、驱动器(Driver)和偏压产生电路构成。其中控制器是 LCD 显示方式和内容的核心部件，主要由指令寄存器 IR、数据寄存器 DR、忙标志 BF、地址计数器 AC、DDRAM、CGROM、CGRAM 以及时序发生电路组成。

用户可根据表 5-3 中 RS 与 R/W 两个引脚的组合功能进行四种指定的操作，每种操作都有相应的指令地址，类似于寄存器地址。

表 5-3　LCD RS 和 R/W 两个引脚组合功能说明

	RS	R/W	说　明
写指令	0	0	将 DB0～DB7 的指令代码写入指令寄存器中
读状态	0	1	分别将状态标志 BF 和地址计数器(AC)内容读到 DB7～DB0 中
写数据	1	0	将 DB0～DB7 的数据写入数据寄存器中，模块的内部操作自动将数据写到 DDRAM 或 CGRAM 中
读数据	1	1	将数据寄存器内的数据读到 DB0～DB7 中，模块的内部操作自动将 DDRAM 或者 CGRAM 中的数据送入数据寄存器中

如图 5-6 所示为 LCD1602 显示系统电路图，根据电路图可以将以上四种操作的端口地址进行定义，并在主函数前进行端口地址定义。之后该四种操作均在定义的端口地址下进行，定义语句为：

```
#define   CW_ADD   XBYTE[0X5FFC]          //写命令端口定义
#define   CR_ADD   XBYTE[0X5FFD]          //读状态端口定义
#define   DW_ADD   XBYTE[0X5FFE]          //写数据端口定义
#define   DR_ADD   XBYTE[0X5FFF]          //读数据端口定义
```

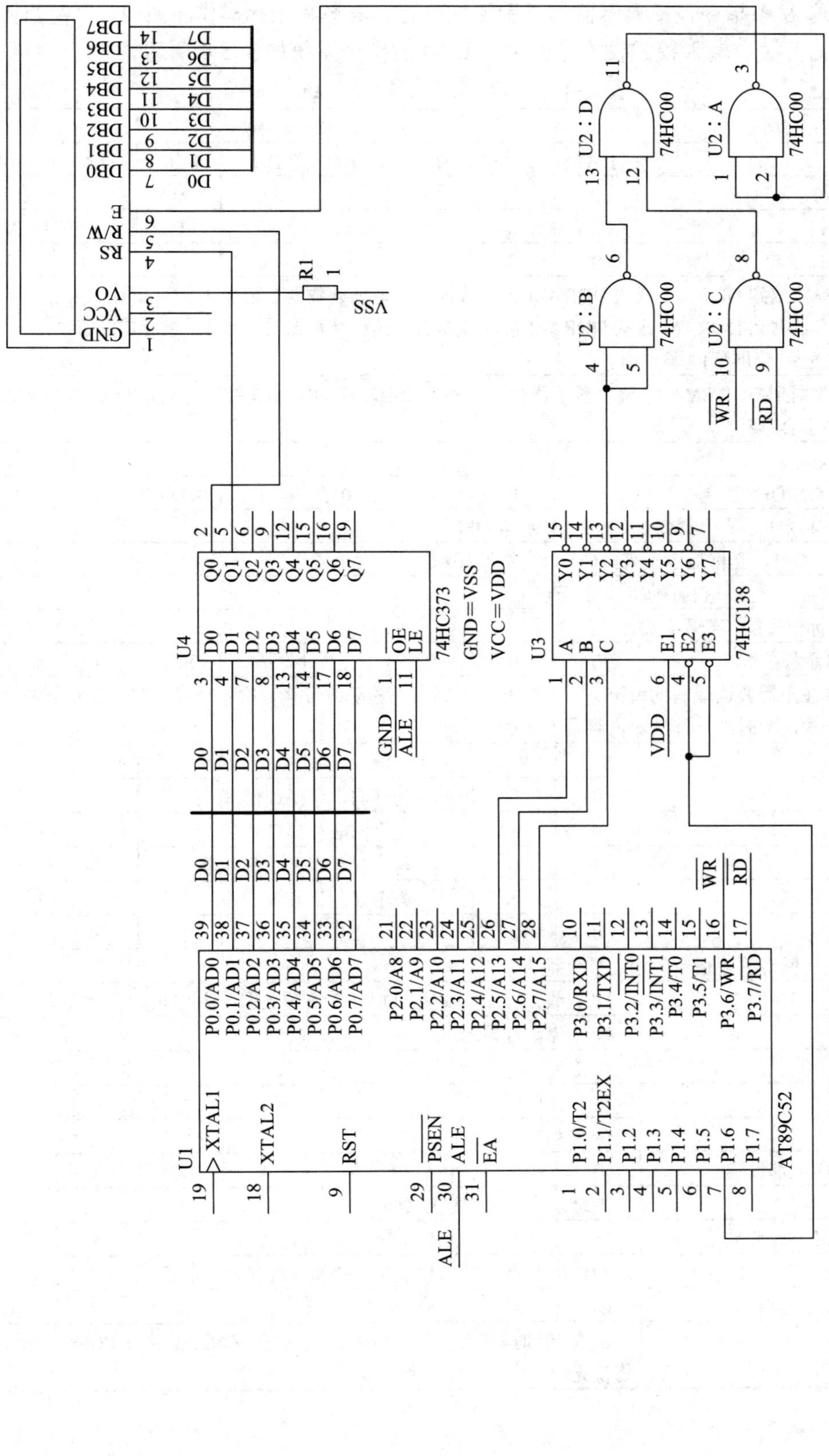

图 5-6　LCD1602 显示系统电路图

1) 写命令

在写命令的寄存器中可以设置 8 条控制指令，通过标志位 1 的位置可来确定具体是哪一条指令。这 8 条指令包括显示器的显示地址设置、屏幕和光标操作、清 0、字符点阵的设置、显示器开关、输入模式设置等。字符 LCD 的指令系统如表 5-4 所示。

表 5-4　字符 LCD 的指令系统

指　令	指 令 编 码							
	DB7	DB6	DB5	DB4	DB3	DB2	DB1	DB0
(1) 清屏 0x01	0	0	0	0	0	0	0	1
(2) 光标归位	0	0	0	0	0	0	1	X
(3) 进入模式设定	0	0	0	0	0	1	I/D	S
I/D=1：当写数据到 DDRAM 或从 DDRAM 读取数据后，地址计数器会被加 1，光标向右移动 I/D=0：当写数据到 DDRAM 或从 DDRAM 读取数据后，地址计数器会被减 1，光标向左移动 即 I/D 控制光标(或屏幕)的移动方向								
S=1：当写数据到 DDRAM 后，整个显示器会向右移动或向左移动(由 I/D 控制方向)，但从 DDRAM 读取数据时，则不会移动								
S=0：显示器不移动								
(4) 显示器 ON/OFF 控制	0	0	0	0	1	D	C	B
D(DISPLAY) D=1，显示器 ON；D=0，显示器 OFF								
C(CURSOR) C=1，光标显示出来，C=0，光标不显示								
B(BLINK)B=1，在光标位置的字符会闪烁								
B=0，在光标位置的字符不闪烁								
(5) 光标/显示移位	0	0	0	1	S/C	R/L	X	X
此指令可以在不需要读或写的情况下，单独移动光标向左移动或右移一次，也可以整个显示器和光标向左或右移一次，此时地址计数器内容是不变的								
	S/C	R/L						
	0	0	光标向左移(AC 值减 1)					
	0	1	光标向右移(AC 值加 1)					
	1	0	整个显示器和光标左移					
	1	1	整个显示器和光标右移					
(6) 功能设定	0	0	1	DL	N	F	X	X
此指令必须在所有其他指令码之前被执行								
	DL：设定界面位长度，DL=1 为 8 位数据传输，DL=0 为 4 位数据传输							
	N=0 为单行显示							
	N=1 为双行显示							
	F=1 为 5 × 10 点							
	F=0 为 5 × 7 点							
(7) CGRAM 地址设定	0	1	A	A	A	A	A	A
	地址是由 6 个二进制数组成							
(8) DDRAM 地址设定	1	A	A	A	A	A	A	A
	地址由 7 个二进制数组成，控制字符在哪里显示							
(9) 忙碌标志/地址	BF	A	A	A	A	A	A	A
计数器读取	读取 BF 时，读到的地址计数器的值时 CGRAM 或 DDRAM 的地址，将视先前设定的指令码而决定							

DDRAM 用来存储待显示的代码，共有 80 个字节可用来存放显示数据的字符码，其具体操作与 DDRAM 的地址有关。LCD 控制器的指令系统规定，在发送待显示字符代码的指令前，要先发送 DDRAM 的地址，实际上就是待显示字符的显示位置。若 LCD 为双行字符显示，则每行有 40 个显示位置，第一行地址为 00H～27H，第二行地址为 40H～67H。双行显示的 DDRAM 地址与显示位置的对应关系如图 5-7 所示。

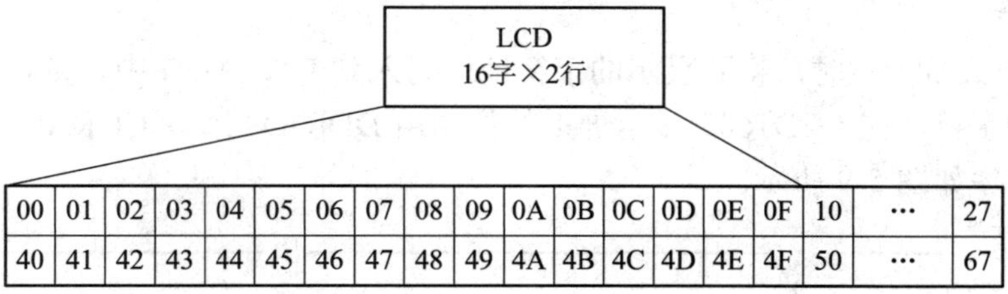

图 5-7　双行显示的 DDRAM 地址与显示位置对应关系图

若要在 LCD 上显示一个字符“A”，则首先按照图 5-7 确定地址，接着在 CGROM 中找出字符“A”对应的地址 41H(与 ASCII 码相同)，然后把 41H 写入数据寄存器，LCD 会自动从 CGRAM 中将字符“A”的字形点阵数据找出来并显示在 LCD 上。

注意：由于地址的最高位必须设置位 1，所以实际地址应该如表 5-5 所示。

表 5-5　LCD 实际地址

显示位置		0	1	2	3	4	5	6	…	39	40
DDRAM 的地址	第一行	80H	81H	82H	83H	84H	85H	86H	…	A6H	A7H
	第二行	C0H	C1H	C2H	C3H	C4H	C5H	C6H	…	E6H	E7H

CGRAM 为固定字 ROM，其内部存储着 192 个 5 × 7 点阵的字形。此存储区域内只有 64 B，可由用户将自定义的字形写入 LCD 中，一个字的大小为 5 × 7 点阵，共可以存储 8 个字形，其显示代码为 00H～07H。例如：设计时若在 LCD 上显示一个汉字“年”，则可以根据汉字“年”造字如图 5-8 所示。

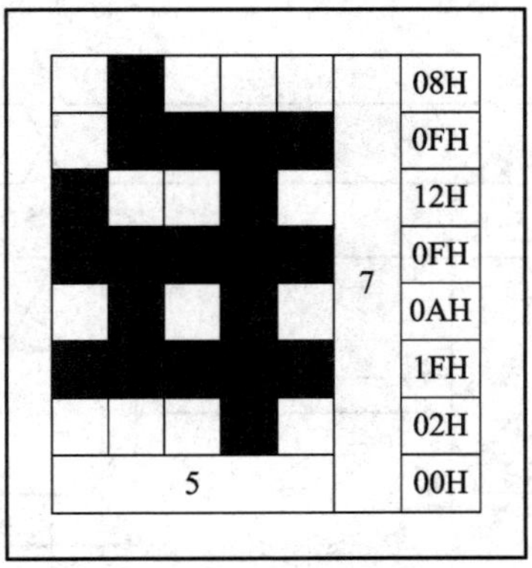

图 5-8　汉字“年”造字图

将图 5-8 中的 8 位数据 08H、0FH、12H、0FH、0AH、1FH、02H、00H 写入到 CGRAM 的地址 00H～07H 中，在调用此汉字时，只需要将这 8 位地址对应的 CGROM 的地址 00H 写入数据寄存器，便可显示出来。

2) 读状态

读状态的操作空间为 CR_ADD，主要用于读取忙标志位 BF。忙标志位 BF=1 时，表明模块正在进行内部操作，此时不接受任何外部指令和数据。当 RS=0，R/W=1 时，BF 输出到 DB7。每次操作之前最好先进行状态字检测，只有在确认 BF=0 之后，MPU 才能访问模块。

3) 写数据

当 RS=1，R/W = 0 时，将要显示的字符地址写入到 DW_ADD 中，则显示屏上将显示该地址对应的字符，在 LCD1602 显示屏上的位置由 DDRAM 或者 CGRAM 中的地址值确定。写操作时序如图 5-9 所示。

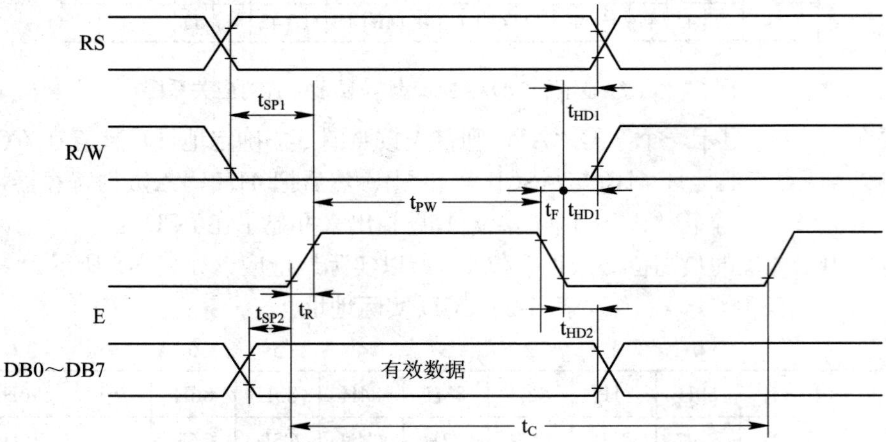

图 5-9　写操作时序

4) 读数据

当 RS=1，R/W=1 时，根据 LCD1602 显示屏上的位置(DDRAM 或者 CGRAM 的地址值)读取该位置上显示的数据，即读取 DR_ADD 中的地址对应的字符。读操作时序如图 5-10 所示。

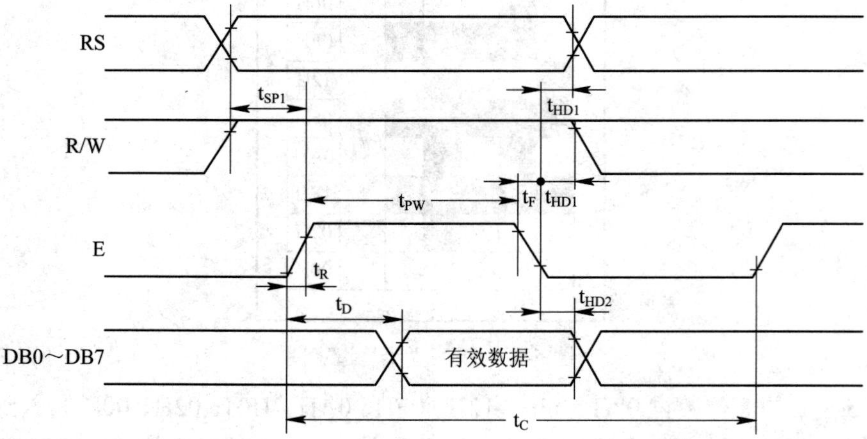

图 5-10　读操作时序

另外，CR_ADD 的低七位是地址计数器 AC，AC 的内容是用来存放 DDRAM 或 CGRAM 的地址，在对 DDRAM 或 CGRAM 进行读写操作后，AC 的值自动加 1 或减 1。

例如：可以设置 LCD 为如下工作模式：

(1) LCD1602 数据传输采用 8 位形式，双行显示，字形用 5 × 7 点阵。具体命令为

```
command_send(0x38);
```

(2) 打开显示屏，同时出现光标，但并不闪烁。具体命令为

```
command_send(0x0E);
```

(3) 每写入一个字符，光标与 AC 向右移一位，但屏幕不移动。具体命令为

```
command_send(0x06);
```

(4) 清屏。具体命令为

```
command_send(0x01);
```

在程序进行初始化时，必须根据电路确定 LCD1602 各端口的地址。假设数据寄存器的地址是 IOWR，则在初始化程序前可以先写下命令发送函数和数据发送函数。值得一提的是，LCD1602 液晶显示器相对于 STC 单片机来说是一个“慢”设备，STC 单片机每次对其进行读写操作时，必须检测 LCD1602 的忙标志位。由表 5-4 所示的指令(9)可知，当 BF 为高电平时表示忙，此时液晶显示器不能接收指令或者数据；如果为低电平时表示不忙，此时则液晶显示器可以接收指令或数据。

以向 LCD1602 写命令为例，引入 C 语言源程序中的相关程序如下：

```
void command_send(uchar y)
{
    while(CR_ADD&Busy);        //等待 LCD1602 的忙标志是否结束
    CR_ADD=y;                  //向 LCD1602 命令口写命令
}
```

Busy 为 0x80 用来检测 LCD1602 状态读出标志端口，只有当该端口 DB7 位为 0，同时 while 循环内的条件不满足(这表示 LCD1602 可以接收数据)时，此时程序才能向 LCD1602 数据口写入数据。

LCD1602 工作模式的初始化程序为

```
void initial_lcd(void)
{
    command_send(0x38);          //命令为 0x38
    command_send(0x0E);          //命令为 0x0e
    command_send(0x06);          //命令为 0x06
    command_send(0x01);          //命令为 0x01
}
```

在程序中，因为 LCD1602 在执行内部动作时，是不接受数据传输的，所以在每次操作 LCD1602 之前需要检查 BF 标志，或使用延时，以等待 LCD1602 完成内部动作。这里采用延时，对 LCD1602 而言标准延时时间为 1 ms，有时需要延时 1.6 ms，为确保数据的安全，可以统一采用延时 2 ms。

5.1.4 继电器

继电器(Relay)是一种电子控制器件，它具有控制系统(又称输入回路)和被控制系统(又称输出回路)，通常应用于自动控制电路中。它实际上是用较小的电流去控制较大电流的一种“自动开关”，故在电路中起着自动调节、安全保护、转换电路等作用。

继电器的种类很多，图5-11是在单片机系统中比较常用的一种，具体应用可参阅继电器相关书籍，这里只作一个简单的介绍。

图5-11 单片机中常用的一种继电器

继电器按照工作原理可分为电磁继电器、热敏干簧继电器、固态继电器、磁簧继电器和光继电器等。

1. 电磁继电器

电磁继电器一般由铁芯、线圈、衔铁、触点簧片等组成。只要在其线圈两端加上一定的电压，线圈中就会流过一定的电流，从而产生电磁效应，衔铁就会在电磁力的作用下克服弹簧返回的拉力吸向铁芯，从而带动衔铁的动触点与静触点(常开触点)吸合；当线圈断电后，电磁的吸力也随之消失，衔铁就会在弹簧的反作用力下返回原来的位置，使动触点与原来的静触点(常闭触点)吸合。这样吸合和释放，从而达到了在电路中的导通和切断的目的。对于继电器的“常开触点”和“常闭触点”可以这样来区分：继电器线圈未通电时，处于断开状态的静触点称为“常开触点”；处于接通状态的静触点称为“常闭触点”。

2. 热敏干簧继电器

热敏干簧继电器是一种利用热敏磁性材料检测和控制温度的新型热敏开关。它由感温磁环、恒磁环、干簧管、导热安装片、塑料衬底及其他一些附件组成。热敏干簧继电器不用线圈励磁，而由恒磁环产生的磁力驱动开关动作。恒磁环能否向干簧管提供磁力是由感温磁环的温控特性决定的。

3. 固态继电器

固态继电器(Solid State Relay，SSR)是利用一个LED等发光器件与一个光晶体管等光接收器件构成的光耦合器去触发硅控整流器(SCR)或双向硅控整流器(TRIAC)，然后接受低电压(DC 或 AC)信号输入，驱动输出高压，具有隔离输出及控制高功率输出的功能。

固态继电器按负载电源类型可分为交流型和直流型；按开关型式可分为常开型和常

闭型；按隔离型式可分为混合型、变压器隔离型和光电隔离型，其中以光电隔离型应用的最多。

固态继电器具有开关速度快、工作频率高、使用寿命长、噪声低和工作可靠等优点。其可取代常规电磁继电器，广泛用于数位程控装置。

4．磁簧继电器

磁簧继电器是以线圈产生磁场使磁簧管动作的继电器，为一种线圈传感装置。磁簧继电器具有尺寸小、重量轻、反应速度快、跳动时间短等特性。当整块铁磁金属或者其他导磁物质与磁簧继电器靠近的时候，会使其发生动作，开通或者闭合电路。它由永久磁铁和干簧管组成。永久磁铁和干簧管固定在一个不导磁也不带有磁性的支架上，以永久磁铁的南北极的连线为轴线，这个轴线应该与干簧管的轴线重合或者基本重合。由远及近地调整永久磁铁与干簧管之间的距离，当干簧管刚好发生动作(对于常开的干簧管，变为闭合；对于常闭的干簧管，变为断开)时，将磁铁的位置固定下来。这时，当有整块导磁材料，例如铁板同时靠近磁铁和干簧管时，干簧管会再次发生动作，恢复到没有磁场作用时的状态；当该铁板离开时，干簧管则发生相反方向的动作。磁簧继电器结构坚固，触点为密封状态，耐用性高，可以作为机械设备的位置限制开关，也可以用以探测铁制门窗等是否在指定位置。

5．光继电器

光继电器既是一种 AC 与 DC 并用的半导体继电器，也是一种发光器件和受光器件一体化的器件，输入端和输出端电气绝缘，但信号可以通过光信号传输。其具有半永久性寿命、微小电流驱动信号、高阻抗绝缘耐压、超小型、光传输、无接点等特点。

继电器主要应用于测量设备、通信设备、保全设备、医疗设备等设备中。

选用继电器时应注意以下几点：

(1) 控制电路的电源电压能提供的最大电流为多少。

(2) 被控制电路中的电压和电流为多大。

(3) 被控电路需要几组以及采用什么形式的触点。

选用继电器时，一般以控制电路的电源电压作为可选用的依据。控制电路应能给继电器提供足够的工作电流，否则继电器吸合是不稳定的。

5.1.5　蜂鸣器

蜂鸣器是一种一体化结构的电子讯响器，采用直流电压供电，广泛应用于计算机、打印机、复印机、报警器、电子玩具、汽车电子设备、电话机和定时器等电子产品中，作为发声器件，用于提醒或告警等。

蜂鸣器(Buzzer)形状如图 5-12 所示，它是单片机中常用的一种。蜂鸣器一般分为有源蜂鸣器和无源蜂鸣器。无源蜂鸣器在电路设计时需要增加驱动电路，而有源蜂鸣器的控制电路比较简单。如图 5-13 所示为有源蜂鸣器的控制电路，图中 Q1 是 NPN 的三极管，R2 为 10 kΩ 电阻，用于连接单片机的任一 I/O 端口。为了使蜂鸣器的声音好听，可以通过单片机的 I/O 口产生占空比为 50%的方波。

图 5-12　蜂鸣器形状图

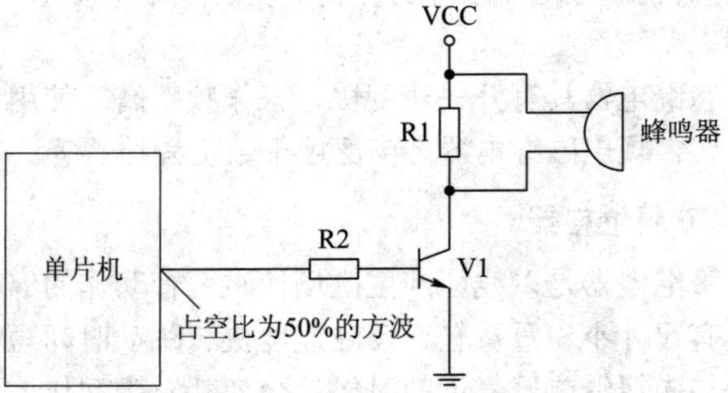

图 5-13　有源蜂鸣器的控制电路

蜂鸣器按照材料可分为压电式蜂鸣器和电磁式蜂鸣器两种。

压电式蜂鸣器主要由多谐振荡器、压电蜂鸣片、阻抗匹配器、共鸣箱及外壳等组成，有的压电式蜂鸣器外壳上还装有发光二极管。其中多谐振荡器由晶体管或集成电路构成，当接通电源后(1.5～15 V 直流工作电压)，多谐振荡器起振，输出 1.5～2.5 kHz 的音频信号，阻抗匹配器推动压电蜂鸣片发声。

电磁式蜂鸣器由振荡器、电磁线圈、磁铁、振动膜片及外壳等组成。接通电源后，振荡器产生的音频信号通过电磁线圈，使电磁线圈产生磁场，振动膜片在电磁线圈和磁铁的相互作用下，可周期性地振动发声。

5.2　输出应用实例

5.2.1　数码管控制实例

1. 单片机与单个数码管连接实例

单片机与单个数码管连接原理图如图 5-14 所示。

此实例程序如下：

```
/******************************************************************************/
#include <reg52.h>
#define   LedDisplay   P0
#define uchar unsigned char
void delay(uchar);                                                  //函数声明
uchar code LedCode[]={0x3f, 0x06, 0x5b, 0x4f, 0x66, 0x6d, 0x7d, 0x07,
                      0x7f, 0x6f, 0x77, 0x7c, 0x39, 0x5e, 0x79, 0x71};  //共阴极各段码的值
/******************************************************************************/
void main(void)
{
   uchar k=0;
   while(1)
```

```
    {
        LedDisplay=LedCode[k];                          //给 LED 显示端口赋值
        k++;
        if(k= =16) k=0;                                 //让 LED 从 0 显示到 F
            delay(255);delay(255);delay(255);           //延时
    }
}
/*******************************************************************/
void delay(unsigned char x)
{
    unsigned char i;                                    //延时程序
    while(x--)
    for(i=0; i<125; i++);
}
/*******************************************************************/
```

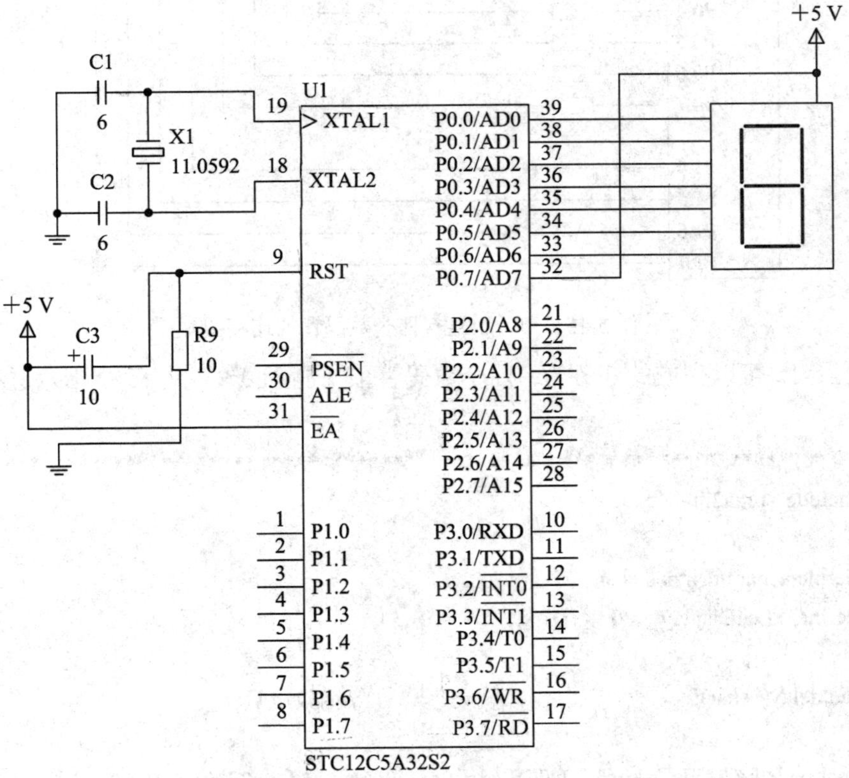

图 5-14　单片机与单个数码管连接原理图

上面程序的功能是完成单个数码管循环显示 0～F 共 16 个十六进制数，每个字符显示后延时大约 0.75 s(假设晶体振荡器时钟是 12 MHz，注意不同的晶体振荡器时钟延时时间不同)后，再显示下一个字符。

这种用法占用了太多的 I/O 端口，所以只有在单片机 I/O 端口比较充分的前提下才能使用，并且 8 个 I/O 端口才能使用一个数码管显示器，当数码管显示器较多的时候，例如当需要四个数码管显示器的时候一般不直接采用连接单片机的 I/O 端口，而常采用下面的方法。

2．单片机与四个数码管连接实例

单片机与四个数码管连接图如图 5-15 所示。如果直接采用单片机与四个单独的数码管连接，则四个单片机的 P0～P3 端口分别需要各连接一个数码管，而采用如图 5-15 所示的连接方式，则可以节省 I/O 端口，但是软件相对来讲要复杂许多。

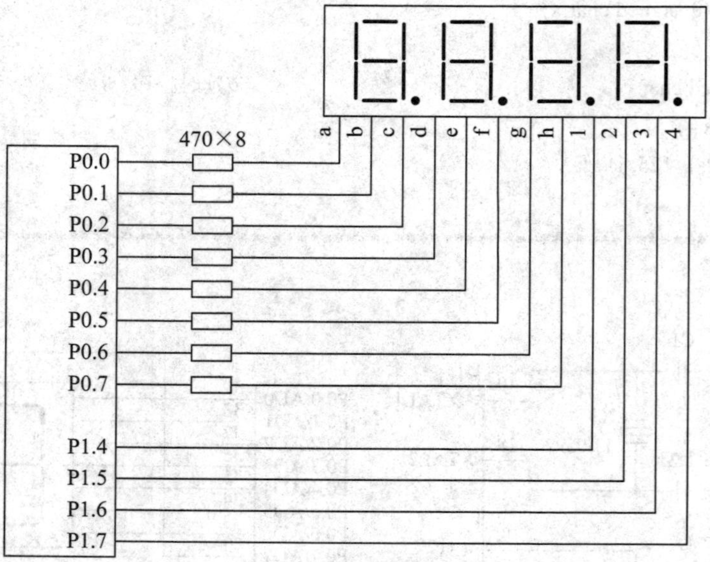

图 5-15　单片机连接四个数码管的连接图

根据图 5-15 可以完成的任务为：四个数码管依次显示 0～F 共 16 个十六进制数。其程序如下：

```
/*****************************************************************************/
#include <reg52.h>

#define uchar unsigned char
#define   LedDisplay   P0

void delay(uchar);                                     //函数声明

uchar code LedCode[]={0x3f, 0x06, 0x5b, 0x4f, 0x66, 0x6d, 0x7d, 0x07,
                      0x7f, 0x6f, 0x77, 0x7c, 0x39, 0x5e, 0x79, 0x71};
/*****************************************************************************/
void main(void)
{
    uchar k=0;
    P1=0x0f;                                           //打开数码管的公共端
```

```
    while(1)
    {
        LedDisplay=LedCode[k];                  //送数据到 P0 端口显示
        k++; if(k==16) k=0;                     //显示 16 个十六进制数后，从头开始
        delay(255); delay(255); delay(255);
    }
}
/*********************************************************************/
void delay(unsigned char x)
{
    unsigned char i;                            //延时程序
    while(x--)
    for(i=0; i<125; i++);
}
/*********************************************************************/
```

从以上程序可以看出，好像和单片机与单个数码管连接的程序是一样的，但实际上程序控制的是四个数码管。

下面还是利用图 5-15 完成以下任务：四个数码管分别显示 0、1、2、3，即第一个数码管显示 0，第二个数码管显示 1，第三个数码管显示 2，第四个数码管显示 3。

四个数码管的数据线都连接在单片机的 P0 端口上，则四个数码管会同时显示一样的内容，因此要让四个数码管显示不同内容，其工作原理就是利用数码管的动态扫描原理，也是利用人眼的视觉暂留来完成动态显示。其原理说明如下：

首先将四个数码管关闭，将希望在第一个数码管显示的内容送到 P0 端口，再打开第一个数码管，延时 1～2 ms 后关闭第一个数码管，接着送第二个数码管要显示的内容到 P0 端口，并打开第二个数码管，也延时 1～2 ms 后关闭第二个数码管，后面两个数码管的原理依次类推，即可完成四个数码管的动态扫描。必须要注意的是一定要送数据到 P0 端口后再打开需要显示的数码管，否则，在数码管上会显示不该显示的内容，原因请读者仔细思考。

实现动态扫描的函数如下：

```
void  LedScan(void)
{
    P0= LedCode[0]; Led0=0; delay(1); Led0=1;
    P0= LedCode[1]; Led1=0; delay(1); Led1=1;
    P0= LedCode[2]; Led2=0; delay(1); Led2=1;
    P0= LedCode[3]; Led3=0; delay(1); Led3=1;
}
```

上面程序是一段经典程序，请读者好好理解。上述动态扫描函数中的变量 Led0，Led1，Led2，Led3 需要定义，定义如下：

```
sbit  Led0=P1^4;
sbit  Led1=P1^5;
sbit  Led2=P1^6;
sbit  Led3=P1^7;
```

根据给定的数码管动态扫描函数，请读者自己完成四个数码管分别显示 0、1、2、3 的程序。

完成上述任务后，再想想怎样完成 0～F 的循环显示，即四个数码管分别先显示 0、1、2、3，延时一定的时间后，分别显示 1、2、3、4，再显示 2、3、4、5，……，依次显示 C、D、E、F，D、E、F、0，E、F、0、1，F、0、1、2，最后回到 0、1、2、3，再循环显示。

3．模拟累加器实例

图 5-16 所示为利用动态扫描的方式实现了 0 到 1500 的累加显示的仿真图，采用 P1 端口下半段接口作为 LED 的位选择，晶体振荡器频率为 11.0592 MHz。

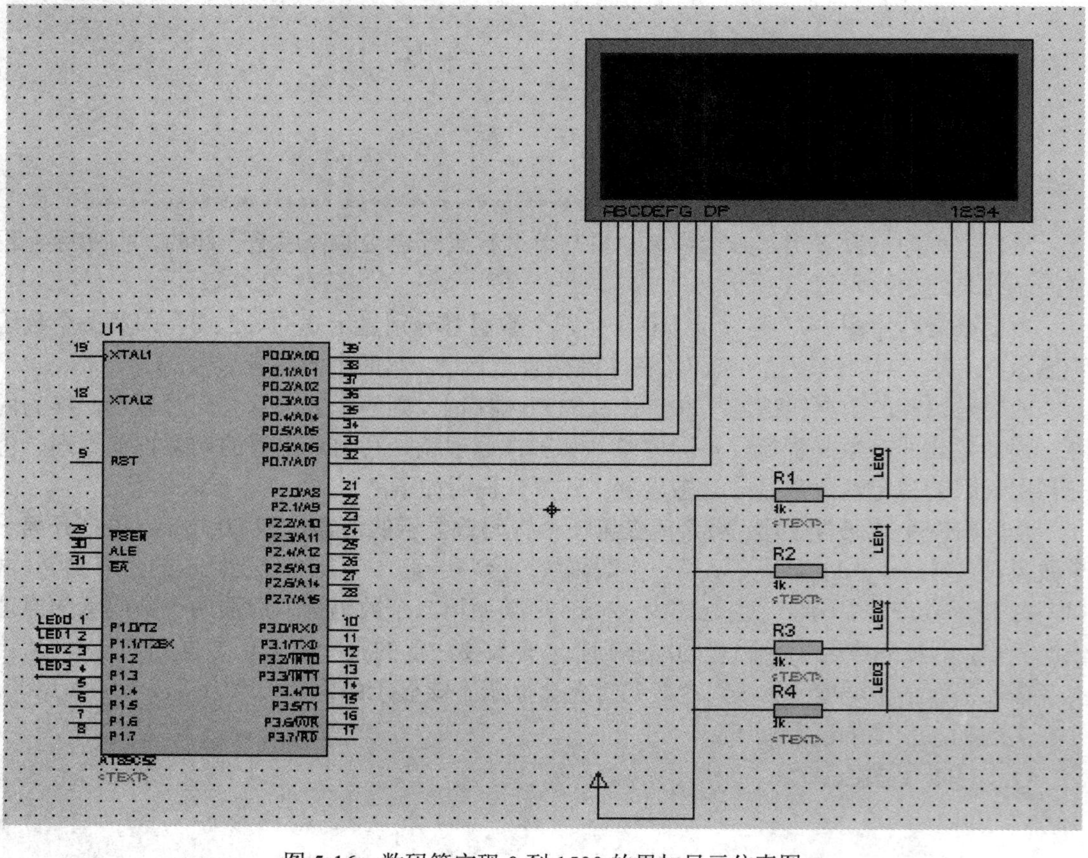

图 5-16　数码管实现 0 到 1500 的累加显示仿真图

本程序采用动态扫描完成对 LED 的动态显示。参考程序的清单如下：

```
/*****************************************************************************/
#include <reg51.h>
#include <absacc.h>
#include <intrins.h>
#define uchar unsigned char
#define uint unsigned int
unsigned char A[]={0xc0,0xf9,0xa4,0xb0,0x99,0x92,0x82,0xf8,0x80,0x90}; //用数组的方式列出数字显
                                                                       //示代码，共阳极数码管
```

```
unsigned char j;
unsigned int q;
sbit    Led3=P1^3;                          //定义数码管控制端口 3
sbit    Led2=P1^2;                          //定义数码管控制端口 2
sbit    Led1=P1^1;                          //定义数码管控制端口 1
sbit    Led0=P1^0;                          //定义数码管控制端口 0
/*************************************************************************/
void delay(unsigned char x)                 //延迟程序
{
    unsigned char k;
    while(x--)
    for(k=0;k<125;k++);
}
/*************************************************************************/
void main(void)
{
    q=0;                                    //给数字累加的变量赋初值
    while(1)
    {
        for(j=0;j<10;j++)                   //让每个数字循环显示 10 次
        {
            P0=A[q/1000];                   //将千位数字赋给第一个数码管
            Led0=1; delay(5); Led0=0;       //定义第一个数码管显示时间长度
            P0=A[(q/100)%10];               //将百位数字赋给第二个数码管
            Led1=1; delay(5); Led1=0;       //定义第二个数码管显示时间长度
            P0=A[(q/10)%10];                //将十位数字赋给第三个数码管
            Led2=1; delay(5); Led2=0;       //定义第三个数码管显示时间长度
            P0=A[q%10];                     //将个位数字赋给第四个数码管
            Led3=1; delay(5); Led3=0;       //定义第四个数码管显示时间长度
        }
        if(q>=1500) q=0; else q++;          //实现 0 到 1500 的累加
    }
}
/*************************************************************************/
```

上面程序实现模拟累加器功能，能实现 0 到 1500 的累加。

5.2.2　LCD 控制实例

下面程序是一个可以与计算机通信并在 LCD 上显示的程序，其仿真图如图 5-17 所示。

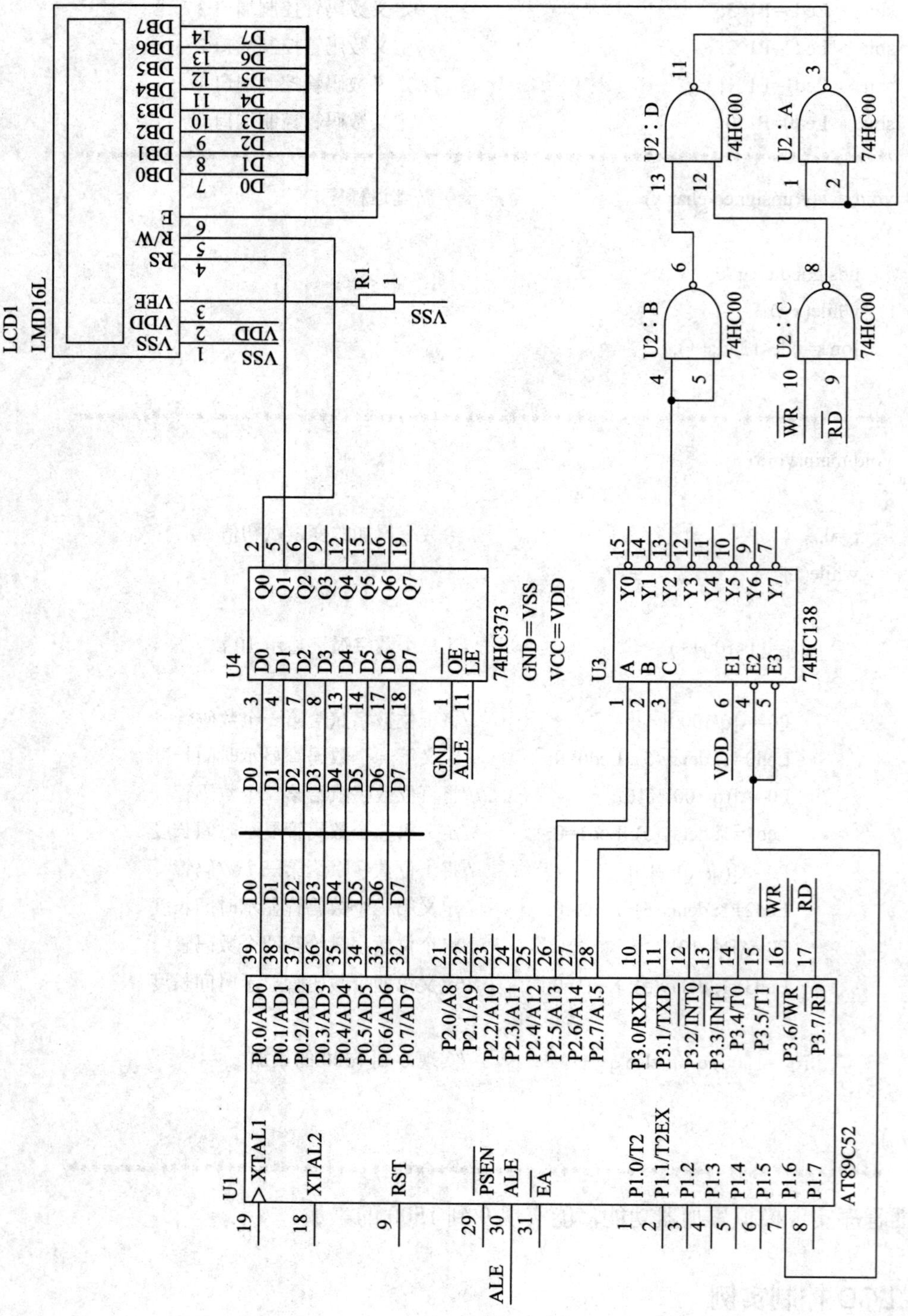

图 5-17 LCD 显示仿真图

参考程序的清单如下：

```
/***********************************************************************/
#include<reg52.h>
#include <absacc.h>
#include <intrins.h>
#define   uchar   unsigned   char
#define   uint   unsigned   int
#define   CW_ADD   XBYTE[0x5ffc]                  //LCD 命令字的地址
#define   CR_ADD    XBYTE[0x5ffd]                 //LCD 状态标志端口
#define   DW_ADD   XBYTE[0x5ffe]                  //LCD 写数据端口
#define   DR_ADD   XBYTE[0x5fff]                  //LCD 读数据端口
#define   Busy   0x80                             //LCD 忙判别位
sbit   cs138=P1^6;                                //74HC138 的选通端口
code char 89xample[]="The-programm-is-about-LCDdisplay\n";    //定义静态显示字符串
void Delay(uchar);                                //延时
void LcdWritedata(char DataW);                    //向 LCD 写数据
void LcdWriteCommand(uchar CMD, uchar AttribC);   //向 LCD 写命令
void LocateXY(char posx, char posy);              //指定 LCD 被写位置
void LcdReset(void);                              //LCD 复位
void Display(uchar dd);
void DisplayOneChar(uchar x, uchar y, uchar Wdata);   //在 LCD 指定位置显示一个字符
void ePutstr(uchar x, uchar y, uchar code *ptr);      //在 LCD 指定位置显示字符串子函数
/**********************主函数*********************/
void main(void)
{
   uchar temp,i;
   cs138=0;                                //选通 74HC138 的使能端
   Delay(255);Delay(255);                  //延时
   LcdReset();                             //LCD 复位
   temp=32;
   ePutstr(0, 0, 89xample);         //从 LCD 的(0,0)位置开始的第一行，显示静态字符串 exampl
   for(i=0; i<9; i++) Delay(255); Delay(255);     //延时，显示 exampl 的第二行
   while(1)                                //死循环
   {
      temp&=0x7f;             //保证显示 0～127 的 CGROM 字形码
      if(temp<32) temp=32;    //从 SP 空格的 ASCII 后循环显示 33～127 的 CGROM 字形码
         Display(temp++);     //由 CGROM 字形码标号显示相应字符后地址加 1
         Delay(255); Delay(255);
   }
```

```
}
/**********************主函数结束********************/

void ePutstr(uchar x, uchar y, uchar code *ptr)//在 LCD 指定位置显示字符串子函数
{
    uchar i, l=32;

for(i=0;i<l;i++)
{
    DisplayOneChar(x++, y, ptr[i]);          //在 LCD 指定位置显示一个字符
    if(x==16)                                //若 x 为 16 已到行尾，换行使 x=0 重起一行
    {x=0; y^=1;}                             //y 的异或运算，确保重起的行与原来的行不一样
    }
}
/**********************************************************************/
void Display(uchar dd)                       //显示字符子程序
{
    uchar i;
    for(i=0; i<16; i++)                      //在一行内全部显示
    {
        DisplayOneChar(i, 1, dd++);          //显示一个字符后，字形码自动加 1
        dd&=0x7f;                            //保证在 0～127 的 CGROM 字形码范围内显示
        if(dd<32) dd=32;                     //保证显示的字形码大于 32
}
}
/**********************************************************************/
void LocateXY(char posx,char posy)           //指定 LCD 被写位置子函数
{
    uchar tempb;
    tempb=posx&0xf;                          //确保列数在 0～15 的范围内取值
    posy&=0x1;                               //确保行数在 0 和 1 之间取值
    if(posy) tempb|=0x40;                    //若是第二行，DDRAM 的地址必须加 0x40
        tempb|=0x80;                         //形成 DDRAM 写入指令
        LcdWriteCommand(tempb,0);            //通知 DDRAM 准备写入数据
}
/**********************************************************************/
void DisplayOneChar(uchar x,uchar y,uchar Wdata)       //显示一个字符子程序
{
    LocateXY(x,y);
```

```
    LcdWritedata(Wdata);                        //向 DDRAM 准备写入一个字符
}
/*********************************************************************/
void LcdReset(void)
{
    LcdWriteCommand(0x38,0);        //DL 为 1，N 为 1，F 为 0，设置 LCD 为 8 位 2 行 5×7
                                    //点阵显示，不等待忙标志
    Delay(2);
    LcdWriteCommand(0x38,0);
    Delay(2);
    LcdWriteCommand(0x38,0);
    Delay(2);

    LcdWriteCommand(0x38,1);    //设置 LCD 为 8 位 2 行 5×7 点阵显示并等待忙标志
    LcdWriteCommand(0x08,1);    //D 为 0，C 为 0，B 为 0，设置显示器开，光标无，闪烁无
    LcdWriteCommand(0x01,1);    //清屏，置 AC 为 0
    LcdWriteCommand(0x06,1);    //I/D 为 1，光标自动右移
    LcdWriteCommand(0x0c,1);    //D 为 1，C 为 0，B 为 0，设置显示器开，光标无，闪烁无
}
/*********************************************************************/
void LcdWriteCommand(uchar CMD,uchar AttribC)
{
    if(AttribC) while(CR_ADD&Busy);        //根据 AttribC 的取值确定是否等待 LCD 的忙标志
        CW_ADD=CMD;                             //给 LCD 命令端口赋值
}
/*********************************************************************/
void LcdWritedata(char DataW)
{
    while(CR_ADD&Busy);                    //等待 LCD 的忙标志是否结束
        DW_ADD=DataW;                           //向 LCD 数据端口写入数据
}
/*********************************************************************/
void Delay(uchar K)                        //延时
{
    uchar i;
    while(K--)
      for(i=0;i<125;i++);
}
/*********************************************************************/
```

将该程序生成 HEX 文件后加载到图 5-17(LCD 显示仿真图)中的 Proteus 文件中，就可以显示结果。

5.2.3 继电器控制实例

如图 5-18 所示是单片机连接继电器的电路图，其中 RL1 是继电器，RL1 的右边根据需要连接相应的外部控制设备，V1 是 NPN 的三极管，R3 用来控制电流的大小，如果需要大电流控制，可以采用专门的驱动电路或驱动芯片来完成。

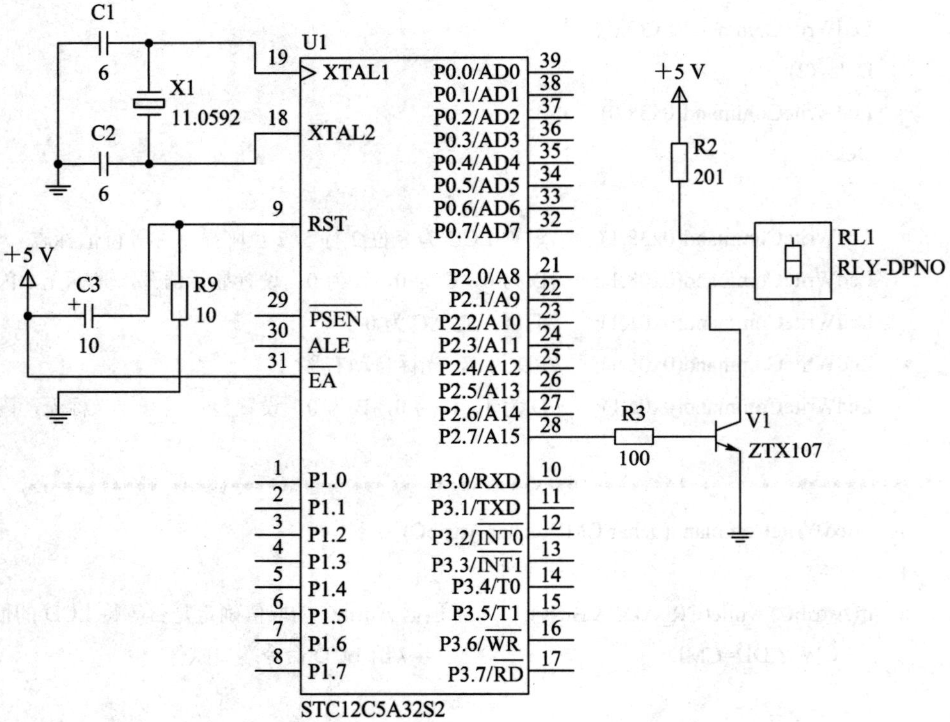

图 5-18 单片机连接继电器的电路图

继电器控制实例参考程序如下：

```
/*************************************************************************/
#include <reg52.h>                                    //定义特殊功能寄存器库
#define uchar unsigned char
sbit relay=P2^7;
/*************************************************************************/
void main(void)
{
    while(1)
    {
        if(      ) relay=1;                          //满足一定条件时，继电器闭合
          ⋮                                          //另外的程序
```

```
        if(      ) relay=0;                              //满足一定条件时，继电器打开
    }
}
/************************************************************************/
```

程序中继电器闭合的条件根据实际情况而定。

本章小结

本章介绍了单片机的主要输出器件，包括 LED、数码管、LCD 继电器和蜂鸣器。通过三个应用实例帮助读者加深对单片机相关输出器件的理解。

本章习题

1. 数码管连接方式有哪两种？
2. 简单描述数码管的工作原理。
3. 简单描述继电器的工作原理。

第 6 章　单片机内部资源及应用

6.1　中断的概念

在日常生活中，会碰到这样的情况：当用户正在工作时，突然电话铃响了，这时用户一般会放下手上的工作，而拿起电话和来电话的人进行交谈；当交谈完后，放下电话，又继续开始刚才的工作。在整个过程中，从电话铃响到电话交谈，最后放下电话的过程，就称之为中断(中断过程)。

计算机(单片机)系统中所谓的中断是指当计算机(单片机)执行某一正常程序时，出现了某种急需处理的异常情况或特殊请求，当异常情况或特殊请求到来时，CPU 会暂时中止正在执行的程序(用户的工作)，转去对随机发生的异常情况或特殊请求(电话)进行处理，处理完毕后，CPU 将会自动返回原来的程序(用户的工作)继续执行暂时中止的程序。

单片机是利用中断机制来完成 CPU 的多任务执行。由于 CPU 的资源有限，因此可能会出现资源竞争的现象，而中断技术正是解决资源竞争的可行方法，采用中断技术可以使多项任务共享同一资源。单片机因为结构和功能比计算机简单，所以中断系统也比计算机简单，但 MCS-51 系列单片机的中断系统是 8 位单片机中功能最强的。一般的 MCS-51 系列的单片机至少有 5 个中断源，有一到两个中断优先级。

中断系统一般要完成以下功能。

1. 中断响应与执行

中断源向计算机发出中断请求，CPU 响应该中断请求，断开主程序，转向中断服务程序，完成中断服务后再返回到原来的主程序。主程序被断开的位置称为断点。为了使 CPU 完成中断服务后能够返回到原主程序的位置，就要保护断点处的现场状态，即将断点处的程序计数器 PC 值、相关寄存器的内容、标志位等状态压入堆栈保存，该操作被称为断点和现场保护。

中断服务结束后，在返回主程序前，要将被保护的断点和现场恢复，即恢复出堆栈中被保存的内容至各相关寄存器，该操作被称为现场恢复。汇编语言程序员在使用中断时，需要仔细考虑现场的保护和恢复。而高级程序员无需关心该问题，因为 C 编译器会自动完成现场保护和恢复。如图 6-1 所示为 MCS-51 单片机中断响应与执行流程图。

具体地说，单片机中断响应可以分为以下几个步骤。

(1) 停止主程序运行。当前指令执行完后立即终止当前程序的运行。

(2) 保护断点。把程序计数器 PC 的当前值压入堆栈，保存中止的地址(即断点地址)，以便从中断服务程序返回时能继续执行该程序。

(3) 寻找中断入口。根据 5 个不同的中断源所产生的中断，查找 5 个不同的入口地址。

(4) 执行中断处理程序。

(5) 中断返回。执行完中断处理程序后，就从中断处返回到主程序，继续往下执行。

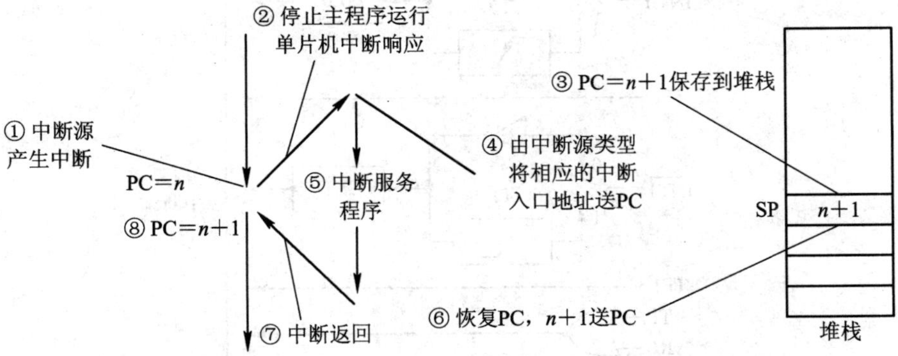

图 6-1　MCS-51 单片机中断响应与执行流程图

2. 中断优先权排队

通常单片机系统有多个中断源，当有两个以上的中断源同时向 CPU 提出中断请求时，CPU 面临先为哪个中断源服务的问题。单片机内部都为这些中断源规定了中断响应的先后顺序——优先级别，即不同的中断源享有不同的优先响应权利，称为中断优先权。CPU 对多个中断源响应的优先权由高到低的排队，称为优先权排队。CPU 总是首先响应优先权级别高的中断请求。

3. 中断嵌套

当 CPU 正在执行某一中断服务程序时，可能有优先级别更高的中断源发出中断请求，此时，CPU 将暂停当前优先级别低的中断服务，转而去处理优先级更高的中断请求，处理完后，再回到原低级中断处理程序，这一过程称为中断嵌套。具有中断嵌套功能的中断系统称为多级中断系统，没有中断嵌套功能的中断系统称为单级中断系统。

6.1.1　中断源

中断源是指任何引起中断的事件，一般单片机都允许有多个中断源(如图 6-2 所示为 MCS-51 单片机内部中断源)。

MCS-51 系列的单片机至少有 5 个中断源(现在其他的单片机最多可以达到 15 个中断源，Keil C51 支持 32 个中断源)。STC12C5A60AD/S2 是通用的 MCS-51 系列单片机，它是具有 6 个中断源的单片机，它们分别是：

(1) 外部中断请求 0：由 $\overline{\text{INT0}}$ (P3.2)端口输入。

(2) 外部中断请求 1：由 $\overline{\text{INT1}}$ (P3.3)端口输入。

(3) 片内定时器/计数器 0 溢出中断请求。

(4) 片内定时器/计数器 1 溢出中断请求。

(5) 片内串行口发送/接收中断请求。

(6) 片内定时器/计数器 2 溢出中断请求。

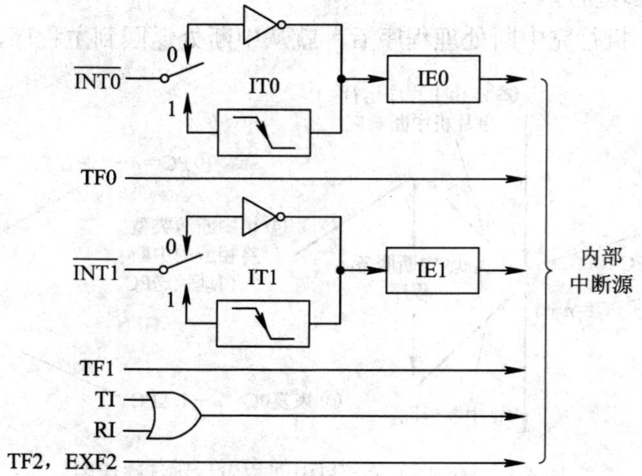

图 6-2　51 单片机内部中断源

6.1.2　中断控制

中断控制是指提供给用户使用的中断控制手段，就是用户可以通过设置特殊功能寄存器(SFR)中的状态位来使用中断系统，为此单片机提供了一些控制寄存器。与中断控制有关的 SFR 共 4 个。它们分别是定时器/计数器控制寄存器(TCON)、串行口控制寄存器(SCON)、中断允许寄存器(IE)和中断优先级控制寄存器(IP、IPH)。

STC12C5A60AD/S2 单片机外部中断可通过寄存器 TCON 中的 IT0 和 IT1 分别设置为电平触发或边沿触发，实际产生的中断标志是 TCON 中的标志位 IE0 和 IE1。当此单片机产生外部中断时，如果是边沿触发，那么进入中断服务程序后则是由硬件清除中断标志位；如果中断是电平触发，则是由外部请求源控制请求标志，而不是片内硬件。

定时器 0 和定时器 1 中断由 TF0 和 TF1(分别由各自的定时器控制/计数器控制寄存器控制，定时器 0 工作在方式 3 时除外)产生。当产生定时器中断时，进入中断服务程序后由片内硬件清除标志位。

串口中断由 RI 和 TI 经逻辑或产生。进入中断服务程序后，这些标志位均不能被硬件清除。实际上，中断服务程序通常需要确定中断是由 RI 还是 TI 产生的，然后由软件清除中断标志位。所以这些产生中断的位都可通过软件置位或清零，与通过硬件置位或清零的效果相同。简而言之，中断可由软件产生、推迟或取消。

每个中断源可通过置位或清零寄存器允许或禁止，IE 中的相应位也分别为允许或禁止。IE 中还包含了一个全局禁止位 EA，可以立即禁止所有的中断。

下面分别介绍与中断有关的各个寄存器。

1. 定时器/计数器控制寄存器(Timer Control，TCON)

TCON 在 SFR 中的地址是 88H，位地址是 8FH～88H，内容及位地址如表 6-1 所示。

表 6-1　定时器/计数器控制寄存器(TCON)的内容及位地址

TCON 地址：88H								
可位寻址 复位值：00H	7	6	5	4	3	2	1	0
	TF1	TR1	TF0	TR0	IE1	IT1	IE0	IT0

位	符号	功　能
TCON.7	TF1	定时器 1 溢出标志：定时/计数器溢出时由硬件置位；中断处理时由硬件清除或用软件清除
TCON.6	TR1	定时器 1 运行控制位：由软件置位或清零，将定时/计数器打开或关闭
TCON.5	TF0	定时器 0 溢出标志：定时器/计数器溢出时由硬件置位；中断处理时由硬件清除或用软件清除
TCON.4	TR0	定时器 0 运行控制位：由软件置位或清零，将定时器/计数器打开或关闭；为 1 时打开定时器 1，为 0 时关闭定时器 0
TCON.3	IE1	中断 1 边沿触发标志：当检测到外部中断 1 为边沿触发时由硬件置位，中断处理时清零
TCON.2	IT1	中断 1 触发类型控制位：由软件置位或清零，并选择外部中断以下降沿或低电平方式触发，为 1 时下降沿触发，为 0 时低电平触发
TCON.1	IE0	中断 0 边沿触发标志：当检测到外部中断 0 为边沿触发时由硬件置位，中断处理时清零
TCON.0	IT0	中断 0 触发类型控制位：由软件置位或清零，并选择外部中断以下降沿或低电平方式触发，为 1 时下降沿触发，为 0 时低电平触发

在定时器/计数器控制寄存器(TCON)中，TF1、TF0、IE1、IE0 在初始设置时，一般设置为 0，表示没有相应的中断请求，所以在初始化时，只需关注另外 4 位就可以了。

例如：启动定时器/计数器 1 、设置外部中断 0 下降沿触发，则 TCON 的值为二进制 0100 0001，转换成十六进制为 0x41。

2. 串行口控制寄存器(Serial Control，SCON)

SCON 在 SFR 中的地址是 98H，位地址是 9FH～98H，内容及位地址将在后面第 9 章串行通信进行介绍。

这里只介绍与中断有关的两个控制位，它们分别是：

(1) RI：串行口接收中断请求标志位，当串行口接收完一帧数据后，请求中断，由硬件置 1，且必须由软件清除为 0。

(2) T1：串行口发送中断求标志位，当串行口发送完一帧数据后，请求中断，由硬件置 1，且必须由软件清除为 0。

3. 中断允许控制寄存器(Interrupt Enable，IE)

IE 在 SFR 中的地址是 A8H，位地址是 AFH～A8H，内容及位地址如表 6-2 所示。

表 6-2　中断允许控制寄存器(IE)的内容及位地址

IE 地址：0A8H
复位值：0X000000B

可位寻址

7	6	5	4	3	2	1	0
EA	—	ET2	ES	ET1	EX1	ET0	EX0

允许位=1：允许中断 允许位=0：禁止中断

位	符号	功　能
IE.7	EA	全局禁止位：如果 EA=0，所有的中断都被禁止；EA=1 时，所有的中断都可通过设置或清零各自的允许位单独允许或禁止
IE.6	—	无效位：保留将来之用
IE.5	ET2	定时器 2 中断允许位
IE.4	ES	串口中断允许位
IE.3	ET1	定时器 1 中断允许位
IE.2	EX1	外部中断 1 允许位
IE.1	ET0	定时器 0 中断允许位
IE.0	EX0	外部中断 0 允许位

其中，EA 是整个单片机系统的总中断，当 EA=0 时，CPU 关闭所有的中断；当 EA=1 时，单片机将根据 IE 其他位的状态，打开相应的中断。

MCS-51 系列的单片机在复位时，IE 的值为 00H 时，即所有中断都被屏蔽。所以，系统若需要用到哪些中断，则必须将该中断位置 1，同时将 EA 置 1。

例如：系统用串行口中断和定时器/计数器 0 中断，此时 IE 的值为二进制 1001 0010，转换成十六进制为 0x92。

4. 中断优先级寄存器(Interrupt Priority，IP)

当系统中有多个中断源同时向单片机申请中断时，单片机将按照中断源的优先级别，由高到低分别响应中断。

MCS-51 单片机一般只有两级中断优先级，对只有两个中断优先级的单片机而言，中断优先级的设置只有 IP。

IP 在 SFR 中的地址是 B8H，位地址是 BFH～B8H，内容及位地址如表 6-3 所示。有一些单片机只有 IP，但随着单片机的发展，已有一部分单片机具有 4 级中断优先级，即除了 IP 外，还有 IPH。

IPH 在 SFR 中的地址是 B7H，内容及位地址如表 6-4 所示。

STC12C5A60AD/S2 单片机就具有 4 个中断优先级。现在有许多单片机支持 4 级优先级中断，对应的寄存器为 IE，IP 和 IPH。IPH 寄存器的功能很简单，当其与 IP 寄存器组合使用时，决定每个中断的优先级，如表 6-5 所示。

表 6-3　中断优先级寄存器(IP)的内容及位地址

IE 地址：0B8H
复位值：XX000000B

	7	6	5	4	3	2	1	0
可位寻址	—	—	PT2	PS	PT1	PX1	PT0	PX0

优先级位=1：分配高优先级　优先级位=0：分配低优先级

位	符号	功　能
IP.7	—	无效位。保留将来之用
IP.6	—	无效位。保留将来之用
IP.5	PT2	定时器 2 中断优先级位
IP.4	PS	串口中断优先级位
IP.3	PT1	定时器 1 中断优先级位
IP.2	PX1	外部中断 1 优先级位
IP.1	PT0	定时器 0 中断优先级位
IP.0	PX0	外部中断 0 优先级位

表 6-4　IPH 的内容及地址

IPH 地址：0B7H
复位值：XX000000B

	7	6	5	4	3	2	1	0
可位寻址	—	—	PT2H	PSH	PT1H	PX1H	PT0H	PX0H

优先级位=1：分配高优先级　优先级位=0：分配低优先级

位	符号	功　能
IPH.7	—	无效位。保留将来之用
IPH.6	—	无效位。保留将来之用
IPH.5	PT2H	定时器 2 中断优先级高位
IPH.4	PSH	串口中断优先级高位
IPH.3	PT1H	定时器 1 中断优先级高位
IPH.2	PX1H	外部中断 1 优先级高位
IPH.1	PT0H	定时器 0 中断优先级高位
IPH.0	PX0H	外部中断 0 优先级高位

表 6-5　4 级中断优先级设置

优先级位		中断优先级
IPH.x	IP.x	
0	0	0(最低优先级)
0	1	1
1	0	2
1	1	3(最高优先级)

现在的 MCS-51 系列的单片机到底有几个优先级，可参阅相关的资料查询，若只有两个优先级，则其优先级用的特殊功能寄存器就只有 IP。若 IP 的某一位置 1，则为高优先级；若置 0，则为低优先级。

6.1.3　中断的处理和响应

1. 中断处理

每个中断源都可以通过编程单独设置中断优先级寄存器 IP 和 IPH 的优先级。一个中断服务程序可以响应更高级的中断，但不能响应同优先级中断或低级中断。最高级中断服务程序不响应其他任何中断。若两个不同中断优先级的中断源同时申请中断时，则响应较高优先级的中断。

如果两个同优先级的中断源同时申请中断，那么内部查询顺序将决定首先响应哪一个中断请求。查询顺序如表 6-6 所示。

表 6-6　内部查询顺序

编号	中断源	同级优先级	入口地址
0	IE0(外部中断 0)	(最高)	0003H
1	TF0(定时器 0)	↓	000BH
2	IE1(外部中断 1)		0013H
3	TF1(定时器 1)		001BH
4	RI+TI(UART)		0023H
5	TF2，EXF2(定时器 2)	最低	002BH

注：“同级优先级”只用来处理相同优先级别中断源同时申请中断的情况。

由于外部中断对输入端口每个机器周期都采样一次，输入端口输入高电平或低电平时，应至少保持 12 个振荡周期以确保能够被采样。如果外部中断为边沿触发，那么外部中断源应当将中断端口电平保持至少 1 个机器周期的高电平，然后再保持至少 1 个机器周期的低电平，这样就确保了触发信号边沿能够被检测到，以使 IEx 置位。当调用中断服务程序后，CPU 自动将 IEx 清零。如果外部中断为电平触发，那么外部中断源必须一直保持请求有效，直到产生所请求的中断，然后才在中断程序结束之前撤除请求，否则将产生另一次中断。

2. 中断响应时间

所谓中断响应时间，是指从查询中断请求标志位到转入中断服务程序所需要的机器周期数(对单一中断源而言)。

若外部中断满足条件时，则单片机在每个机器周期将外部中断插入电平取反并锁存到 IE0 和 IE1 中，在下个周期之前该值不会被电路查询。如果请求有效且应答的条件正确，那么下一个执行的指令就是硬件子程序调用请求中断。CALL 指令本身占用两个周期，因此从中断请求有效到开始执行中断服务程序的第一条指令至少需要 3 个完整的机器周期。

如果中断被前面所述的 3 个条件之一所阻滞，那么中断就需要更长的响应时间。如果同级或高优先级的中断已经在处理，那么额外的等待时间就取决于其他中断服务程序所耗的时间。如果正在执行的指令不是最后一个周期，则额外的等待时间不会超过 3 个周期，这是因为最长的指令(MUL 和 DIV)为 4 个周期。如果正在处理的是 RETI 或者任何访问 IE 或 IP 的指令，那么额外的等待时间不会超过 5 个周期。完成正在处理的指令需要一个周期，最多再加 4 个周期完成下一条指令(如果指令为 MUL 和 DIV)。

因此，在一个单中断系统中，响应时间总是大于 3 个周期而小于 9 个周期。

6.1.4 寄存器的切换

单片机有中断请求时，则要根据中断的优先级决定是否响应这个中断。若单片机响应了中断，就去转向执行新的程序，即中断响应程序，执行这个新的程序时，程序就有可能将原来执行的程序的各个寄存器破坏掉，这样再回到前一个程序执行时，就会导致错误。在汇编语言中，解决此问题的方法是将中断服务程序中所使用的存储器压入堆栈保护起来，或者利用 PSW 切换为所使用的存储器组。

STC12C5A60AD/S2 单片机中共有 4 个寄存器组，每组 8 个字节位于内部 RAM 区的起始位置，并分配 R0～R7 与这 8 个字节对应。具体是哪个寄存器组，取决于 PSW 的 RS1、RS0 的设置。

当运行一个中断任务时，将采用不同的寄存器组，那么前一个程序的 8 个字节就会被保留下来，另外 8 个字节则用到新的程序中去。编写 C51 语言中断服务程序时，最好给每一种优先级的中断分配不同的寄存器组。在 Keil C51 的编译器中，可以特别指定某寄存器组的独立函数，这个函数可改变工作寄存器组 PSW 中的 RS1 和 RS0。在 Keil C51 中可使用关键字“using”来指定，“using”后的变量为一个 0～3 的常整数。

6.1.5 中断函数的声明

C51 编译器支持在 C 语言源程序中直接开发中断服务程序。中断服务函数的完整语法如下：

函数的返回值　函数名([参数]) [方式] [重入] interrupt n [using m]

说明：

(1) 对中断服务函数而言，一般函数的返回值和形式参数都是 void 类型。

(2) 函数名只要符合 C 语言中标识符的命名规则即可。

(3) 方式指 small、compact、large 中的一个，可根据需要选择。

(4) 重入是指 reentrant，前面已经介绍。

(5) “interrupt”后 n 的取值范围是 0～31 的常整数，表示 0～31 个中断中的某一个中断，不允许用任何表达式。

(6) “using”后的 m 取值是 0～3 的常整数，表示 80C51 单片机内部寄存器组的转换。

例如：

```
void serial_ISR (void) [small] [reentrant] interrupt 4 [using 1]
{
    /* ISR */
}
```

其中“small”“reentrant”“using 1”是可选项，根据具体的情况而选择(“small”“reentrant”在前面的章节中已经进行了介绍)，“using 1”表示选择 1 组寄存器。

在 6 个中断函数中，interrupt n 的含义是：

n=0：外部中断 0。

n=1：定时器/计数器 0。

n=2：外部中断 1。

n=3：定时器/计数器 1。

n=4：串行口中断。

n=5：定时器/计数器 2。

例如在上面例子中“interrupt 4”表示串行口中断。

一般为了提高代码的容错能力，在没有用到的中断入口处生成“IRET”语句，用户可以定义没用到的中断。例如：

```
/* define not used interrupt, so generate "IRET" in their entrance */
   void extern0_ISR() interrupt 0{}       /* not used */
   void timer0_ISR () interrupt 1{}       /* not used */
   void extern1_ISR() interrupt 2{}       /* not used */
   void timer1_ISR () interrupt 3{}       /* not used */
   void serial_ISR  () interrupt 4{}      /* not used */
```

6.1.6 中断函数实例

实例 6-1 按键去抖动。如图 6-3 所示为采用芯片 74HC123 去除按键抖动电路图，图中 74HC123 连接方式为可重复触发的单稳态触发器，单稳态触发器的时间由 R2、C1 决定，产生的触发信号脉冲宽度(t_w)约等于电阻 R2 与电容 C1 乘积的 0.7 倍。现在要求每按一次按键，单片机 P0.0 端口上连接的发光二极管进行一次亮、暗交替变化。

这里使用 TTL 芯片 74HC123 是为了硬件去除按键的抖动。

程序编写如下：

```
/*************************************************************************/
#include <reg52.h>
sbit Led=P0^0;                              //定义 P1.0 端口为 LED
```

```
/************************************************************************/
void exchange_led(void) interrupt 0 using 2
{
    Led=!Led;                                   //对 P1.0 取反
}
/************************************************************************/
void main(void)
{
    EA=1;                                       //开 CPU 中断
    IT0=1;                                      //外部中断 0 下降沿触发
    EX0=1;                                      //打开外部中断 0
    led=1;                                      //置 LED 的初值为暗
    while(1);                                   //循环，等待中断
}
/************************************************************************/
```

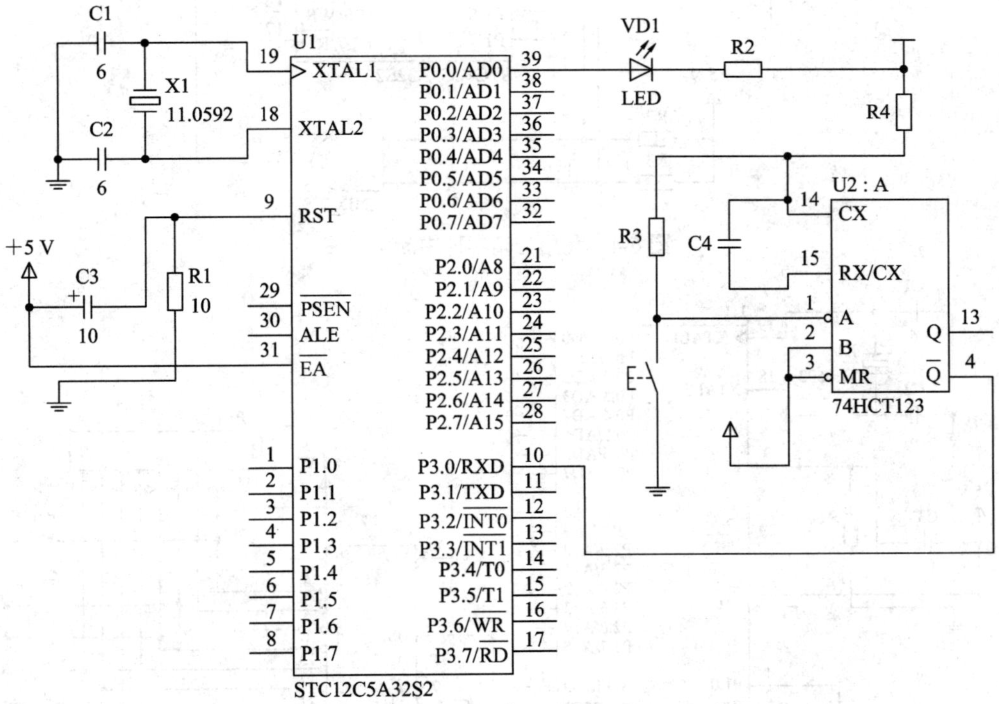

图 6-3　采用芯片去除按键抖动电路图

实例 6-2　多中断的处理。若中断少时，可以采用与门电路来完成，电路图如图 6-4 所示。这样连接的好处是不需太多的硬件，很方便软件来完成，在有中断时软件只需要分别检测 P1.0 和 P1.1 端口的状态即可判断是哪里的中断。图中用按键表示中断，实际上可以是任何外部中断。

若有许多中断时可采用如图 6-5 所示电路图，即利用 74HC148 来完成中断优先级的选

择，它是一种 8-3 优先编码器。图中也用按键表示中断，实际上也可以是任何外部中断。

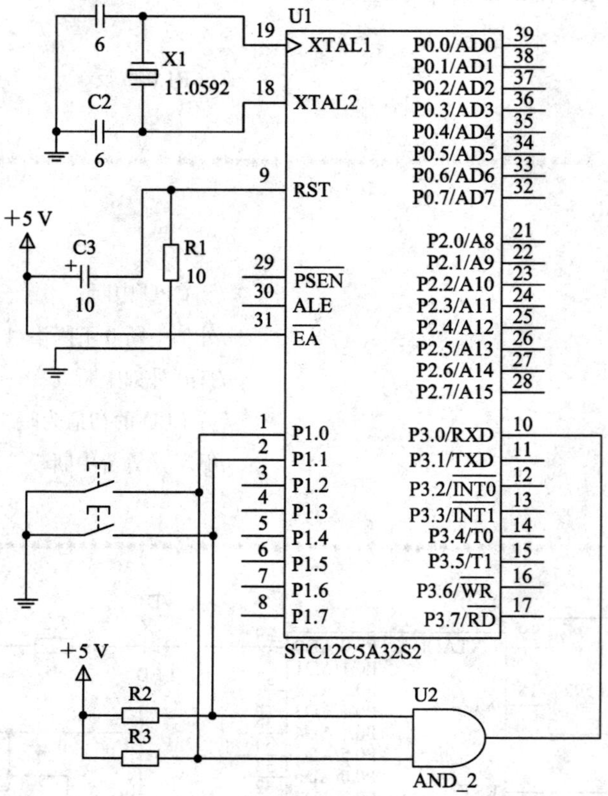

图 6-4　利用与门实现中断电路图

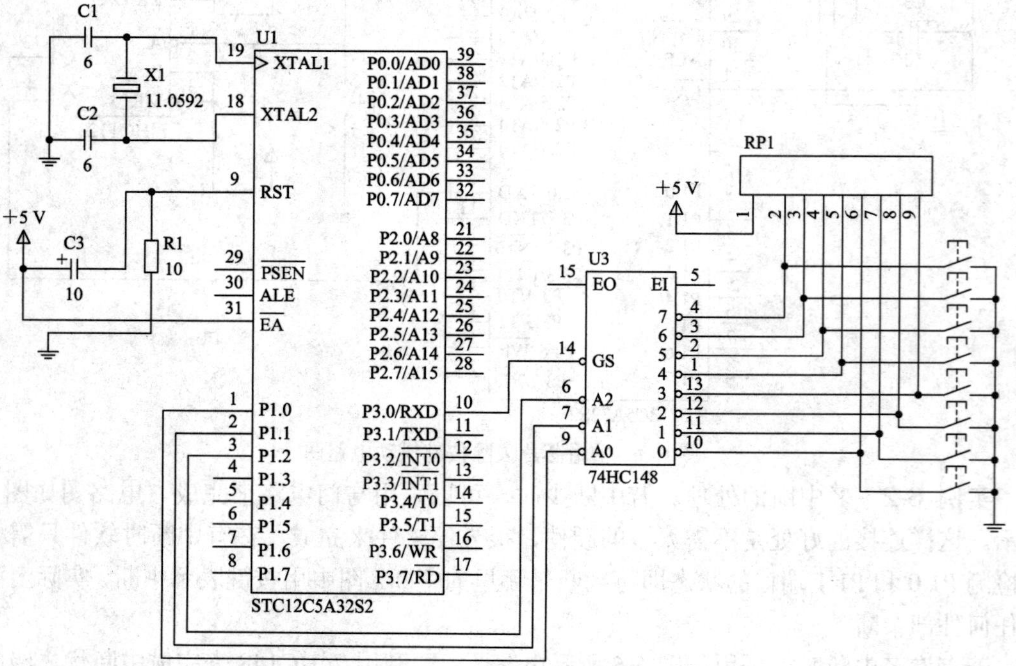

图 6-5　利用 74HC148 实现中断电路图

程序清单如下：

```
/************************************************************************/
#include <reg51.h>
#define uchar unsigned char
uchar status;
bit     flag;
/************************************************************************/
void multi_int(void) interrupt 2 using 1
{
    flag=1;                         //设置中断有效标志
    status=P1&0x07;                 //按照优先级，检测具体的中断
}
/************************************************************************/
void main(void)
{
    IE=0x84;                        //开 CPU 中断和外部中断 1
    while(1)
    {
        if(flag)                    //判断是否有中断
        {
            switch(status)          //根据不同的中断处理相应的分支
        case 0:  …;break;           //中断分支 0
        case 1:  …;break;           //中断分支 1
        case 2:  …;break;
        ⋮
        }
        flag=0;                     //标志位清零
    }
}
/************************************************************************/
```

中断的其他应用将在后面章节介绍。

6.2　单片机的定时器/计数器

51 系列的单片机至少有两个 16 位的内部定时器/计数器(T/C)。STC12C5A60AD/S2 系列的单片机有 3 个定时器/计数器，其中两个基本定时器/计数器是定时器/计数器 0(T/C0)和定时器/计数器 1(T/C1)，另外还有一个新增加的定时器/计数器 2。它们既可以作为定时器使用，也可以作为计数器使用。若是用定时器/计数器的内部晶体振荡器驱动时钟，则它是定时器；若是用外部输入脉冲信号驱动时钟，则它是计数器。

当 T/C 工作在定时器方式时，是对晶体振荡器 12 分频的脉冲进行计数，即每个机器周

期计数值加 1，计数率=(1/12)f_{osc}。例如当晶振为 12 MHz 时，计数率=1000 kHz，即每 1 μs 计数值加 1。

当 T/C 工作在计数器方式时，计数脉冲来自输入引脚 T0(P3.4)或 T1(P3.5)，当 T0 或 T1 引脚负跳变时，计数值加 1。识别引脚上的负跳变需两个机器周期，即 24 个振荡周期，所以 T0 或 T1 引脚输入的外部脉冲的最高频率为(1/24)f_{osc}。当晶振为 12 MHz 时，最高计数频率为 500 kHz，高于此频率将计数错误。

6.2.1 与 T/C 有关的特殊功能寄存器

1. 计数寄存器(THn 和 TLn)

T/C 可用于组成 16 位的定时器/计数器，由其计数寄存器高 8 位 THn 和低 8 位 TLn 组成。在特殊功能寄存器(SFR)中，T/C0 对应为 TH0 和 TL0；T/C1 对应为 TH1 和 TL1。定时器/计数器的初始值是分别通过 TH1、TH0 和 TL1、TL0 来设置的。

2. 定时器/计数器控制寄存器(TCON)

前面已经介绍过，影响 T/C 的是 TR1 和 TR0，TCON 在复位时被清零，T/C 需用软件控制才能启动计数。当计数寄存器计满后，产生溢出，并向高位进位给 TFn，即产生溢出中断请求标志。

3. T/C 的方式控制寄存器(Timer/Counter mode，TMOD)

表 6-7 为 T/C 的方式控制寄存器(TMOD)的相应位功能介绍。

表 6-7 T/C 的方式控制寄存器(TMOD)位功能

<table>
<tr><td colspan="10">TMOD 地址：89H
复位值：00H</td></tr>
<tr><td rowspan="2" colspan="2">不可位寻址</td><td>7</td><td>6</td><td>5</td><td>4</td><td>3</td><td>2</td><td>1</td><td>0</td></tr>
<tr><td>GATE</td><td>C/$\overline{T}$</td><td>M1</td><td>M0</td><td>GATE</td><td>C/$\overline{T}$</td><td>M1</td><td>M0</td></tr>
<tr><td colspan="2"></td><td colspan="4">定时器 1</td><td colspan="4">定时器 0</td></tr>
<tr><td>位</td><td colspan="2">符号</td><td colspan="7">功 能</td></tr>
<tr><td>TMOD.3/
TMOD.7</td><td colspan="2">GATE</td><td colspan="7">用于定时器 1，置位时只有在 $\overline{INT1}$ 引脚置为高及 TR1 控制置位时才可打开定时器/计数器。清零时，置位 TR1 即可打开定时器/计数器</td></tr>
<tr><td>TMOD.2/
TMOD.6</td><td colspan="2">C/$\overline{T}$</td><td colspan="7">控制定时器 1 用作定时器/计数器，清零则用作定时器(从内部系统时钟输入)，置位用作计数器(从 Tn 引脚输入)</td></tr>
<tr><td rowspan="5">M1 与 M0 组合</td><td>M1</td><td>M0</td><td colspan="7">定时器方式选择</td></tr>
<tr><td>0</td><td>0</td><td colspan="7">13 位定时器/计数器，TL 存低 5 位，TH 存高 8 位</td></tr>
<tr><td>0</td><td>1</td><td colspan="7">16 位定时器/计数器</td></tr>
<tr><td>1</td><td>0</td><td colspan="7">8 位自装载定时器，当溢出时将 TH 存放的值装入 TL</td></tr>
<tr><td>1</td><td>1</td><td colspan="7">定时器/计数器 0 此时作为双 8 位定时器/计数器；TL0 作为一个 8 位定时器/计数器，通过标准定时器/计数器 0 控制位控制；TH0 仅作为一个 8 位定时器/计数器，由定时器/计数器 1 控制位控制。在这种方式下定时器/计数器 1 关闭</td></tr>
</table>

4. 定时器/计数器 2(T2CON)控制寄存器

如表 6-8 所示为定时器/计数器 2 的控制寄存器的相应位功能介绍。

表 6-8 定时器/计数器 2(T2CON)控制寄存器位功能

<table>
<tr><td colspan="9">T2CON 地址：0C8H</td></tr>
<tr><td rowspan="2">可位寻址
复位值：00H</td><td>7</td><td>6</td><td>5</td><td>4</td><td>3</td><td>2</td><td>1</td><td>0</td></tr>
<tr><td>TF2</td><td>EXF2</td><td>RCLK</td><td>TCLK</td><td>EXEN2</td><td>TR2</td><td>C/$\overline{T}$ 2</td><td>CP/$\overline{RL}$ 2</td></tr>
<tr><td>位</td><td>符号</td><td colspan="7">功 能</td></tr>
<tr><td>T2CON.7</td><td>TF2</td><td colspan="7">定时器/计数器 2 溢出标志。定时器/计数器 2 溢出时置位，必须由软件清除。当 RCLK 或 TCLK=1 时，TF2 将不会置位</td></tr>
<tr><td>T2CON.6</td><td>EXF2</td><td colspan="7">定时器/计数器 2 外部标志。当 EXEN2=1 且 T2EX 的负跳变产生捕获或重装时，EXF2 置位。定时器/计数器 2 中断允许时，EXF2=1 将使 CPU 从中断向量处执行定时器 2 中断子程序。EXF2 位必须用软件清零。在递增/递减计数器方式(DCEN=1)中，EXF2 不会引起中断</td></tr>
<tr><td>T2CON.5</td><td>RCLK</td><td colspan="7">接收时钟标志。RCLK 置位时，定时器/计数器 2 的溢出脉冲作为串行口方式 1 和方式 3 的接收时钟。RCLK=0 时，将定时器/计数器 1 的溢出脉冲作为接收时钟</td></tr>
<tr><td>T2CON.4</td><td>TCLK</td><td colspan="7">发送时钟标志。TCLK 置位时，定时器/计数器 2 的溢出脉冲作为串行口方式 1 和方式 3 的发送时钟。TCLK=0 时，将定时器/计数器 1 的溢出脉冲作为发送时钟</td></tr>
<tr><td>T2CON.3</td><td>EXEN2</td><td colspan="7">定时器/计数器 2 外部允许标志。当其置位且定时器/计数器 2 未作为串行口时钟时，允许 T2EX 的负跳变产生捕获或重装。EXEN2=0 时，T2EX 的跳变对定时器/计数器 2 无效</td></tr>
<tr><td>T2CON.2</td><td>TR2</td><td colspan="7">定时器/计数器 2 启动/停止控制位。置 1 时启动定时器</td></tr>
<tr><td>T2CON.1</td><td>C/$\overline{T}$ 2</td><td colspan="7">定时器/计数器选择。C/$\overline{T}$ 2=0 为内部定时器(OSC/12 或 OSC/6)；C/$\overline{T}$=1 为外部事件计数器(下降沿触发)</td></tr>
<tr><td>T2CON.0</td><td>CP/$\overline{RL}$ 2</td><td colspan="7">捕获/重装标志。EXEN2=1 时 T2EX 的负跳变产生捕获。EXEN2=1 时定时器/计数器 2 溢出或 T2EX 的负跳变都可使定时器自动重装。当 RCLK=1 或 TCLK=1 时，该位无效且定时器强制为溢出时自动重装</td></tr>
</table>

5. 定时器/计数器 2(T2MOD)方式控制寄存器

如表 6-9 所示为表定时器/计数器 2 的方式控制寄存器的相应位功能介绍。

表 6-9 定时器/计数器 2(T2MOD)方式控制寄存器位功能

<table>
<tr><td colspan="9">T2MOD 地址：0C9H
复位值：XXXX XX00B</td></tr>
<tr><td rowspan="2">不可位
寻址</td><td>7</td><td>6</td><td>5</td><td>4</td><td>3</td><td>2</td><td>1</td><td>0</td></tr>
<tr><td>—</td><td>—</td><td>—</td><td>—</td><td>—</td><td>—</td><td>T2OE</td><td>DCEN</td></tr>
</table>

续表

符号	功　能
—	不可用，保留将来之用*
T2OE	定时器/计数器 2 输出允许位
DCEN	递减计数允许位。定时器/计数器 2 可配置成递增或递减定时器/计数器
注意：*所标位勿将其置 1。这些位在 8051 系列产品中将用来实现新的特性，这种情况下，以后用到保留位，在复位时或非有效状态时，它的值应为 0，而这些位为有效状态时，它的值为 1。从保留位读到的值是不确定的	

6.2.2 定时器/计数器的工作方式

定时器/计数器功能由特殊功能寄存器 TMOD 的控制位进行选择。定时器/计数器有 4 种操作方式，通过 TMOD 的 M1 和 M0 选择。定时器/计数器的方式 0、1 和 2 功能相同，方式 3 则不同。

1. 定时器/计数器方式 0

将定时器/计数器设置成方式 0 时，需 M1M0=00 即可。如图 6-6 所示为定时器/计数器 0 和定时器/计数器 1 工作于方式 0 时的逻辑电路图。

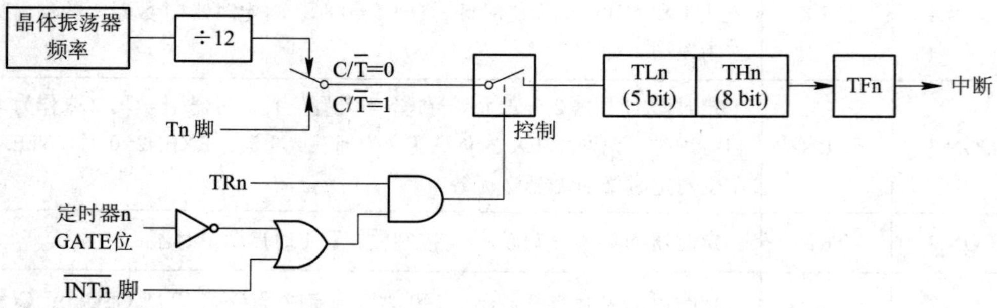

图 6-6　定时器/计数器 0 与定时器/计数器 1 工作于方式 0(13 位定时器/计数器)时的逻辑电路图

此方式下，定时器寄存器配置为 13 位寄存器。当计数从全为“1”翻转为全为“0”时，定时器中断标志位 TFn 置位。当 TRn=1，同时 GATE=0 或 GATE=1 时，定时器计数。置位 GATE 时允许由外部输入信号控制定时器，这样可实现脉宽测量。TRn 为 TCON 寄存器内的控制位。

该 13 位寄存器包含 THn 全部 8 位及 TLn 的低 5 位。TLn 的高 3 位不定，可将其忽略。置位运行标志(TRn)不能清零此寄存器。

定时器/计数器方式 0 的操作对于定时器/计数器 0 及定时器/计数器 1 都是相同的。两个不同的 GATE 位(TMOD.7 和 TMOD.3)分别分配给定时器/计数器 0 及定时器/计数器 1。

2. 定时器/计数器方式 1

定时器/计数器方式 1 除了使用了 THn 的 8 位及 TLn 的 8 位共同组成 16 位外，其他与定时器/计数器方式 0 相同。

3. 定时器/计数器方式 2

定时器/计数器方式 2 下定时器寄存器作为可自动重装的 8 位计数器，如图 6-7 所示为定时器/计数器 0 与定时器/计数器 1 工作于方式 2 时的逻辑电路图。TLn 的溢出不仅置位 TFn，而且将 THn 内容重新装入 TLn，THn 内容由软件预置，重装时 THn 内容不变。方式 2 的操作对于定时器/计数器 0 及定时器/计数器 1 是相同的。

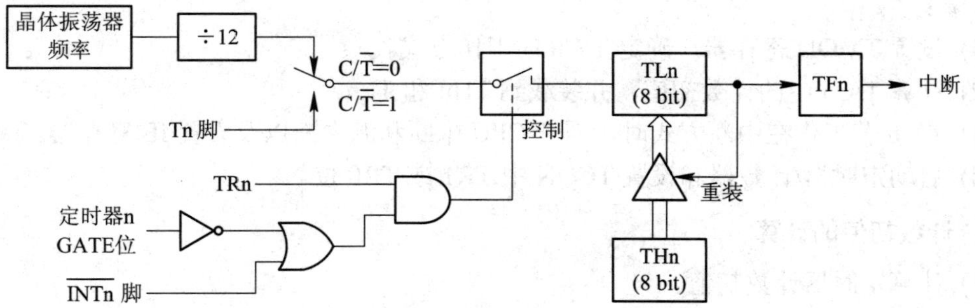

图 6-7　定时器/计数器 0 与定时器/计数器 1 工作于方式 2(8 位自动重装)时的逻辑电路图

4. 定时器/计数器方式 3

在定时器/计数器方式 3 中，定时器/计数器 1 停止计数，效果与将 TR1 设置为 0 时相同。

此方式下定时器/计数器 0 的 TL0 及 TH0 作为两个独立的 8 位计数器。如图 6-8 所示为方式 3 时的定时器/计数器 0 逻辑电路图。TL0 占用定时器/计数器 0 的控制位 C/$\overline{T}$、GATE、TR0 及 TF0。TH0 限定为定时器功能(计数器周期)，占用定时器/计数器 1 的 TR1 及 TF1，此时 TH0 控制定时器/计数器 1 中断。

定时器/计数器方式 3 可用于需要一个额外的 8 位定时器场合。定时器/计数器 0 工作于方式 3 时，STC12C5A60AD/S2 看似有 3 个定时器/计数器。当定时器/计数器 0 工作于方式 3 时，定时器 1 可通过开关进入或退出方式 3，但它仍可用作串行端口的波特率发生器，或者应用于任何不要求中断的场合。

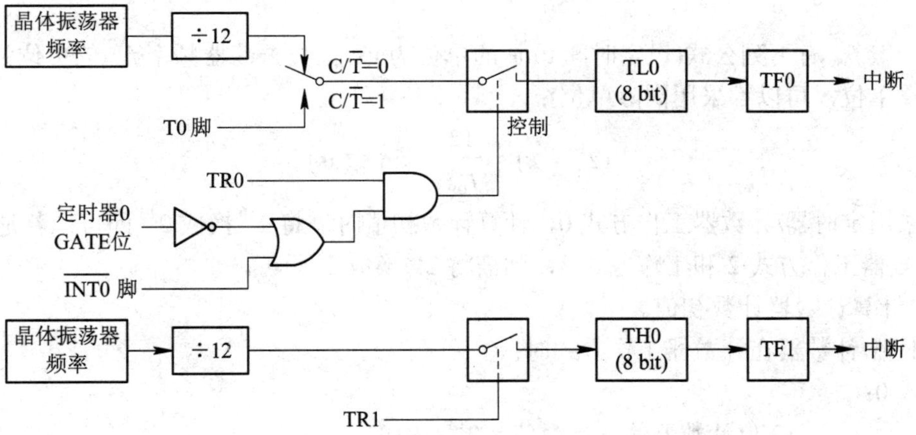

图 6-8　定时器/计数器 0 的方式 3(双 8 位计数器 3)逻辑电路图

6.2.3 定时器/计数器的初始化

1. 定时器/计数器初始化步骤

在使用 MCS-51 系列单片机的定时器/计数器前，必须对所使用的定时器/计数器进行初始化，主要是对 TCON 和 TMOD 设置及计算和装载 T/Cn 的计数初值。一般需要完成以下几个步骤：

(1) 设置 TMOD 寄存器，确定 T/Cn 的工作方式。

(2) 计算 T/Cn 中的计数初值，并装载到 THn 和 TLn。

(3) T/Cn 若工作在中断方式时，需开 CPU 中断和源中断以及设置 IE 寄存器。

(4) 启动定时器/计数器和设置 TCON 中 TR1 或 TR0 位。

2. 计数初值的计算

(1) 计算定时器计数初值。

定时器/计数器在定时器工作方式时，T/Cn 是对机器脉冲计数。若晶体振荡器频率 f_{osc} = 12 MHz，则一个机器周期为 $12/f_{osc} = 1\ \mu s$，所以有：

方式 0：

$$13\text{ 位定时器最大定时间隔} = 2^{13} \times 1\ \mu s = 8.192\ ms$$

方式 1：

$$16\text{ 位定时器最大定时间隔} = 2^{16} \times 1\ \mu s = 65.536\ ms$$

方式 2：

$$8\text{ 位定时器最大定时间隔} = 2^{8} \times 1\ \mu s = 256\ \mu s$$

若使定时器/计数器工作在工作方式 1 时，要求定时 1ms，求计数初值。

设计数初值为 x，则有：

$$(2^{16} - x)1 = 1000\ \mu s \quad \text{或} \quad x = 2^{16} - 1000$$

因此，THn、TLn 置为 65 536 − 1000 即可，即

$$\text{THn} = \frac{65\,536 - 1000}{256}, \quad \text{TLn} = \frac{65\,536 - 1000}{256}$$

对一般 f_{osc} 有下列公式(设定时间 time 的单位为 μs，晶体振荡器频率 f_{osc} 的单位为 MHz；注意换算单位，可以都采用国际单位)：

$$(2^{16} - x) \times \frac{12}{f_{osc}} = \text{time}\ (\mu s)$$

若采用定时器/计数器工作方式 0，计算计数初值时需将 2^{16} 换成 2^{13} 即可；若是采用定时器/计数器工作方式 2 和工作方式 3，则需将 2^{16} 换成 2^{8} 即可。

(2) 计算计数器计数初值。

定时器/计数器在计数器工作方式时：

方式 0：

$$13\text{ 位计数器的满计数值} = 2^{13} = 8192$$

方式 1：

$$16\text{ 位计数器的满计数值} = 2^{16} = 65\,536$$

方式 2：

$$8\text{ 位计数器的满计数值} = 2^{8} = 256$$

若定时器/计数器工作在方式 2 时，求定时器/计数器计数 20 个脉冲的计数初值。设计数初值为 x，则有：

$$2^8 - x = 20 \quad 即 \quad x = 2^8 - 20$$

因此，TH0 = TL0 = 256 − 20 = 236。

6.2.4 定时器/计数器的应用举例

在实际定时器/计数器的应用过程中，定时器/计数器常常工作在定时器方式。利用定时器定时和利用软件定时是完全不同的，虽然两者都依赖于系统的时钟，但在定时器定时时，单片机的 CPU 仍然可以继续进行其他处理，而软件定时时单片机不能做其他事情。

实例 6-3 设单片机的晶体振荡器频率 f_{osc} = 12 MHz，要求在 P1.0 端口上输出周期为 2 ms 的方波。

分析：设置定时器/计数器定时时间间隔为 1 ms，并每隔 1 ms 对 P1.0 端口输出信号取反，则会产生周期为 2 ms 的方波。

设单片机定时器/计数器 0 采用工作方式 1，根据前面给定的公式可求得定时器/计数器计数初值为：

$$x = 2^{16} - 1000$$

因为计数器是向上计数，所以为了得到 1000 个计数之后能使定时器溢出，必须设置定时器的初始值为 65 536 − 1000。

下面分别以查询和中断方式进行编程实现在单片机 P1.0 端口上输出周期为 2 ms 的方波。

(1) 定时器/计数器 0 工作在方式 1，采用查询方式程序如下：

```
/*****************************************************************************/
#include <reg52.h>
sbit P1_0=P1^0;                              //定义 P1.0 端口
/*****************************************************************************/
void main(void)
{
    TMOD=0x01;                               //设置定时器/计数器 0 工作在方式 1
    TR0=1;                                   //启动定时器/计数器 0
    while(1)
    {
        TH0=(65536-1000)/256;            //定时器/计数器 0 初值装载
        TL0=(65536-1000)%256;
        while(!TF0);                     //查询等待，直到定时器/计数器 0 溢出
        P1_0=!P1_0;                      // 1 ms 后 P1.0 端口信号反相
        TF0=0;                           //软件清除 TF0
```

```
    }
}
/*************************************************************************/
```

(2) 定时器/计数器 0 工作在方式 1，采用中断方式程序如下：

```
/*************************************************************************/
#include <reg51.h>
sbit P1_0=P1^0;                                  //定义 P1.0 端口
void timer0(void);          2QW     AS           //函数声明
/*************************************************************************/
void main(void)
{
    TMOD=0x01;                                   //设置定时器/计数器 0 工作在方式 1
    TH0=(65536-1000)/256;                        //定时器/计数器 0 初值装载
    TL0=(65536-1000)%256;
    EA=1;                                        //开 CPU 中断
    ET0=1;                                       //开定时器/计数器 0 中断
    TR0=1;                                       //启动定时器/计数器 0
    while(1);
}
/*************************************************************************/
void timer0(void) interrupt 1 using 1
{
    TH0=(65536-1000)/256;                        //定时器/计数器 0 初值重载
    TL0=(65536-1000)%256;
    P1_0=!P1_0;                                  //1 ms 后 P1.0 端口信号反相
}
/*************************************************************************/
```

上面的中断服务程序每隔 1 ms 就执行一次。

可以比较一下查询方式和中断方式的区别。在实际应用过程中，如果有可能，尽量使用中断方式。

实例 6-4 设单片机的晶体振荡器频率为 $f_{osc}=12$ MHz，要求在 P1.0 端口上输出周期为 2 s 的方波。

分析：本实例与实例 1 的意思差不多，区别就是 2 ms 的方波变成了 2 s 的方波，但实现起来有所不同，通常可以考虑利用内部变量来完成此要求。

因实际要求 2 s 的方波，所以可以在每隔 1 s 将 P1.0 端口信号反相，而定时器/计数器在 $f_{osc}=12$ MHz 时，若采用工作方式 1，则定时的最长时间约是 65 ms，所以定时一次是不够的。一般可以设置定时时间为 50 ms，则在中断 20 次后，将 P1.0 端口信号反相，就可以形成周期为 2 s 的方波。下面以中断方式为例，程序如下：

```
/*************************************************************************/
```

```
#include <reg52.h>
sbit P1_0=P1^0;                         //定义 P1.0 端口
data unsigned char count=0;             //设置计数初值为 0
void timer0(void);                      //函数声明
/*********************************************************************/
void main(void)
{
   TMOD=0x01;                           //设置定时器/计数器 0 工作在方式 1
   TH0=(65536-50000)/256;               //定时器/计数器 0 初值装载
   TL0=(65536-50000)%256;
   EA=1;                                //开 CPU 中断
   ET0=1;                               //开定时器/计数器 0 中断
   TR0=1;                               //启动定时器/计数器 0
   while(1);
}
/*********************************************************************/
void timer0(void) interrupt 1 using 1
{
   TH0=-(65536-50000)/256;                   //定时器/计数器 0 初值重载
   TL0=(65536-50000)%256;
   if(++count==20)                      //计数次数加 1，并判断是否到达 10 次
   {
      P1_0=!P1_0;                       //1 s 后 P1.0 端口信号反相
      count=0;                          //1 s 后清 0
   }
}
/*********************************************************************/
```

实例 6-5　定时器/计数器作计数器使用。设单片机的晶体振荡器频率 f_{osc} = 12 MHz，要求每按键一次，LED 就闪烁一次，LED 闪烁时间保持 0.5 s，其连接图如图 6-9 所示。

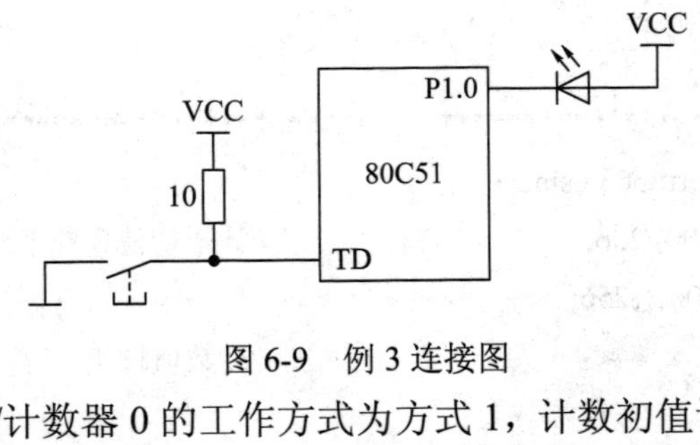

图 6-9　例 3 连接图

这里先设置定时器/计数器 0 的工作方式为方式 1，计数初值设置为 0xFFFF，这样，只要一个脉冲定时器/计数器就会溢出。定时器/计数器 1 作为延时时间，程序如下：

```
/*********************************************************************/
```

```
#include <reg51.h>
void timer0(void);                              //函数声明
void timer1(void);
unsigned char count=0;                          //外部变量定义
sbit Ledon_off=P1^0;
/*****************************************************************************/
void main(void)
{
    TMOD=0x15;                                  //设置工作方式
    TH0=0xff;                                   //计数器用
    TL0=0xff;
    TH1=(65536-50000)/256;                      //定时 50 ms
    TL1=(65536-50000)%256;
    ET0=1;                                      //开中断
    ET1=1;
    EA=1;
    TR0=1;                                      //启动定时器/计数器 0 和定时器/计数器 1
    TR1=1;
    while(1);
}
/*****************************************************************************/
void timer0(void) interrupt 1 using 2
{
    while(count!=10);                           //判断时间是否为 0.5 ms
    Ledon_off=1;                                //保持 0.5 ms
    while(count!=20);
    Ledon_off=0;
    count=0;
    TH0=0xff;
    TL0=0xff;
}
/*****************************************************************************/
void timer1(void) interrupt 3 using 3
{   TH1=(65536-50000)/256;                      //计数初值重载
    TL1=(65536-50000)%256;
    count++;                                    //计数值增 1
}
/*****************************************************************************/
```

6.3　基于中断或定时器/计数器的控制实例

6.3.1　基于定时器/计数器的跑马灯控制

前面介绍了中断及定时器/计数器的工作原理以及相关的例子，下面利用定时器/计数器中断继续完成跑马灯示例，如图 6-10 所示为跑马灯的电路图，其中 LED5 亮。

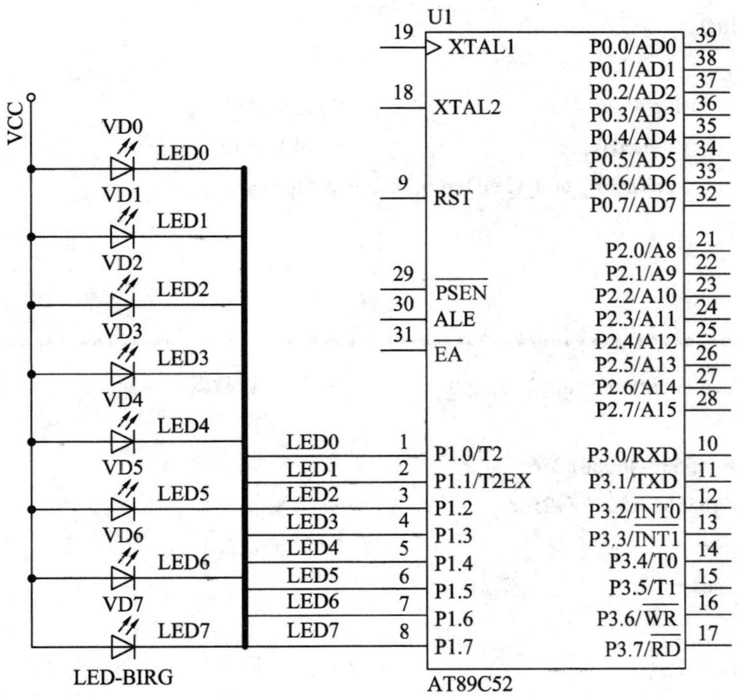

图 6-10　跑马灯电路图

程序如下：

```
/************************************************************************/
#include <reg52.h>                        //定义特殊功能寄存器库
#include <intrins.h>                      //定义循环左移、右移函数库
#define uchar unsigned char
#define uint unsigned int
void Timer0(void);                        //中断函数声明
uchar Times=0;                            //全局变量的声明
bit flag=0;
/************************************************************************/
void main(void)
{
```

```
    uchar LedTemp;
    TMOD=0x01;                              //定时器/计数器 0 工作在方式 1
    TH0=(65536-46080)/256;
    TL0=(65536-46080)%256;                  //定时器/计数器初值设置
    IE=0x82;                                //打开 CPU 中断和定时器/计数器 0 中断
    TR0=1;                                  //启动定时器 0
    LedTemp=0x7f;                           //初始值
    while(1)
    {
        if(flag)
        {
            flag=0;                         //标志位清 0
            P1=LedTemp;                     //送值到端口
            LedTemp=_crol_(LedTemp,1);      //循环左移
        }
    }
}
/************************************************************************/
void Timer0(void) interrupt 1 using 0       //定时器/计数器 0 中断
{
    TH0=(65536-46080)/256;
    TL0=(65536-46080)%256;                  //初值重载
    Times++;                                //计数次数加 1
    if(Times==20)
    {
        flag=1;                             //标志位置 1
        Times=0;                            //中断次数清 0
    }
}
/************************************************************************/
```

以上程序的延时采用的是定时器中断延时。假设晶体振荡器频率为 11.0592 MHz，程序中定时器的计数初值为 50 ms，在中断服务程序中，每 50 ms 中断一次，中断 20 次后，就是 1 s，这样，当 flag 置为 1，就能非常准确地完成 1 s 的定时。这时的时间误差只与晶体振荡器的频率稳定度有关，与其他的硬件和软件没有关系。本程序实现的功能就是在每间隔 1 s 后，LED 会发生变化。

利用中断程序实现延时的方法有很多，其他跑马灯程序的延时都可以参照本例的延时方法，读者可以自行修改延时时间。

6.3.2 基于定时器中断的时钟(综合应用)

基于定时器中断的时钟电路连接如图 6-11 所示。

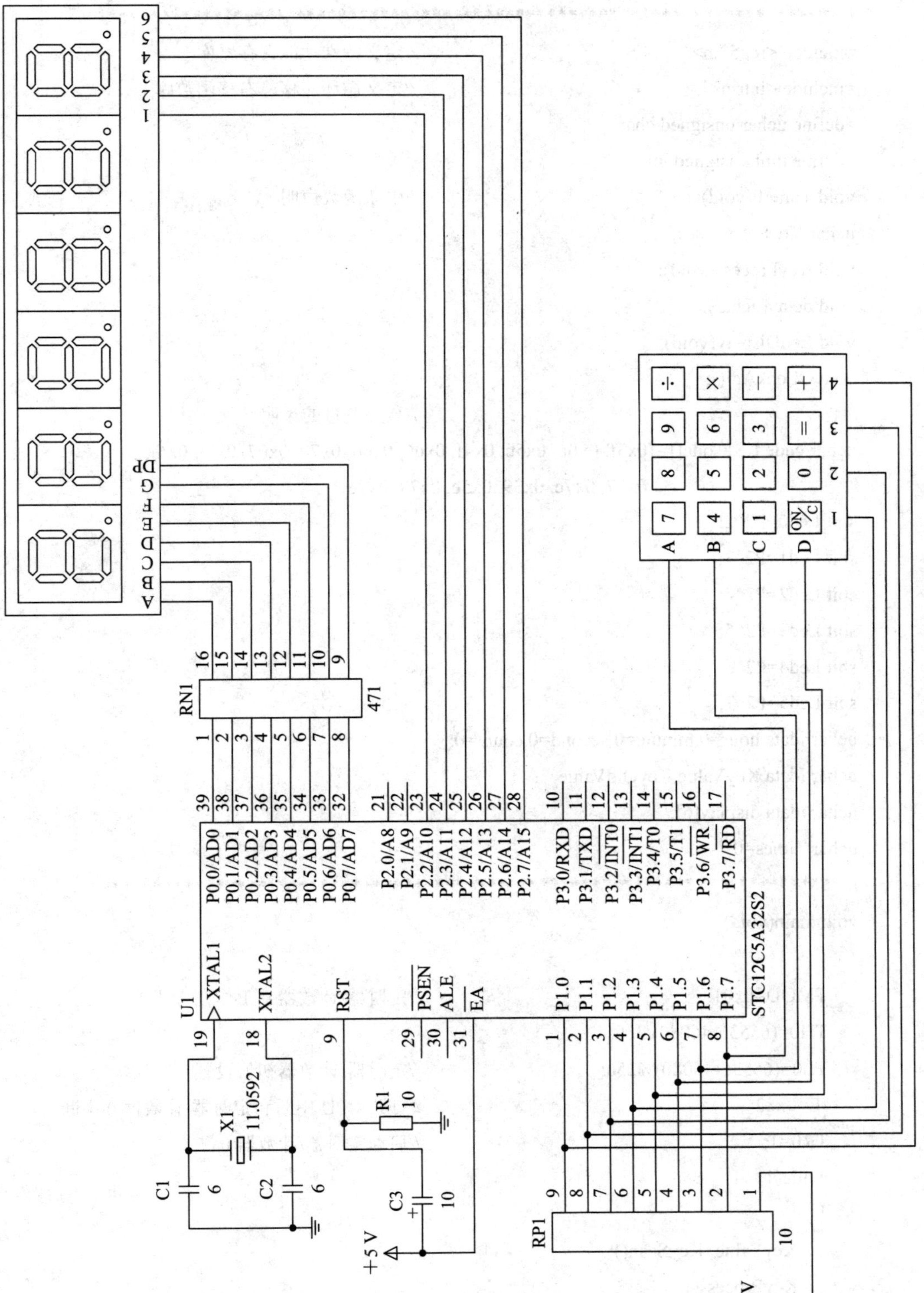

图 6-11　基于定时器中断的时钟电路图

程序如下：

```
/*******************************************************************/
#include <reg52.h>                          //定义特殊功能寄存器库
#include <intrins.h>                        //定义循环左移、右移函数库
#define uchar unsigned char
#define uint unsigned int
void Timer0(void);                          //中断函数声明
uchar KeyScan(void);
void KeyProcess(void);
void delay(uchar);
void LedDisplay(void);
void CLockAdj();
                                            //全局变量的声明
uchar code LedCode[]={0x3f, 0x06, 0x5b, 0x4f, 0x66, 0x6d, 0x7d, 0x07, 0x7f, 0x6f,
                      0x77, 0x7c, 0x39, 0x5e, 0x79, 0x7e};
sbit Led0=P2^2;
sbit Led1=P2^3;
sbit Led2=P2^4;
sbit Led3=P2^5;
sbit Led4=P2^6;
sbit Led5=P2^7;
uchar idata hour=0,minute=0,second=0,count=0;
uchar idata KeyValue,KeyOldValue;
uchar idata display[6];
uchar Times=0;
/*******************************************************************/
void main(void)
{
   TMOD=0x01;                               //定时器/计数器 0 工作在方式 1
   TH0=(65536-46080)/256;
   TL0=(65536-46080)%256;                   //定时器/计数器初值设置
   IE=0x82;                                 //打开 CPU 中断和定时器/计数器 0 中断
   TR0=1;                                   //启动定时器/计数器 0
   while(1)
   {
      KeyValue=KeyScan();
      KeyProcess();
      CLockAdj();
      LedDisplay();
```

```
    }
}
/*********************************************************************/
void CLockAdj(void)
{
    if(second==60)
        {second=0;minute++;}
    else
    if(minute==60)
        {minute=0;hour++;}
    else
    if(hour==12)
        {hour=0;}
    display[0]=hour/10;display[1]=hour%10;
    display[2]=minute/10;display[3]=minute%10;
    display[4]=second/10;display[5]=second%10;
}
/*********************************************************************/
void KeyProcess(void)
{
    if(KeyOldValue!=KeyValue);
    {
        KeyOldValue=KeyValue;
        switch(KeyValue)
        {
            case 0x81:hour++;CLockAdj();break;
            case 0x82:hour--; CLockAdj();break;
            case 0x84:minute ++; CLockAdj();break;
            case 0x88:minute-- ;CLockAdj();break;
        }
    }
}
/*********************************************************************/
void LedDisplay(void)
{
    P0=LedCode[display[0]];Led0=1;delay(1);Led0=0;
    P0=LedCode[display[1]];Led1=1;delay(1);Led1=0;
    P0=LedCode[display[2]];Led2=1;delay(1);Led2=0;
    P0=LedCode[display[3]];Led3=1;delay(1);Led3=0;
```

```
    P0=LedCode[display[4]];Led4=1;delay(1);Led4=0;
    P0=LedCode[display[5]];Led5=1;delay(1);Led5=0;
}
/***********************************************************************/
void delay(uchar x)
{
    uchar i;
    while(x--)
        for(i=0;i<125;i++);
}
/***********************************************************************/
void timer0(void) interrupt 1 using 1
{
    TH0=(65536-46080)/256;
    TL0=(65536-46080)%256;
    count++;
    if(count==20)
    {second++;count=0;}
}
/***********************************************************************/
uchar KeyScan(void)
{
    uchar sccode,recode;
    P1=0xf0;                                  //P1 端口高四位为 1，低四位为 0
    if((P1&0xf0)!=0xf0)                       //判断是否有键按下
    {
        LedDisplay();                         //延时大约 10 ms
        if((P1&0xf0)!=0xf0)                   //延时后再判断是否按下
        {
            sccode=0xfe;
            while((sccode&0x10)!=0)           //是否完成
            {
                P1=sccode;
                if((P1&0xf0)!=0xf0)
                {
                    recode=(P1&0xf0)|0x0f;            //是否是本行键按下
                    return ((~sccode)|(~recode));     //返回
                }
                else
```

```
                sccode=_crol_(sccode,1);            //修改
            }
        }
    }
    return (0);
}
/*************************************************************************/
```

本章小结

本章对单片机的中断与定时器/计数器做了介绍。首先对中断的相关概念做了介绍，包括中断源的概念、中断控制的概念、中断的处理与响应过程以及如何对中断函数进行声明，并通过一个中断函数的实例来加深读者对中断的理解。然后对定时器/计数器的特殊功能寄存器定时器/计数器的初始化方法做了介绍，也结合一个应用实例来加深读者对单片机的定时器/计数器的理解。

本章习题

1. 什么是中断？
2. 中断源有哪些？
3. 如何对定时器/计数器进行初始化？

第 7 章　基于实际应用的数据采集

7.1　A/D　器　件

7.1.1　A/D 概述

在自动控制和数据采集领域中，除数字量外还会遇到另外一种物理量，即模拟量。例如压力、电流、电压、温度等都是连续变化的模拟物理量。

由于单片机只能处理数字量，所以遇到模拟量的地方就要进行模拟量向数字量的转换或数字量向模拟量的转换，因此，单片机处理模拟量的地方都要进行模/数转换(A/D)或数/模转换(D/A)。

现在 A/D 转换器和 D/A 转换器都已经集成化，具有体积小、可靠性高、功能强、误差小、功耗低、转换速度快等特点，并且能很方便地与单片机连接。

A/D 本身的参数很多，但最重要的两个参数是分辨率和转换时间。分辨率是用位数表示，位数越多，分辨率越高。

ADC0809 是典型的 8 位 8 通道逐次逼近式 A/D 转换器，采用 CMOS 工艺制造。

7.1.2　ADC0809 的结构和引脚

ADC0809 是 8 位逐次逼近式 A/D 转换器，带 8 个模拟量输入通道，允许 8 个模拟量分时输入，芯片内部带有通道地址译码锁存器，输出带有三态数据锁存器，每一个通道的转换时间大约是 100 μs。

如图 7-1(a)是 ADC0809 的内部结构图，由两大部分组成：一部分是输入通道，包括 8 位模拟开关，3 条地址线的锁存器和译码器，可以完成 8 路模拟输入通道的选择；另一部分为一个逐次逼近型 A/D 转换器。图 7-1(b)是 ADC0809 的引脚图。

各个引脚功能如下：

(1) GND：电源地。

(2) VCC：电源正电压(+5 V)。

(3) Vref(+)：参考电压高输入端。

(4) Vref(−)：参考电压低输入端。

(5) START：启动转换信号，高电平有效。

(6) EOC：转换结束信号，高电平有效。

(7) OE：输出允许信号，高电平有效。

(8) ALE：地址锁存允许信号，高电平有效。

(9) CLOCK：外部时钟脉冲输入端，典型值是 640 kHz。

(10) IN0～IN7：8 个模拟通道输入端。

(11) C、B、A：通道地址选择线，CBA 的 8 种组合状态 000～111 对应 8 个模拟通道的选择(如表 7-1 所示)。

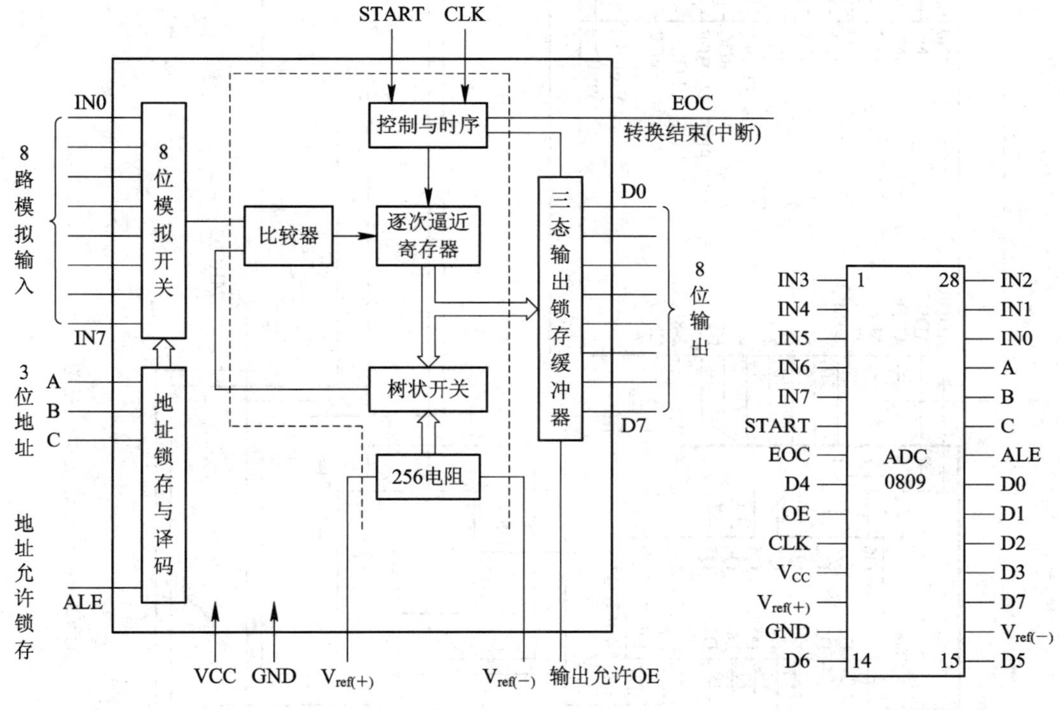

(a) 结构图　　　　(b) 引脚图

图 7-1　ADC0809 的结构和引脚图

表 7-1　通 道 选 择

C	B	A	通道	C	B	A	通道
0	0	0	IN0	1	0	0	IN4
0	0	1	IN1	1	0	1	IN5
0	1	0	IN2	1	1	0	IN6
0	1	1	IN3	1	1	1	IN7

C、B、A 引脚输入的通道地址在 ALE 有效时被锁存。启动信号 START 有效后 A/D 转换器才开始转换，但是 EOC 信号是在 START 的下降沿约 10 μs 后才变换成无效的低电平。这就要求查询程序或中断服务程序在 EOC 无效后，再开始查询或响应中断服务程序，转换结束后可以在 OE 有效的情况下输出数据。

7.1.3　基于 ADC0809 的电压表实例

如图 7-2 是基于 ADC0809 的电压表实例电路图。根据图示分析，其中 IN0 的端口地址为 7FF8H。

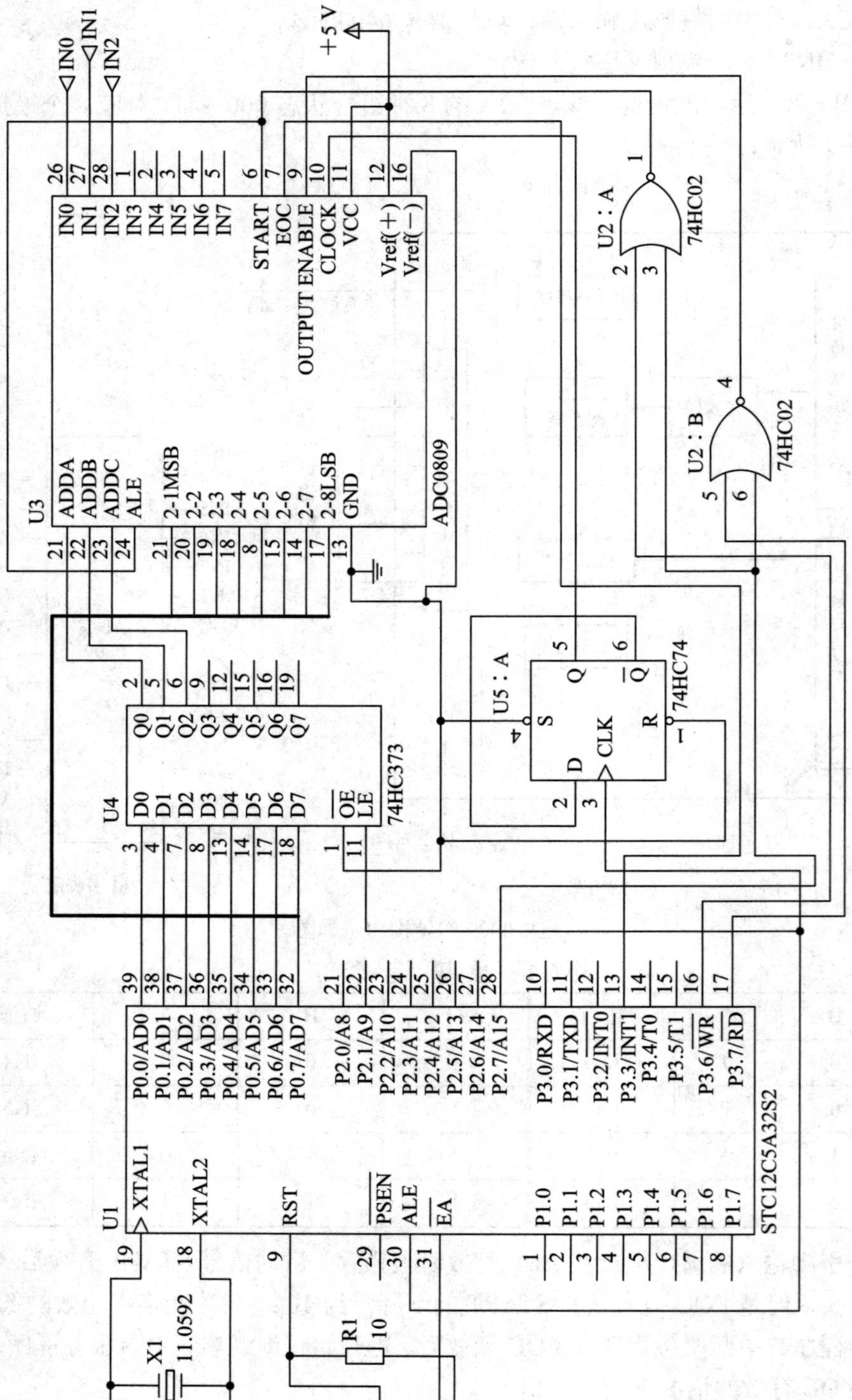

图 7-2 基于 ADC0809 电压表实例电路图

本实例的参考程序如下：

```
/*************************************************************************/
#include   <reg52.h>
#include   <absacc.h>
#include   <intrins.h>
#define   uchar   unsigned char
#define   IN0   XBYTE[0x7ff8]                        //声明端口地址
sbit   adc0809_busy=P3^3;                            //定义位变量
void   adc0809(uchar *x);
/*************************************************************************/
void   main(void)
{
    uchar   adc[8];
    while(1)
    {
        adc0809(adc);
    }
}
/*************************************************************************/
void   adc0809(uchar *x)
{
    uchar   i;
    uchar   xdata *ad_adr;
    ad_adr=&IN0;
    for(i=0; i<8; i++)                               //选择端口地址
    {
        *ad_adr=0;
        _nop_();
        _nop_();
    }
    while(adc0809_busy==0);                          //判断是否转换完成
    x[i]=*ad_adr;                                    //读端口数据
    ad_adr++;                                        //地址加 1
}
/*************************************************************************/
```

上述程序采用的是查询方式。

7.2 传 感 器

7.2.1 传感器概述

传感器是一种物理装置或生物器官，能够探测、感受外界的信号、物理条件(如光、热、湿度)或化学组成(如烟雾)，并将探知的信息传递给其他装置或器官。

国家标准 GB7665-87 对传感器的定义是：能感受规定的被测量件并按照一定的规律转换成可用信号的器件或装置，通常由敏感元件和转换元件组成。传感器是一种检测装置，能感受到被测量的信息，并能将检测到的信息按一定规律变换成电信号或其他所需形式的信息输出，以满足信息的传输、处理、存储、显示、记录和控制等要求。它是实现自动检测和自动控制的首要环节。

在给传感器分类的时候常常将传感器的功能与人类五大感觉器官相比拟：听觉——声敏传感器；视觉——光敏传感器；味觉——化学传感器；嗅觉——气敏传感器；触觉——压敏、温敏、流体传感器等。

按照转换方式分类，传感器可分为光电式、液压式、电磁力式、电容式、磁极变形式、振动式、陀螺仪式、电阻应变式等八类，其中电阻应变式使用最广。

选择传感器时要注意传感器的静态与动态特性、传感器的线性度、传感器的灵敏度和分辨率等参数。

传感器的种类众多，应用领域非常广泛，各种传感器已经应用在我们日常生活中。下面以一种常用的传感器为例来讲解传感器的应用，即温度传感器 DS18B20。

7.2.2 温度传感器 DS18B20

温度传感器 DS1820 是世界上第一片支持“一线总线”接口的温度传感器，是由美国 Dallas 半导体公司在其内部使用了在板(ON-B0ARD)专利技术生产的。

“一线总线”接口具有独特而且经济实用的特点，使用户可轻松地组建传感器网络，为测量系统的构建引入全新概念。现在，DS18B20 的体积更小，价格更经济，使用更灵活，可以充分发挥“一线总线”的优点。

温度传感器 DS18B20 具有体积更小、精度更高、适用电压更宽、采用一线总线、可组网等优点，在实际应用中取得了良好的测温效果。因为一般监控现场的电磁环境都非常恶劣，各种干扰信号较强，模拟温度信号容易受到干扰而产生测量误差，从而影响测量精度，因此在温度测量系统中，采用抗干扰能力强的新型数字温度传感器是解决这些问题的最有效方案。

温度传感器 DS18B20 可以用程序设定 9～12 位的分辨率，精度为 ±0.5℃，具有非常宽的电压适用范围，封装更小。测量温度范围为 –55℃～+125℃，在 –10℃～+85℃范围内，精度为 ±0.5℃。

1. DS18B20 的主要特性

(1) 适应电压范围为 3.0～5.5 V，在寄生电源方式下可由数据线供电。

(2) DS18B20 具有独特的单线接口方式，在与微处理器连接时仅需要一条口线即可实现微处理器与 DS18B20 的双向通信。

(3) DS18B20 支持多点组网功能，多个 DS18B20 可以并联在一根总线上，实现组网多点测温。

(4) DS18B20 在使用中不需要任何外围器件，全部传感器件及转换电路可集成在形如一只三极管的集成电路中。

(5) 温度范围为 −55℃～+125℃，在 −10℃～+85℃时精度为 ±0.5℃。

(6) 可编程的分辨率为 9～12 位，对应的可分辨温度分别为 0.5℃、0.25℃、0.125℃和 0.0625℃，可实现高精度温度测量。

(7) 在 9 位分辨率时可在 93.75 ms 内把温度转换为数字，12 位分辨率时可在 750 ms 内把温度值转换为数字，速度更快。

(8) 测量结果直接输出数字温度信号，用“一线总线”端口串行传送给 CPU，同时可传送 CRC 校验码，具有极强的抗干扰纠错能力。

(9) 具有负压特性，电源极性接反时，芯片不会因发热而烧毁，但不能正常工作。

2. DS18B20 的外形和内部结构

DS18B20 内部结构主要由 64 位光刻 ROM、温度传感器、非挥发的温度报警触发器 TH 和 TL、配置寄存器四部分组成，其外观如图 7-3 所示。

图 7-3　温度传感器 DS18B20 外观

DS18B20 引脚定义为：

(1) DQ 为数字信号输入/输出端。

(2) GND 为电源地。

(3) VDD 为外接供电电源输入端(在寄生电源接线方式时接地)。

3. DS18B20 工作原理

DS18B20 测温原理如图 7-4 所示。图中低温度系数晶振的振荡频率受温度影响很小，用于产生固定频率的脉冲信号送给计数器 1。高温度系数晶振的振荡频率随温度变化明显改变，所产生的信号作为计数器 2 的脉冲输入。计数器 1 和温度寄存器被预置为在 −55℃时所对应的一个基数值。计数器 1 对低温度系数晶振产生的脉冲信号进行减法计数，当计数器 1 的预置值减到 0 时，温度寄存器的值将加 1，计数器 1 的预置值将重新被装入，计数器 1 重新开始对低温度系数晶振产生的脉冲信号进行计数，如此循环直到计数器 2 计数到 0 时，停止温度寄存器值的累加，此时温度寄存器中的数值即为所测温度。斜率累加器用于补偿和修正测温过程中的非线性，其输出用于修正计数器 1 的预置值。

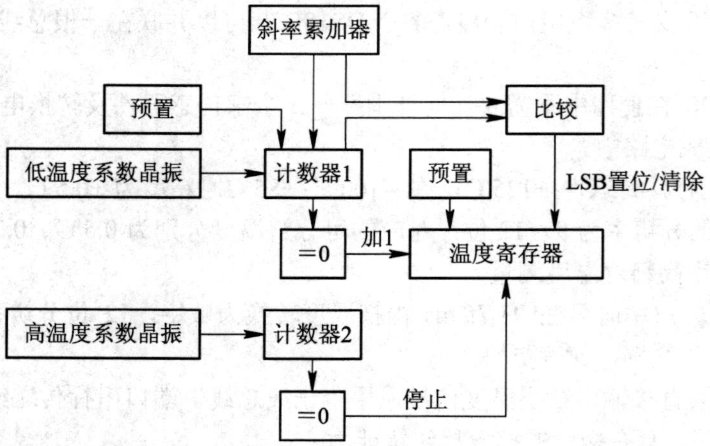

图 7-4　DS18B20 测温原理图

DS18B20 有 4 个主要的数据部件。

(1) DS18B20 的序列号。DS18B20 中的光刻 ROM 中的 64 位序列号是出厂前被光刻好的，它可以被看作该 DS18B20 的地址序列码。64 位光刻 ROM 的排列顺序为：开始 8 位(28H)是产品类型标号，接着的 48 位是其自身的序列号，最后 8 位是前面 56 位的循环冗余校验码(CRC = X8+X5+X4+1)。光刻 ROM 的作用是使每一个 DS18B20 都各不相同，这样就可以实现一根总线上挂接多个 DS18B20 的目的。

(2) DS18B20 的温度值格式。DS18B20 中的温度传感器可完成对温度的测量。以 12 位转化为例说明 DS18B20 温度值格式：用 16 位符号扩展的二进制补码读数形式提供，以 0.0625℃/LSB 形式表达，其中 S 为符号位，如表 7-2 所示。

表 7-2　DS18B20 温度值格式表

LS Byte	bit7	bit6	bit5	bit4	bit3	bit2	bit1	bit0
	2^3	2^2	2^1	2^0	2^{-1}	2^{-2}	2^{-3}	2^{-4}
MS Byte	bit15	bit14	bit13	bit12	bit11	bit10	bit9	bit8
	S	S	S	S	S	2^6	2^5	2^4

表 7-2 中的数据是经 12 位转化后得到的 12 位数据，存储在 DS18B20 的两个 8 bit 的 RAM 中。此二进制数中的前面 5 位是符号位，如果测得的温度大于 0，则这 5 位为 0，只需将测到的数值乘以 0.0625 即可得到实际温度值；如果温度小于 0，则这 5 位为 1，测到的数值需要取反加 1 再乘以 0.0625 即可得到实际温度值。

如表 7-3 所示为 DS18B20 的温度数据表，例如 +125℃的十六进制温度值输出为 07D0H，+25.0625℃的十六进制温度值输出为 0191H，−25.0625℃的十六进制温度值输出为 FF6FH，−55℃的十六进制温度值输出为 FC90H。

表 7-3　DS18B20 温度数据表

温度	输出(二进制)	输出(十六进制)
+125℃	0000 0111 1101 0000	07D0h
+85℃*	0000 0101 0101 0000	0550h
+25.0625℃	0000 0001 1001 0001	0191h
+10.125℃	0000 0000 1010 0010	00A2h
+0.5℃	0000 0000 0000 1000	0008h
0℃	0000 0000 0000 0000	0000h
−0.5℃	1111 1111 1111 1000	FFF8h
−10.125℃	1111 1111 0101 1110	FF5Eh
−25.0625℃	1111 1110 0110 1111	FE6Fh
−55℃	1111 1100 1001 0000	FC90h
*温度寄存器上电复位温度为+85℃		

(3) DS18B20 温度传感器的存储器。DS18B20 温度传感器的内部存储器包括一个高速暂存 RAM 和一个非易失性的可电擦除 EEPRAM，后者用于存放高温度和低温度触发器 TH、TL 以及结构寄存器。

(4) DS18B20 的配置寄存器。配置寄存器的结构如表 7-4 所示。

表 7-4　配置寄存器结构

TM	R1	R0	1	1	1	1	1

其低 5 位一直都是“1”；TM 是测试模式位，用于设置 DS18B20 是在工作模式还是在测试模式。在 DS18B20 出厂时该位已被设置为 0，用户不要去改动；R1 和 R0 用来设置分辨率。表 7-5 所示为温度分辨率设置表(DS18B20 出厂时被设置为 12 位)。

表 7-5　温度分辨率设置表

R1	R0	分辨率	温度最大转换时间
0	0	9 位	93.75 ms
0	1	10 位	187.5 ms
1	0	11 位	375 ms
1	1	12 位	750 ms

4. DS18B20 高速暂存存储器

DS18B20 高速暂存存储器由 9 个字节组成，其分配如表 7-6 所示。当温度转换命令发出后，经转换所得的温度值以二字节补码形式存放在高速暂存存储器的第 0 和第 1 个字节。单片机可通过单线接口读取该数据，读取时低位在前，高位在后，数据格式如表 7-2 所示。对应的温度值计算方法为：当符号位 S = 0 时，直接将二进制位转换为十进制；当 S = 1 时，先将补码变为原码，再计算十进制值。表 7-6 所示内容是对应的一部分温度值，其中第 9 个字节是冗余检验字节。

表 7-6 DS18B20 暂存寄存器字节分配表

寄存器内容	字节地址	寄存器内容	字节地址
温度值低位(LS Byte)	0	保留	5
温度值高位(MS Byte)	1	保留	6
高温限值(TH)	2	保留	7
低温限值(TL)	3	CRC 校验值	8
配置寄存器	4		

根据 DS18B20 的通信协议，主机(单片机)控制 DS18B20 完成温度转换必须经过以下步骤：每一次读写之前都要对 DS18B20 进行复位操作，复位成功后要发送一条 ROM 指令，最后发送 RAM 指令，这样才能对 DS18B20 进行预定的操作。复位时要求主 CPU 将数据线下拉 500 μs，然后释放，当 DS18B20 收到信号后等待 16～60 μs，再发出 60～240 μs 的低脉冲，主 CPU 收到此信号表示复位成功。如表 7-7 与表 7-8 所示分别为 DS18B20 的 ROM 与 RAM 指令表。

表 7-7 ROM 指令表

指 令	约定代码	功 能
读 ROM	33H	读 DS1820 温度传感器 ROM 中的编码(即 64 位地址)
符合 ROM	55H	发出此命令之后，接着发出 64 位 ROM 编码，访问单总线上与该编码相对应的 DS18B20，使之作出响应，为下一步对该 DS18B20 的读写作准备
搜索 ROM	0FOH	用于确定挂接在同一总线上 DS18B20 的个数和识别 64 位 ROM 地址，为操作各 DS18B20 做好准备
跳过 ROM	0CCH	忽略 64 位 ROM 地址，直接向 DS18B20 发送温度变换命令，适用于单片工作
告警搜索命令	0ECH	执行后只有温度超过设定值上限或下限的 DS18B20 才做出响应

表 7-8 RAM 指令表

指 令	约定代码	功 能
温度变换	44H	启动 DS18B20 进行温度转换，12 位转换时最长为 750 ms (9 位为 93.75 ms)，结果存入内部 9 bit RAM 中
读暂存器	0BEH	读内部 RAM 中 9 bit 的内容
写暂存器	4EH	发出向内部 RAM 的第 3、第 4 字节写上、下限温度数据命令，紧跟该命令之后是传送两字节的数据
复制暂存器	48H	将 RAM 中第 3、第 4 字节的内容复制到 E^2PROM 中
重调 E^2PROM	0B8H	将 E^2PROM 中的内容恢复到 RAM 中的第 3、第 4 字节
读供电方式	0B4H	读 DS18B20 的供电模式。寄生供电时 DS18B20 发送“0”，外接电源供电时 DS18B20 发送“1”

5. DS18B20 的应用电路

DS18B20 测温系统具有测温系统简单、测温精度高、连接方便、占用口线少等优点。如图 7-5 所示是基于 DS18B20 的温度感应系统原理图。

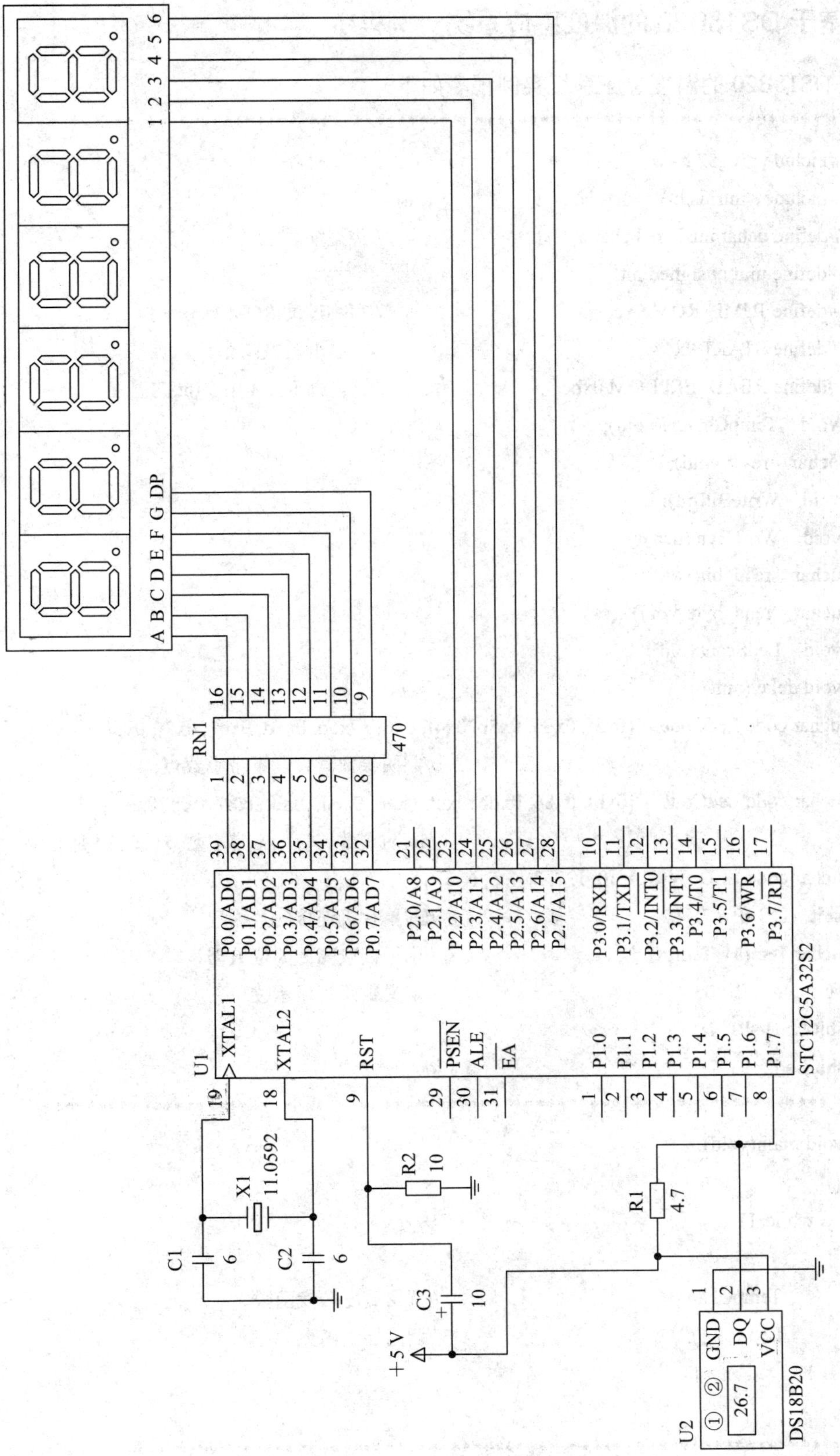

图 7-5　基于 DS18B20 的温度感应系统原理图

7.2.3 基于 DS18B20 的温度感应系统实例程序

基于 DS18B20 的温度感应系统实例程序如下：

```
/************************************************************************/
#include <reg52.h>                              //头文件
#include <intrins.h>
#define uchar unsigned char                     //类型缩写定义
#define uint unsigned int
#define JUMP_ROM 0xcc                           //写跳过读 ROM 指令
#define START 0x44                              //写温度转换指令
#define READ_EEPROM 0xbe                        //读内部 RAM 中 9 bit 的温度
void   TempChange(void);                        //函数声明
uchar   reset(void);
void   WriteBit(bit);
void   WriteByte(uchar);
uchar   read_bit(void);
uchar   read_byte(void);
void   LedScan(void);
void delay(uint);
uchar code LedCode = {0x3f, 0x06, 0x5b, 0x4f, 0x66, 0x6d, 0x7d, 0x07, 0x7f, 0x6f};
                                            //共阴极数码管，不带小数点
uchar code LedCode = {0xbf, 0x86, 0xdb, 0xcf, 0xe6, 0xed, 0xfd, 0x87, 0xff, 0xef, 0x39};
                                            //共阴极数码管，不带小数点，0x39 是 C
uchar code LED_W[8] = {0, 1, 2, 3, 4, 5, 6, 7};
sbit   DQ=P1^7;                             //与单片机连接的数据端
uchar TempH, TempL;                         //用于读取高低 8 位数据
sbit Led0=P1^0;                             //定义数码管显示位
sbit Led1=P1^1;
sbit Led2=P1^2;
/************************************************************************/
void main(void)
{
    while(1)
    {
        TempChange();                       //调用温度转换函数
        LedScan();                          //调用显示函数
    }
}
/************************************************************************/
```

```
void TempChange(void)                    //温度转换函数
{
    reset();                             //调用复位函数
    delay(50);                           //延时
    WriteByte(JUMP_ROM);                 //写跳过读 ROM 指令
                                         //假设只有一个 DS18B20
    WriteByte(START);                    //写温度转换指令
}
/****************************************************************************/
uchar  reset(void)                       //复位函数
{
    uchar  ReceiveReady;
    DQ=0;                                //置单总线为低电平
    delay(32);                           //延时，最好延时时间为 480 μs
                                         //这里的延时时间是 32 × 16=512 μs
    DQ=1;                                //置单总线为高电平
    delay(3);                            /延时等待
    ReceiveReady=DQ;                     //获取信号
    delay(32);                           //延时，等待时间隙
                                         //不要大于 480 μs，这里为 400 μs
    return  receive_ready;               //返回信号
}
/****************************************************************************/
void  WriteBit(bit value)                //向 DS18B20 写一个二进制位
{
    DQ=0;                                //先把数据位置 0，开始时间隙
    delay(1);                            //延时大约 16 μs
    if(value==1)                         //假如参数为 1，则传输 1
        DQ=1;
    delay(5);                            //延时大约 80 μs 作为时间隙保持值
    DQ=1;
}
/****************************************************************************/
void WriteByte(uchar input)              //向 DS18B20 写一个字节
{
    uchar k;
    bit output;
    output=0;
    for(k=0; k<8; k++)                   //循环 8 次，写一个字节
```

```
    {
        if(input&0x01)                          //本字节从低向高位写
        {
            output=1;
            input=_cror_(input, 1);
        }
        WriteBit(output);
    }
}
/*************************************************************************/
uchar   read_bit(void)                          //从 DS18B20 读一个位值
{
    uchar k;
    DQ=0;
    DQ=1;
    for(i=0; i<3; i++);                         //从时间隙开始延时大约 15 μs
    return DQ;                                  //返回读出的位值
}
/*************************************************************************/
uchar   read_byte(void)                         //从 DS18B20 读一个字节
{
    uchar k;
    uchar   value=0;
    for(k=0; k<8; k++)                          //循环 8 次，读一个字节
    {
        value=_crol_(value,1);
        if(read_bit())                          //读值为 1 时，value 加 1
            value|=0x01;
    }
    delay(6);                                   //等待剩下时间隙
    return value;
}
/*************************************************************************/
uint   get_temp(void)                           //得到温度的数值
{
    float   f_temp;
    uint temp;
    P2=0x00;
    reset();                                    //单总线的所有执行都从初始化开始
```

```
                                        //包括总线发出的复位脉冲和从机发出
                                        //的脉冲
    write_byte(JUMP_ROM);               //写跳过读 ROM 指令
    write_byte(READ_EEROM);             //读暂存器
                                        //读内部 RAM 中 9 bit 的温度
    TMPL = read_byte();                 //读取低字节的 8 位数据
    TMPH = read_byte();                 //读取高字节的 8 位数据
    temp = TMPH;                        //把高位的 8 bit 数据赋值给 temp
    temp <<= 8;                         //将高字节移动 8 位
    temp = temp | TMPL;                 //两个字节合并成为一个字
    f_temp=temp*0.0625;                 //温度在寄存器里面是 12 位
                                        //分辨率为 0.0625
    temp=f_temp*10+0.5;                 //扩大 10 倍为了保存小数位数
                                        //加 0.5 是为了四舍五入成整数
    return    temp;
}
/*************************************************************************/
void   LedScan(void)
{
    uint disvalue;
    disvalue= get_temp();
    P0=LedScan[disvalue/100]; Led0=1; delay(100); Led0=0;
    P0=LedScan[disvalue/10%10]; Led1=1; delay(100); Led1=0;
    P0=LedScan[disvalue%10]; Led2=1; delay(100); Led2=0;
}
/*************************************************************************/
void delay(uint x)                          //延时函数，在晶振频率为 11.0592 MHz 的
//时候，延时时间一次大约为 16 μs
{
    uint k;
        for(k=0;k<x;k++);
}
/*************************************************************************/
```

本章小结

本章对单片机数据采集部分的 A/D 器件 ADC0809 的结构与引脚做了介绍，并通过

一个基于 ADC0809 的电压表实例来加深读者对 A/D 器件的理解。然后对传感器做了概述，并介绍了一款温度传感器 DS18B20，通过一个温度感应系统实例来加深对传感器的理解。

本章习题

1. 简述 A/D 器件的作用。
2. 简述传感器的概念。

第 8 章　基于实际应用的输出控制

8.1　D/A 器件

8.1.1　D/A 概述

在单片机的应用系统中，有许多操作需要在经过数字信号处理后，再通过模拟信号进行控制或处理，这就需要通过 D/A 转换器来产生模拟信号并进行处理。

8.1.2　DAC0832 的结构和引脚

D/A 转换器的技术性能指标很多，最重要的是分辨率和建立时间。分辨率取决于数字量的位数，位数越多，分辨率越高；建立时间是指输入的数字量变化为模拟量输出所需要的时间。在选择 D/A 转换器时需主要考虑这两个参数。

DAC0832 是一个典型的 8 位 D/A 转换器，单电源供电，在+5～+15 V 范围内均能正常工作，基准电压的范围为–10～+10 V，电流建立的时间为 1 μs，采用 CMOS 工艺，功耗为 20 mW。

DAC0832 的内部架构框图如图 8-1 所示。

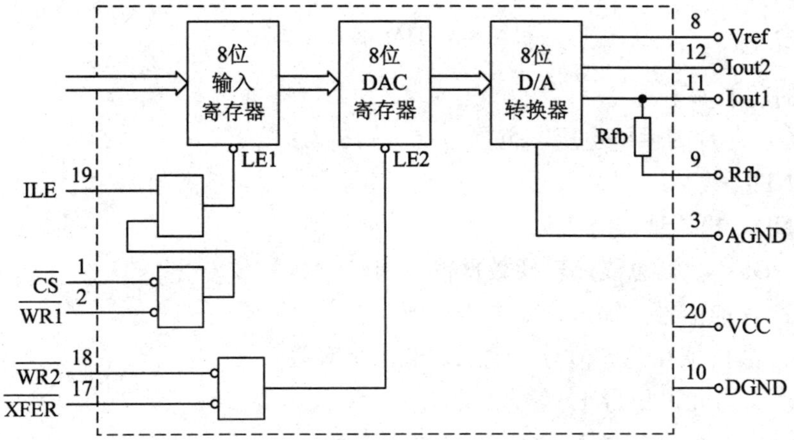

图 8-1　DAC0832 内部架构框图

该 D/A 转换器是由输入寄存器和 DAC 寄存器构成两级数据输入锁存。使用时，数据输入可以采用两级锁存(双缓冲)形式或单级锁存(单缓冲)形式，也可以采用直接输入(直通)形式。

三个与门电路组成寄存器输出控制电路，可直接进行数据锁存控制。当 LE=0 时，输入数据被锁存；当 LE=1 时，数据不锁存，锁存器的输出随着输入的变化而变化。

DAC0832 是电流输出形式，其两个输出端的关系为 Iout1 + Iout2 = 常数。

为了得到电压输出，可在电流输出端接入一个运算放大器，如图 8-2 所示。需要说明的是：DAC0832 的内部已经有一个反馈电阻，其阻值为 15 kΩ，若需要增加电阻阻值，则可以再外接一个电阻与内部电阻串联。

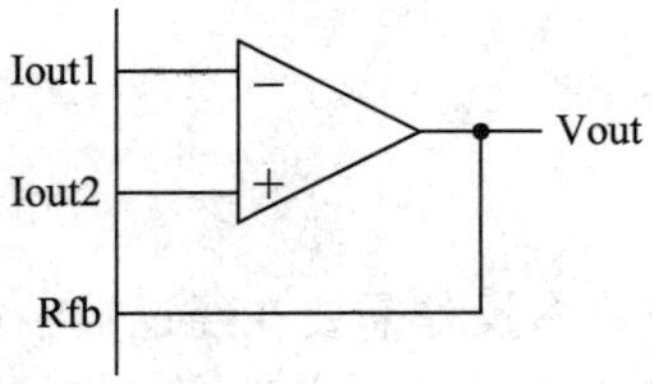

图 8-2　DAC0832 与运算放大器连接图

DAC0832 转换器芯片有 20 个引脚，其双列直插式封装的引脚排列如图 8-3 所示。

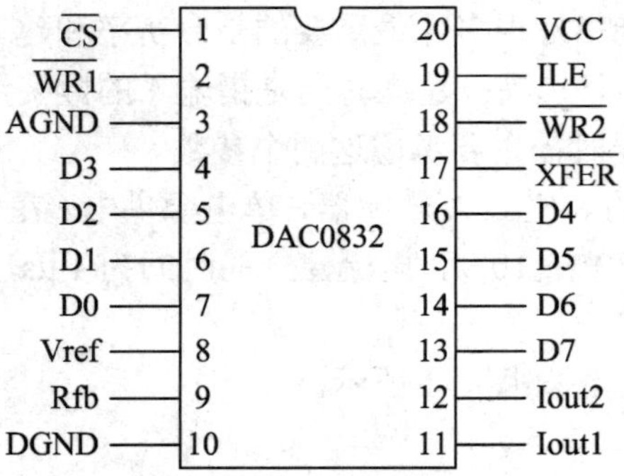

图 8-3　DAC0832 引脚

各引脚的功能如下：

(1) VCC：芯片的供电电压，范围为+5～+15 V。

(2) DGND：数字地。

(3) AGND：模拟地。

(4) D7～D0：数据总线，转换数据输入端。

(5) $\overline{CS}$：片选信号，输入，低电平有效。

(6) ILE：数据锁存允许信号，输入，低电平有效。

(7) $\overline{WR1}$：写允许信号 1，输入，低电平有效。

(8) $\overline{WR2}$：写允许信号 2，输入，低电平有效。

(9) $\overline{XFER}$：数据向 DAC0832 寄存器传送数据，传送完后即启动转换。

(10) Iout1：电流输出 1，当 DAC0832 寄存器中的各位全为“1”时，电流最大；各位全为“0”时，电流最小，即 0。

(11) Iout2：电流输出 2，电路中必须满足 Iout1 + Iout2 = 常数。

(12) Rfb：反馈电阻端，片内集成的电阻为 15 kΩ。

(13) Vref：参考电压，可正可负，电压范围是 −10～+10 V。

8.1.3　基于单片机的信号发生器设计实例

MCS-51 系列的单片机与 DAC0832 的接口主要有 3 种连接方式，即直通方式、单缓冲方式和双缓冲方式。其中直通方式不能直接与单片机系统的数据总线连接，需外接锁存器，所以较少应用。下面主要介绍单缓冲和双缓冲两种连接方式。

1. 单缓冲方式

所谓单缓冲方式，就是使 DAC0832 的两个输入寄存器中有一个处于直通方式，而另外一个处于受控锁存方式，当然也可使两个寄存器同时选通及锁存。在实际应用中，如果只有一路模拟量输出，或虽然有几路模拟量输出但并不要求同步的情况下，则可以采用单缓冲方式。

2. 双缓冲方式

所谓双缓冲方式，就是将 DAC0832 的两个锁存器都连接成受控锁存方式。由于 DAC0832 中有两个数据寄存器(输入寄存器和 DAC 寄存器)，这样就可以将 8 位输入数据先保存在输入寄存器中。当需要 D/A 转换时，再将此数据从输入寄存器送至 DAC 寄存器中锁存，并进行 D/A 转换输出。

DAC0832 采用双缓冲方式，当输入数据在更新期间模拟量输出也随输入数据出现不稳定时，便可以在上一次模拟量输出的同时，将下一次要转换的数据事先存入输入寄存器中，从而克服不稳定现象和提高数据转换速度。用此种工作方式还可以同时更新多个 D/A 转换器的输出，这给有多个 D/A 转换器的系统和多处理机系统中的 D/A 转换器协调工作带来了方便。此外，采用双级缓冲方式也可以使位数较多的 DAC 器件用于数据总线位数较少的系统中。

D/A 转换器是计算机控制系统中常用的接口器件，它可以直接控制被控对象，例如控制伺服电动机或其他执行机构。利用 D/A 转换器可以非常方便地产生各种输出波形，如矩形波、三角波、阶梯波、锯齿波、梯形波、正弦波、余弦波等。

当采用一级运算放大器将电流输出变换为电压输出时，如果 DAC0832 的参考电压为正电压，那么通过运算放大器后得到的输出电压为负电压，反之得到正电压。它们之间的关系是：当参考电压 Vref 接 +5 V(或 −5 V)，且数字量的变化范围是 0～255 时，输出模拟电压的变化范围为 0～−5 V(或 0～+5 V)；当参考电压 Vref 接 +10 V(或−10 V)，且数字量的变化范围是 0～255 时，输出模拟电压的变化范围为 0～−10 V(或 0～+10 V)。如果参考电压为正电压，也想得到正电压输出，则可以采用如图 8-4 所示的双极性电压输出电路。

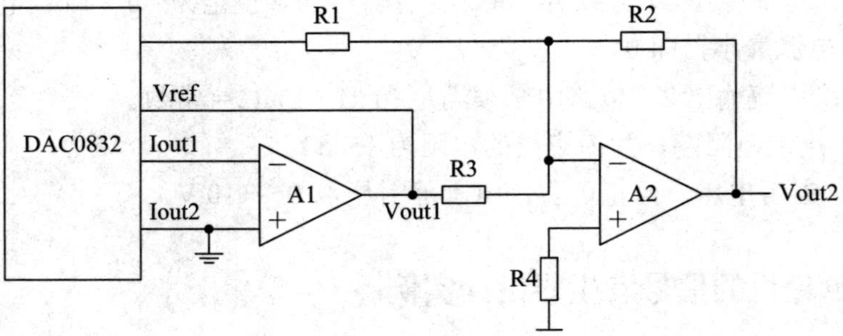

图 8-4 双极性电压输出电路

如图 8-4 所示电路中，运算放大器 A2 的作用是把运算放大器 A1 的单极性输出变为双极性输出。例如：当 Vref 接 +5 V 时，A1 的电压输出范围是 0～−5 V；当 Vout1 = 0 V 时，Vout2 = −5 V；当 Vout1 = 2.5 V 时，Vout2 = 0 V；当 Vout1 = −5 V 时，Vout2 = +5 V；Vout2 的电压输出范围是 −5 V～+5 V。Vout2 与参考电压 Vref 的关系为

$$\text{Vout2}=\frac{\text{数字码}-128}{128}\times\text{Vref}$$

下面介绍利用 DAC0832 产生矩形波、锯齿波和三角波的程序。为使问题简单，假设都采用单缓冲方式，端口地址假设为 0xFFFE。

(1) 程序的定义形式：

```
/****************************************************************************/
#include   <reg52.h>
#include   <absacc.h>
#define   uchar   unsigned char
#define   uint   unigned int
#define   DAC0832   XBYTE[0xfffe]
/****************************************************************************/
```

(2) 产生矩形波的程序：

```
/****************************************************************************/
void   rectangle(void)
{
    DAC0832=0x00;                          //取下限值
    delay();                               //延时
    DAC0832=0xff;                          //取上限值
    delay();                               //延时
}
/****************************************************************************/
```

此程序所产生的矩形波的脉宽是由函数 delay()来决定的，也可以将矩形波的占空比设置为非 50%，只需要将两个 delay()函数写成不一样即可。改变函数 delay( )的上下限值可以

改变矩形波的幅度。

(3) 产生锯齿波的程序：

```
/*************************************************************************/
void  stair(void)
{
    uchar  k;
    while(1)
    {
        for(k=0; k<256; k++)
            DAC0832=k;                              //D/A 转换输出
    }
}
/*************************************************************************/
```

此程序每循环一次，k 的值加 1，就可形成锯齿波的上升沿。锯齿波的上升沿是由 256 个小的阶梯组成的。由于阶梯较小，即使利用示波器也很难看得出来。若将阶梯取得大一些，则利用 DAC0832 就可以很方便地完成阶梯波。

若需要改变锯齿波的斜率，则可以在语句“DAC0832=k”的前面或后面加上延时。

如果想得到负向锯齿波，则可以将 k 的值反向循环即可。

还可以改变循环值，例如将 k 的循环从 0～255 改为 0～125，就可以得到不同幅度的锯齿波，也可以通过设置 k 的初始值和终值来改变锯齿波幅度。

(4) 产生三角波程序如下：

```
/*************************************************************************/
void  rectangle(void)
{
    uchar  k;
    while(1)
    {
        for(k=0;k<256;k++)
            DAC0832=k;                                  //D/A 转换输出
        for(k=255;k<=0;k--)
            DAC0832=k;                                  //D/A 转换输出
    }
}
/*************************************************************************/
```

在此程序中，可以通过增加延时来改变三角波的斜率，也可以改变循环的初始值和终值来改变三角波的幅度。这样也可以非常方便地将三角波变为具有上下边宽度的阶梯波。

8.2 步进电机控制

8.2.1 步进电机概述

脉宽调制器(Pulse Width Modulation, PWM)目前在许多较为高档的单片机和数字信号处理(Digital Signal Processing，DSP)芯片中都已经出现，特别是在16位和32位机中。例如ARM芯片中几乎都有PWM，并且随着PWM技术的发展，其应用领域也越来越广阔。PWM的主要应用领域是较为高档的家用电器，在机电、变频等领域中具有广阔的应用前景。

8.2.2 步进电机驱动芯片L6219的介绍及电路设计

L6219 是一个两极的集成电路，它能控制和驱动具有两极步进电机的绕组，还可以双向控制两个直流电机。L6219 可以非常方便地与微处理器连接成步进电机控制系统，其电压范围为10～46 V，输出的电流可达到750 mA，峰值电流高达1 A。因为其内部含有保护二极管及PWM电流控制电路，所以为可靠性和稳定性提供了保障。

由L6219组成的步进电机控制系统电路如图8-5所示。

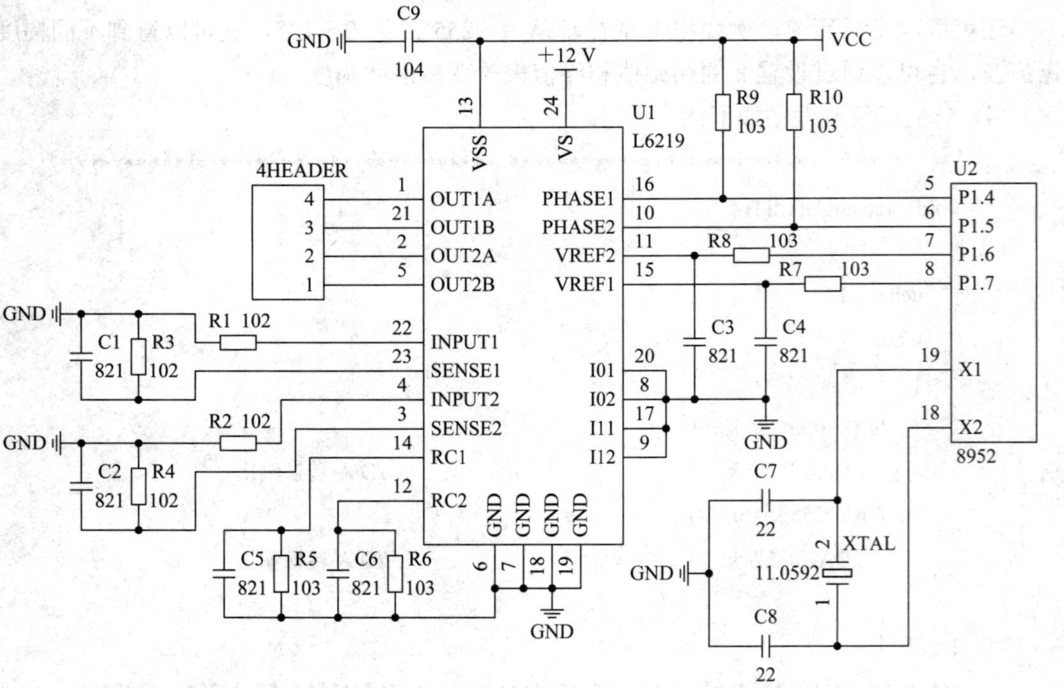

图 8-5 步进电机控制系统

1. PCA(Programmable Counter Array)简介

许多 STC8951RD 内部都含有一个 PCA(可编程计数器阵列)模块，输出复用单片机 P1

端口的 P1.3、P1.4、P1.5、P1.6、P1.7。PCA 有上升与下降沿捕捉、定时、高速输出、看门狗、PWM 输出 5 个工作模式，可通过编程控制 P1.3～P1.7 工作于任意模式。这里只对 8 位 PWM 输出模式做详细介绍，其他工作模式可参考相关资料。

2．与 PWM 相关的寄存器介绍

PCA 模块内部具有计数模式寄存器(CMOD)、计数控制寄存器(CCON)、PCA 定时器(CH、CL)、工作模式寄存器(CCAPMn，其中 n 对应为 0、1、2、3、4)，用户可对这些寄存器编程来控制 PWM 的输出。如表 8-1、表 8-2 以及表 8-3 所示分别描述了计数模式寄存器、计数控制寄存器与工作模式寄存器的位格式。

表 8-1　计数模式寄存器(CMOD)位格式

CIDL	WDTE	—	—	—	CPS1	CPS0	ECF

表 8-2　计数控制寄存器(CCON)位格式

CF	CR	—	CCF4	CCF3	CCF2	CCF1	CCF0

表 8-3　工作模式寄存器(CCAPMn)位格式

—	ECOMn	CAPPn	CAPNn	MATn	TOGn	PWMn	ECCFn

步进电机的细分技术实质上是一种电子阻尼技术，其主要目的是减弱或消除步进电机的低频振动，提高电机的运转精度。电机细分最常见的是电流细分，电流引起的磁场的合成就决定了马达的角度。所以我们一般用电流合成图来代替磁场合成图，如图 8-6(a)所示为电流矢量合成图。这里我们用 PWM 方式，用控制电压的方式代替电流，其电流矢量合成图如图 8-6(b)所示。用电压驱动与线圈个数有关系，直接驱动电机，合成的最小角度都是固定的。

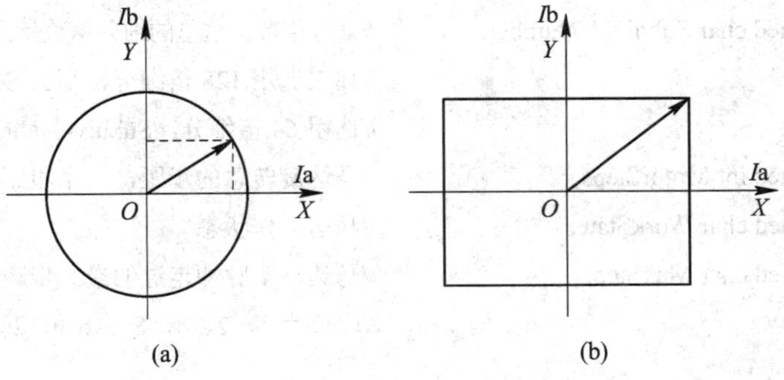

图 8-6　电流矢量合成示意图

8.2.3　基于单片机的步进电机控制系统设计实例

实现程序如下：

```
/************************************************************************/
#define PWM0enable(); CCAPM0|=0x42;          //配置 P1.3 引脚为 PWM 输出
#define PWM1enable(); CCAPM1|=0x42;          //配置 P1.4 引脚为 PWM 输出
#define PWM2enable(); CCAPM2|=0x42;          //配置 P1.5 引脚为 PWM 输出
```

```
#define PWM3enable(); CCAPM3|=0x42;          //配置 P1.6 引脚为 PWM 输出
#define PWM4enable(); CCAPM4|=0x42;          //配置 P1.7 引脚为 PWM 输出
#define PWM0disable(); CCAPM0&=0xBD;         //停止 P1.3 引脚输出 PWM
#define PWM1disable(); CCAPM1&=0xBD;         //停止 P1.4 引脚输出 PWM
#define PWM2disable(); CCAPM2&=0xBD;         //停止 P1.5 引脚输出 PWM
#define PWM3disable(); CCAPM3&=0xBD;         //停止 P1.6 引脚输出 PWM
#define PWM4disable(); CCAPM4&=0xBD;         //停止 P1.7 引脚输出 PWM
#define MotorIdel              0x00          //电机空闲模式
#define MotorPowerOn           0x01          //电机上电
#define MotorNormalState       0x02          //电机正常运转
#define MotorPowerOff          0x03          //电机掉电
                                             //定义细分表结构
typedef struct tagSubdivideTable
{
    unsigned char mQuardrant;                //象限 0～3
    unsigned char mA_PWM;                    //A 相输出的 PWM
    unsigned char mB_PWM;                    //B 相输出的 PWM
}
SubdivideTable;
typedef struct tagWorkInformation
{
    unsigned int SubdivideTableID;           //细分表 ID
    unsigned char MotorDirect;               //马达旋转方向
    unsigned char SubdivideNumber;           //细分倍数，这里的细分倍数就是访问细分表的步长，
                                             //如果选用 128 倍细分，那么 SubdivideNumber=1，
                                             //选用 64 倍细分，SubdivideNumber=2
    unsigned int MotorSteps;                 //马达旋转总的步距，一个步距角为 1.8°
    unsigned char WorkState;                 //马达工作状态
    unsigned char MaxStep;                   //马达一个脉冲走过的最大步距，对应细分表的间隔
                                             //取值为 1、2、4、8、16…，即 2 的倍数
}
WorkInformation;

sbit PhaseA = P1^4;
sbit PhaseB = P1^5;
#define Quardrant0 1                         //+Ia,+Ib      第一象限
#define Quardrant1 2                         //-Ia,+Ib      第二象限
#define Quardrant2 3                         //-Ia,-Ib      第三象限
#define Quardrant3 4                         //+Ia,-Ib      第四象限
```

```
WorkInformation MotorWorking;
                                        //细分表
                                        //0～360° 的细分，128 倍细分表，
                                        //Ia=255×cos(a)，Ib=255×sin(a)
SubdivideTable code MotorSubdividedTab[]={
                                        //第一象限，+Ia，+Ib
   Quardrant3,  255,  0,
   Quardrant0,  255,  3,
   Quardrant0,  255,  6,
   Quardrant0,  255,  9,
   Quardrant0,  255,  13,
   Quardrant0,  255,  16,
   Quardrant0,  254,  19,
   Quardrant0,  254,  22,
         ⋮                              //省略了细分表
}
//internal    clock,Fosc/6,PCA interrupt disable
//system oscillator frequency 12M, 1/6 * 12M=0.5 μs
/************************************************************/
void ConfigPWM()
{
   CMOD=0x02;
   CL=0;
   CH=0;
   PWM3enable();
   PWM4enable();
   CR=1;
}
/************************************************************/
//马达一个脉冲走过的最大步距，对应细分表的间隔
//取值是：1、2、4、8、16…2 的倍数
/************************************************************/
void SetMaxStep(unsigned char Steps)
{
    MotorWorking.MaxStep=Steps;
}
/************************************************************/
//马达走动一步
//参数：Direct=1, 0→3 象限逆时针走细分表
```

```
/************************************************************/
void MotorRunOneStep(unsigned char Direct)
{
    if(Direct)
    {
                                        //逆时针走细分表
                                        //下一细分表 ID 等于当前细分表 ID 加细分倍数
        MotorWorking.SubdivideTableID+=MotorWorking.SubdivideNumber;
        if(MotorWorking.SubdivideTableID%128==0)
            MotorWorking.MotorSteps-=1;     //细分表走完 128 小步，马达旋转 1.8°，走了 1 步
        if(MotorWorking.SubdivideTableID>=512) //细分表走完归零
            MotorWorking.SubdivideTableID=0;
    }
    else
    {   //顺时针走细分表
        if(MotorWorking.SubdivideTableID==0)  //下一步细分表 ID 等于当前细分表 ID
                                              //减细分倍数
            MotorWorking.SubdivideTableID=512-MotorWorking.SubdivideNumber;
        else
            MotorWorking.SubdivideTableID-=MotorWorking.SubdivideNumber;
        if(MotorWorking.SubdivideTableID%128==0)
            MotorWorking.MotorSteps-=1;     //细分表走完 128 小步，马达旋转 1.8°，走了 1 步
    }
}
/************************************************************/
//马达根据细分 ID 输出电流
/************************************************************/
void MotorGetEnergy(unsigned int SubdivideID)
{
    SubdivideTable *pSubdivideTable;
    pSubdivideTable=&(MotorSubdividedTab+SubdivideID);
    switch(pSubdivideTable->mQuardrant)
    {
     case 1:                        //+Ia,+Ib
       PhaseA=1;
       PhaseB=1;
       break;
     case 2:                        //-Ia,+Ib
       PhaseA=0;
```

```
        PhaseB=1;
        break;
      case 3:                  //-Ia,-Ib
        PhaseA=0;
        PhaseB=0;
        break;
      case 4:                  //+Ia,-Ib
        PhaseA=1;
        PhaseB=0;
        break;
      default:
        break;
    }
    CCAP3L=0;
    CCAP3H=255-pSubdivideTable->mB_PWM;
    CCAP4L=0;                                    //CL<CCAPxL  PWMx=0
    CCAP4H=255-pSubdivideTable->mA_PWM;          //CL>=CCAPxL  PWMx=1
}
/*******************************************************************/
void MotorRun(unsigned char Direct,unsigned int Steps)
{
    unsigned int StepCount;
    unsigned char Subdivide=1;
    switch(MotorWorking.WorkState)
    {
     case MotorIdel:
            MotorWorking.MotorDirect=Direct;
            MotorWorking.MotorSteps=Steps;
            MotorWorking.SubdivideNumber=1;          //马达 128 倍细分
            MotorWorking.WorkState=MotorPowerOn;
     case MotorPowerOn:                  //马达旋转步距角比较小时，在上电过程中完成，
                                         //速度不上到正常旋转中
       while(Subdivide<MotorWorking.MaxStep)
       {
          StepCount=65;            //马达走 64 个小步，速度上一个台阶
          while(--StepCount)
          {
             MotorRunOneStep(MotorWorking.MotorDirect);
             MotorGetEnergy(MotorWorking.SubdivideTableID);
```

```
            }
            Subdivide<<=1;
            MotorWorking.SubdivideNumber=Subdivide;
        }                               //当马达速度达到最大速度时进入正常运转状态
        MotorWorking.WorkState=MotorNormalState;
    case MotorNormalState:
        StepCount=MotorWorking.MotorSteps;          //这里的 StepCount 保存的是马达
                                                    //还有多少个步距角
        while(StepCount>4)                          //马达最后一圈进入减速状态
        {
            MotorRunOneStep(MotorWorking.MotorDirect);
            MotorGetEnergy(MotorWorking.SubdivideTableID);
            StepCount=MotorWorking.MotorSteps;
        }
        MotorWorking.WorkState=MotorPowerOff;
    case MotorPowerOff:
        StepCount=MotorWorking.MotorSteps;
        if(MotorWorking.MotorSteps==4)
        {
            Subdivide=MotorWorking.MaxStep>>1;
            while(Subdivide)
            {
                StepCount=65;           //马达走 64 个小步，速度上一个台阶
                while(--StepCount)
                {
                    MotorRunOneStep(MotorWorking.MotorDirect);
                    MotorGetEnergy(MotorWorking.SubdivideTableID);
                }
                Subdivide>>=1;
                MotorWorking.SubdivideNumber=Subdivide;
            }                           //当马达速度达到最大速度时进入正常运转状态
        }
        MotorWorking.WorkState=MotorIdel;
        break;
    default:
        break;
    }
}
/************************************************************/
```

本章小结

本章对单片机的输出控制器件做了介绍，包括 D/A 转换器与步进电机。首先对 D/A 器件做了概述，并介绍了 DAC0832 的结构与引脚，通过基于单片机的信号发生器的设计实例来加深对 D/A 转换器的理解。然后对步进电机做了概述，并对步进电机驱动芯片的结构与引脚做了介绍，通过一个基于单片机的步进电机控制系统实例来加深对步进电机的理解。

本章习题

1. D/A 转换器的作用是什么？
2. 步进电机的作用是什么？
3. MCS-51 系列的单片机与 DAC0832 的接口连接方式主要有哪 3 种？

第 9 章 串 口 通 信

9.1 RS-232 通信

RS-232C 标准是美国电子工业联合会(Electronic Industry Association，EIA)制定的一种串行物理接口标准，适合的数据传送速率为 0～20 kb/s。

串行通信是指数据在一根数据信号线上按位进行传输，每一位数据都占据一个固定的时间长度。这种通信方式使用的数据线少，在远距离通信中可以节约通信成本，相比之下，其传输速度比并行传输慢。

根据信息的传送方向，串行通信可分为单工、半双工和全双工三种。

(1) 单工方式：数据仅按一个固定方向传送，因而这种传输方式的用途有限，常用于串行的打印数据传输与简单系统间的数据采集。

(2) 半双工方式：数据可实现双向传送，但不能同时进行，实际应用采用某种协议实现收/发开关转换。

(3) 全双工方式：允许双方同时进行数据双向传送，但一般全双工传输方式的线路和设备较复杂。

串行通信又分为异步通信和同步通信两种方式。在单片机中，主要使用异步通信方式。

在近距离通信时，可直接使用 TTL 电平。计算机上的串行口采用 RS-232 的电平形式，而单片机采用 TTL 电平。若单片机与计算机通信，则需要用专用的芯片来转换，例如 MAX232、MAX202 或 MAX1488/1489 等；若需长距离通信则可以采用 RS-485 电平形式，RS-485 的标称距离可以达到 1200 米。通信的数据必须通过软件编写来完成。RS-232 是早期为公用电话网络数据通信而制定的标准，其逻辑电平与 TTL 和 CMOS 完全不同。逻辑“0”规定为 +3～+15 V，逻辑“1”规定为 –15～–3 V。由于 RS-232 发送和接收之间有公共地，传输采用非平衡模式，因此，共模噪声会耦合到信号系统中，其标准建议的最大通信距离为 15 m。

MCS-51 系列的单片机内部有一个标准的串行通信接口，发送数据时由 TXD(P3.0)端口输出，接收数据时由 RXD(P3.1)端口输入。内置两个缓冲器 SBUF，一个是发送缓冲器，另一个是接收缓冲器，可以实行全双工的串行通信。

9.1.1 寄存器

MCS-51 系列的单片机串行口为全双工通信方式，能同时完成发送和接收。它还具有接收缓冲功能，即在第一个字节从寄存器读出之前，可以开始接收第二个字节，但是如果

第二个字节接收完毕时第一个字节仍未读出，那么其中一个字节将会丢失。串行口的发送和接收寄存器都是通过 SFR 中的 SBUF 进行访问的。写入 SBUF 的数据装入发送寄存器，对 SBUF 的读操作是在与发送寄存器物理上分开的接收寄存器里进行访问的。

发射端能接收寄存器由 CPU 并行输出的数据，通过移位寄存器变为串行。如果串行通信方式选择为方式 1(通信方式将在下一节介绍)，发送端则在一个字节数据的前后分别添上一个起始位和一个停止位，由一条数据线发送出去；接收端则把收到的数据去掉起始位和停止位，然后把接收的数据经过移位寄存器变为并行，送至接收数据寄存器，以便由 CPU 用输入指令读取。如图 9-1 为 MCS-51 单片机串行口结构示意图。

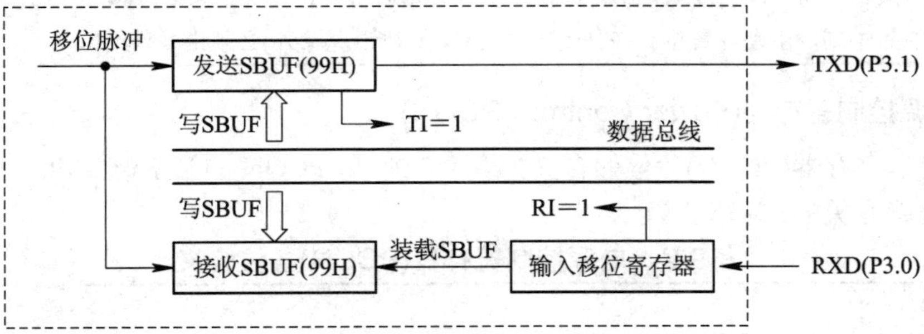

图 9-1　MCS-51 单片机串行口结构示意图

为了正确与外部串行设备进行正常的数据交换，MCS-51 单片机串行通信接口必须被正确设置。与之有关的特殊功能寄存器为 SCON 和 PCON，下面将分别介绍这两个特殊功能寄存器。

1. 串行端口控制寄存器(Serial Control，SCON)

串行端口控制寄存器(SCON)各个位含义如表 9-1 所示，它包括方式选择位、发送和接收的第 9 位数据(TB8 及 RB8)以及串行端口中断位(TI 及 RI)。

表 9-1　串行端口控制寄存器(SCON)各个位含义

<table>
<tr><td colspan="10">SCON 地址：98H</td></tr>
<tr><td colspan="2" rowspan="2">可位寻址
复位值：00H</td><td>7</td><td>6</td><td>5</td><td>4</td><td>3</td><td>2</td><td>1</td><td>0</td></tr>
<tr><td>SM0</td><td>SM1</td><td>SM2</td><td>REN</td><td>TB8</td><td>RB8</td><td>TI</td><td>RI</td></tr>
<tr><td colspan="2"></td><td colspan="8">SM0 和 SM1 定义串行口操作方式：</td></tr>
<tr><td>SM0 SM1</td><td>方式</td><td colspan="2">描　述</td><td colspan="6">波　特　率</td></tr>
<tr><td>0　0</td><td>0</td><td colspan="2">同步移位寄存器</td><td colspan="6">f_{osc}/12(12 时钟方式)或 f_{osc} /6(6 时钟方式)</td></tr>
<tr><td>0　1</td><td>1</td><td colspan="2">8 位 UART</td><td colspan="6">可变</td></tr>
<tr><td>1　0</td><td>2</td><td colspan="2">9 位 UART</td><td colspan="6">f_{osc} /64 或 f_{osc} /32(12 时钟); f_{osc} /32 或 f_{osc} /16(6 时钟方式)</td></tr>
<tr><td>1　1</td><td>3</td><td colspan="2">9 位 UART</td><td colspan="6">可变</td></tr>
<tr><td>SM2</td><td colspan="9">在方式 2 和方式 3 中多处理机通信允许位。在方式 2 或方式 3 中，若 SM2=1，且接收到的第 9 位数据(RB8)是 0，则 RI(接收中断标志)不会被激活；在方式 1 中，若 SM2=1 且没有接收到有效的停止位，则 RI 不会被激活；在方式 0 中，SM2 必须是 0</td></tr>
</table>

续表

REN	允许接收位。由软件置位或清除。REN=1 时，允许接收，REN=0 时，禁止接收
TB8	方式 2 和方式 3 中发送的第 9 位数据可以按需要由软件置位或清除
RB8	方式 2 和方式 3 中已接收的第 9 位数据，在方式 1 中，或 SM2 = 0 时，RB8 是已接收的停止位；在方式 0 中，RB8 未用
TI	发送中断标志。方式 0 中，在发送完第 8 位数据时，由硬件置位；其他方式中，在发送停止位之初，由硬件置位。在任何方式中，都必须由软件来清除 TI
RI	接收中断标志。方式 0 中，接收第 8 位结束时由硬件置位；其他方式中，在接收停止位的中间时刻，由硬件置位。在任何方式(SM2 所述情况除外)必须由软件清除 RI

2．电源控制寄存器(Power Control，PCON)

电源控制寄存器(PCON)各位的含义如表 9-2 所示，PCON 的第 7 位 SMOD 是与串行口的波特率设置有关的选择位。

表 9-2 电源控制寄存器(PCON)各位含义

PCON 地址：87H								
可位寻址	7	6	5	4	3	2	1	0
复位值：00H	SMOD	—	—	—	GF1	GF0	PD	IDL
• SMOD：串行口波特率加倍位 SMOD = 1：方式 1、方式 3 波特率=定时器 1 溢出率/16；方式 2 波特率为 $f_{osc}/32$ SMOD = 0：方式 1、方式 3 波特率=定时器 1 溢出率/32；方式 2 波特率为 $f_{osc}/64$								
• GF1、GF：两个通用标志位								
• PD、IDL：器件的低功耗控制位								

9.1.2 串口通信工作方式

串口通信有如下三种工作方式。

1. 方式 0

方式 0 时串行数据由 RXD 端输出和输入，TXD 输出同步移位时钟，发送或接收的是 8 位数据，低位在先，其波特率固定为单片机时钟的 1/12(12 时钟方式)或 1/6(6 时钟方式)。

执行任何一条把 SBUF 作为目的寄存器的指令时，就开始发送数据。S6P2 时刻的写 SBUF 信号将 1 写入发送移位寄存器的第 9 位，并通知发送控制部分开始发送数据。写 SBUF 信号有效后，经过一个完整的机器周期后发送端有效，允许 RXD(P3.0)端口输出数据，TXD(P3.1)输出移位时钟。每个机器周期的 S3、S4 及 S5 状态内移位时钟为低电平，而 S6、S1 及 S2 状态内为高电平。在发送有效时，每一机器周期的 S6P2 时刻发送移位寄存器的内容右移一位。

数据位向右移时，左边添加 0。当数据字节最高位(MSB)移到移位寄存器的输出端时，其最左边是写入 1 的第 9 位，其余左边的内容均为 0。此时，通知发送控制模块进行最后一位移位处理后，禁止发送数据并置位 T1。所有这些步骤均是在写入 SBUF 后第 10 个机器周期的 S1P1 时进行的。接收初始化条件是 REN=1 及 R1=0。下一机器周期的 S6P2 时刻，接收控制模块向接收移位寄存器写入 1111 1110，并在下一个时钟使接收端有效。

接收允许时，允许移位时钟转换 P3.1 端口功能，移位时钟在每个机器周期的 S3P1 及 S6P1 跳变。在接收有效时，在每一机器周期的 S6P2 时刻接收移位寄存器内容向左移一位。从右移位进来的值是该机器周期 S5P2 时刻从 P3.0 端口上采样得来的。

数据从右边移入时，左边移出为“1”。当初始化置入最右端的“0”移至最左端时，通知接收控制器作最后一次移位后装入 SBUF。在写入 SCON 并清除 R1 后第 10 个机器周期，RECEIVE 端将被清除且置位 RI。

2. 方式 1

串行口工作于方式 1 时，传输的是 10 位数据：1 位起始位(0)，8 位数据(低位在先)及 1 位停止位(1)。由 RXD 接收，TXD 发送。接收时，停止位存入 SCON 内的 RB8 中。80C51 波特率取决于定时器 1 的溢出速率。

发送过程是由执行一条以 SBUF 为目的寄存器的指令启动的。“写 SBUF”信号还把 1(TB8)装入发送移位寄存器的第 9 位，同时通知发送控制器进行发送。实际上，发送过程开始于 16 分频计数器下次翻转后的那个机器周期的 S1P1 时刻。每位数据的发送时序与 16 分频计数器同步，而并不与“写 SBUF”信号同步。

数据向右移出，左边不断填 0。当数据字节的最高位移到移位寄存器的输出位置时，其最左边是装入“1”的第 9 位，左边其余位的内容均为 0。此时通知发送控制器作最后一次移位，然后禁止发送端并置位 TI。这都发生于“写 SBUF”后 16 分频计时器的第 10 次翻转时。

接收寄存器在 RXD 端检测到负跳变时启动，为此，MCU 对 RXD 不断采样，采样速率为波特率的 16 倍。当 RXD 端检测到负跳变时，16 分频计数器立即复位，同时将 1FFH 写入输入移位寄存器。复位 16 分频计时器确保计时器翻转时位与输入数据位时间同步。

计数器的 16 个状态将每个位时间分为 16 份。在第 7、8、9 状态时，位检测器对 RXD 端的值采样。在三个采样值中取多数(至少 2 个)作为读入值，这样可以抑制噪声。如果所接收的第一位不为 0，那么说明它不是一帧数据的起始位，则该位被摒弃，接收电路被复位，等待另一个负跳变的到来。这是用来防止错误的起始位。如果起始位有效，则被移入输入移位寄存器，并开始接收这一帧中的其他位。

当数据位逐一由右边移入时，“1”从左边被移出。当起始位 0 移到最左边时(方式 1 为 9 位寄存器)，通知接收控制器进行最后一次移位，将移位寄存器内容(9)位分别装入 SBUF 及 RB8，并置 RI=1。仅当最后一位移位脉冲产生时，同时满足下述两个条件：① RI=0；② SM2=0 或接收到的停止位为 1 时，才会装载 SBUF 和 RB8，并且置位 RI。

上述两个条件只要有一个不满足，所接收到的数据帧就会丢失，且不再恢复。两者都满足时，停止位就进入 RB8，8 位数据进入 SBUF，RI=1。这时，无论上述条件满足与否，接收控制单元都会重新等待 RXD 的负跳变。

3. 方式 2 和方式 3

在方式 2 和方式 3 中，发送(通过 TXD)和接收(通过 RXD)数据都为 11 位，包括 1 位起始位(0)，8 位数据位(LSB 在先)，1 位可编程数据位(第 9 位)及 1 位停止位(1)。发送时，第 9 位数据位(TB8)可置为 0 或 1；接收时，第 9 位存入 SCON 的 RB8。方式 2 时波特率可编程选为 MCU 时钟频率的 1/32 或 1/64(12 时钟方式)或 1/16 或 1/32(6 时钟方式)，方式 3 时可由定时器 1 获取可变的波特率。

方式 2、方式 3 的串行口的接收部分与方式 1 相同，发送部分仅发送移位寄存器内第 9 位，和方式 1 有所不同。

发送过程是由执行一条以 SBUF 为目的寄存器的指令启动的。“写 SBUF”的同时将 TB8 装入发送移位寄存器的第 9 位位置上，并通知发送控制器进行一次发送，发送过程是 16 分频计数器在下一次翻转后机器周期的 S1P1 时刻开始。

发送过程由发送端有效开始，将一个起始位送到 TXD 端。一个移位时钟后，DATA 有效，数据由移位寄存器送入 TXD 端。再过一位后产生第一个移位脉冲。第一个移位时钟将“1”(停止位)送入移位寄存器的第 9 位，此后每次移位只把 0 送入第 9 位，所以当数据位向右移出时，“0”从左边移入。当 TB8 移至输出位置上时，它最左边才是停止位，其余位均为零。此时将通知发送控制器作最后一次移位，然后使发送端无效并置位 TI。这些均发生在“写 SBUF”后第 11 次计数器翻转时，MCU 才以 16 倍波特率对 RXD 端进行采样，一旦检测到负跳变，16 分频计数器立即复位，同时将 1FFH 写入输出移位寄存器。

在每一位的第 7、8、9 状态时，位检测器对 RXD 端的值进行采样，在三个采样值中取多数(至少两次)为确定值以抑制噪声。如若所接收的第一位不为 0，接收电路复位，等待下一个负跳变的出现。如果起始位有效，则被移入输入移位寄存器，并开始接收这一帧中的其他位。

数据位从右边移入，“1”从左边移出。当起始位移至寄存器(方式 2 和方式 3 时为 9 位寄存器)的最左端时，通知接收控制器进行最后一次移位，装入 SBUF 及 RB8 并置位 RI。仅当产生最后一位移位脉冲时，同时满足下列两个条件：① RI=0，② SM2=0 或接收到的第 9 位数据为 1 时，才装载 SBUF 和 RB8 并置位。

上述两个条件只要有一个不满足，所接收到的数据帧就会丢失，且不再恢复，RI 仍为 0。当两者都满足时，第 9 位数据位就装入 RB8，前 8 位数据则装入 SBUF，一个移位时钟后，无论上述条件满足与否，接收寄存器都会重新等待 RXD 端的负跳变。

在上述三种方式中，数据发送过程是以任意一条以写 SBUF 作为目标寄存器的指令开始的。方式 0 接收时通过设置 R1=0 及 REN=1 进行初始化，其他方式下如若 REN=1，则通过起始位进行初始化。

串行口还支持多机通信，在方式 2 和方式 3 中，有一个专门的应用领域即多机通信。在这些方式时，接收的数据为 9 位，第 9 位存入 RB8。串口通信时，接收到停止位时，仅当 RB8=1 时串口中断才有效，可通过置位 SCON 内 SM2 位来选择这一特性。下面所述为多机通信系统利用这一特性的一种数据传输方法。

当主机需要发送一数据块给数台从机之一时，首先发送一个地址字节对目标从机进行识别。地址字节与数据字节通过第 9 位数据区别，其中地址字节的第 9 位为 1，而数据字节为 0。当 SM2=1 时，数据字节不会使各从机产生中断，而地址字节则令所有从机中断，这样各从机可以检查接收到的数据，以此判断是否被寻址。被寻址的从机即可清除 SM2 位，以准备接收随后的数据内容；未被寻址的从机的 SM2 位仍为 1，则不接收随后数据，继续各自的工作。当在方式 0 时，SM2 无效；在方式 1 时，SM2 用于检验停止位是否有效；在方式 1 时，如果 SM2=1，那么只有接收到有效的结束位时才可产生接收中断。

9.1.3 波特率设置

方式 0 的波特率是固定的，为 $f_{osc}/12$(12 时钟方式)或 $f_{osc}/6$(6 时钟方式)。方式 2 的波特率取决于 PCON 寄存器中的 SMOD1 位的值。在 12 时钟方式下，若 SMOD1=0(复位后的值)，则波特率为 $f_{osc}/64$；若 SMOD1=1，则波特率为 $f_{osc}/32$。在 6 时钟方式下，则分别为 $f_{osc}/32$ 或 $f_{osc}/16$。

在方式 2 时，波特率计算公式为

$$\text{波特率} = \frac{2^{\text{SMOD}}}{n} \times f_{osc} \tag{9-1}$$

式(9-1)中，$n = 64$(12 时钟方式)或 32(6 时钟方式)。

在 MCS-51 系列的单片机中，方式 1 和方式 3 的波特率由定时器 1 的溢出速率决定。下面介绍用定时器 1 作为波特率发生器的情况。

当定时器 1 用作波特率发生器时，在方式 1 和方式 3 中，波特率由定时器 1 的溢出速率和 SMOD1 的值决定。波特率计算公式为

$$\text{波特率} = \frac{2^{\text{SMOD}}}{n} \times (\text{定时器 1 溢出速率}) \tag{9-2}$$

式(9-2)中，$n = 32$(12 时钟方式)或 16(6 时钟方式)。

在此应用中定时器 1 不能用作中断，但它可以工作在定时或计数方式，以及 3 种工作方式中任何一个。在典型应用中，它用作定时器方式工作自动重装载方式(TMOD 的高半字节为 0010B，即方式 2)，它的波特率计算公式为

$$\text{波特率} = \frac{2^{\text{SMOD}}}{n} \times \frac{f_{osc}}{12 \times [256 - (\text{TH1})]} \tag{9-3}$$

式(9-3)中，$n = 32$(12 时钟方式)或 16(6 时钟方式)。

定时器 1 的中断可以实现非常低的波特率。定时器 1 产生波特率时，需要配置为 16 位的(TMOD 的高半字节为 0001B)，并使用中断进行 16 位软件重装。表 9-3 中列出了由定时器 1 产生的通用波特率 1。

表 9-3 由定时器 1 产生的通用波特率

波特率			f_{osc}	SMOD	定时器 1		
模式	12 时钟方式	6 时钟方式			$C/\overline{T}$	模式	重装载值
模式 0 Max	1.67 MHz	3.34 MHz	20 MHz	X	X	X	X
模式 2 Max	625 kHz	1250 kHz	20 MHz	1	X	X	X
模式 1，3 Max	104.2 kHz	208.4 kHz	20 MHz	1	0	2	FFH
模式 1，3	19.2 kHz	38.4 kHz	11.059 MHz	1	0	2	FDH
	9.6 kHz	19.2 kHz	11.059 MHz	0	0	2	FDH
	4.8 kHz	9.6 kHz	11.059 MHz	0	0	2	FA H
	2.4 kHz	4.8 kHz	11.059 MHz	0	0	2	F4H

续表

波特率			f_{osc}	SMOD	定时器1		
模式	12时钟方式	6时钟方式			C/$\overline{T}$	模式	重装载值
模式1，3	1.2 kHz	2.4 kHz	11.059 MHz	0	0	2	E8H
	137.5 Hz	275 Hz	11.986 MHz	0	0	2	1DH
	110 Hz	220 Hz	6 MHz	0	0	2	72H
	110 Hz	220 Hz	12 MHz	0	0	1	FEEBH

9.1.4 串行口通信应用实例

使用串行口通信之前，必须对串行口进行编程初始化，其中最主要的是设置产生波特率的定时器1(设采用定时器1作波特率发生器)、串行口控制和中断控制等，具体操作步骤如下：

(1) 确定定时器1的工作方式，并编程设置TMOD寄存器。

(2) 计算定时器1的初值，并设置TH1、TL1。

(3) 启动定时器1并编程设置TCON中的TR1位。

(4) 确定串行口的控制并编程设置SCON。

(5) 若串行口工作在中断方式时，必须打开CPU和串行口中断，并编程设置IE寄存器。

在上述步骤中，定时器1的工作方式一定要为自动重载的方式2，定时器1的初始值可以通过查表9-3得到。

单片机的串行口通信一般应用于单片机与计算机通信，单片机与单片机之间的通信应用于主从结构的分布式控制系统间的通信。

单片机的串行口与计算机的串行口之间通信，必须有硬件支持(例电平转换芯片MAX202等)，软件则要求用户自行编写。计算机的串行口的调试软件可以利用Windows操作系统自带工具——附件中的通信软件，也可以利用专用的计算机通信软件，甚至可以自行编写计算机串行口软件。使用这些软件时，必须保证计算机软件的波特率、数据格式与单片机的波特率、数据格式是完全相同的。

按照以上说明，项目程序中的串口初始化函数要对定时器1、SCON和PCON进行相应的设置。该函数程序如下：

```
/*************************************************************************/
void InitialUart()                          //串口初始化函数
{
    SCON = 0x50;                            //串口方式1，允许接收
    TMOD = 0x21;                            //定时器1工作于方式2，定时器0工作于方式1
    TH1   = 0xFD;                           //11.0592 MHz 9600波特率
    TL1   = 0xFD;
    PCON = 0x00;                            //波特率不用翻倍
}
/*************************************************************************/
```

需要说明的是，由于定时器 1 的工作方式 2 是定时时间到了以后参数才自动装入，从而可以避免不必要的中断请求。

图 9-2 给出了串行通信项目的系统功能图，TXD 和 RXD 分别是 STC 单片机的串行发送端和接收端，MAX232 是用来进行电平转换的芯片，它的一些作用及功能我们将在下一节进行介绍。

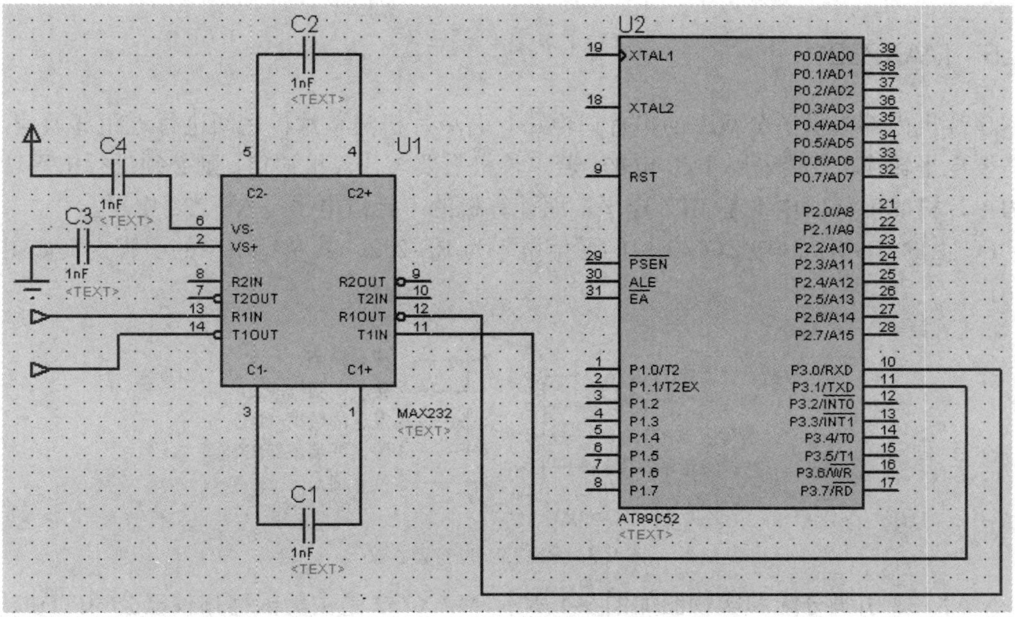

图 9-2　串行通信项目的系统功能图

单片机串行口的发送由 C 语言源程序中的以下语句实现：

```
SBUF=IsStrm;                    //待发送字节赋给发送缓冲器
while(TI==0);                   //等待字节被发送
TI=0;                           //待发字节已被发送，将 TI 清 0
```

其中，第一条程序启动了单片机串行数据的发送功能，变量 IsStrm 中的数据就会按事先设置的方式和波特率从 STC 单片机的 TXD 端(P31)串行输出。第二句通过判断发送中断标志位 TI，可以判断数据是否发送完毕。未发送完毕，TI=0；数据发送完毕，TI=1(由 CPU 内部硬件自动完成)，该标志引发串行口向 CPU 发出中断请求。这里的中断既可以在程序中进行响应，也可以不予理睬。本项目程序未对发送中断进行处理。第三句令 TI=0，则允许串口能够发送下一帧数据。

单片机串行口接收数据时，首先使 SCON 中的接收允许控制位 REN=1(见源程序中 InitialUart()函数的语句 SCON = 0x50)，单片机以 16 倍波特率的速率检测 RXD(P30)端上的信号，检测时采取“三中取二”原则，即当连续检测 3 次 RXD，出现 2 次以上由 1(高电平)到 0(低电平)的负跳变时，就启动接收控制器接收数据。数据接收完毕，接收中断标志位 RI=1，串行口向 CPU 请求中断，源程序对此接收中断进行响应。相应的串口接收中断服务部分程序如下所列：

```
ES=0;                           //关中断
```

```
RI=0;                          //关串口接收中断标志
接收串行数据的变量=SBUF;        //接收
ES=1;                          //开中断
```

ES=0 表明 CPU 在处理串口接收数据时关闭所有中断，以防止此接收过程受到干扰，接下来的 RI=0 用于清除串口接收中断标志，为串口接收下一个数据做准备。

9.1.5 MAX232

单片机内部提供了全双工的串行口电路。若单片机与单片机之间进行近距离通信，则不需要电平转换，直接采用 TTL 电平；若单片机需要与计算机通信，则必须进行电平转换，因为单片机的串行口电平是 TTL 电平，而计算机的串行口电平是 RS-232 电平。

PC 上的 COM1 口与 COM2 口的通信电平为 RS-232，其 9 针串口的引脚定义如图 9-3 所示。

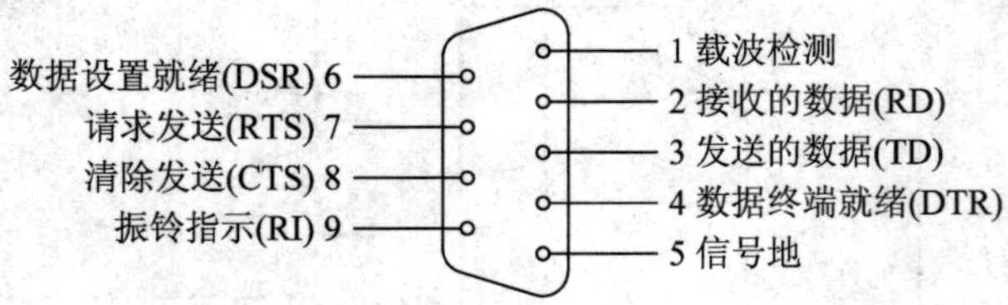

图 9-3 RS-232 的引脚含义

MAX232 引脚分配和实物图如图 9-4 所示，MAX232 是由美国德州仪器公司(TI)推出的一款兼容异步串行通信 RS-232 标准的芯片。由于计算机串口 RS-232 电压范围是 −15～+15 V，而单片机应用系统的信号电压是 0～+5 V 的 TTL 电平，MAX232 就是用来对这两种信号电压进行相互转换的专用芯片。该器件包含两个驱动器、两个接收器和 1 个电压发生器电路，后者为 MAX232 内部提供 TIA-EIA-232-F 电平。

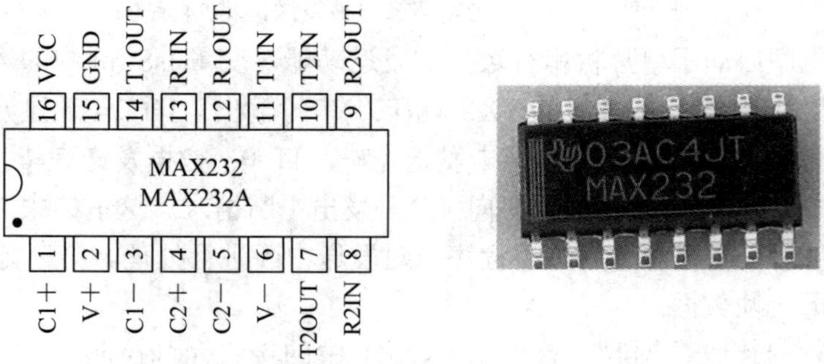

图 9-4 MAX232 引脚分配和实物图

MAX232 具有以下主要特点：

(1) 单 +5 V 工作电源。

(2) LinBiCMOSTM 工艺技术。

(3) 两个驱动器及两个接收器。

(4) ±30 V 输入电平。

(5) 低电源电流，典型值为 8 mA。

(6) 符合 ANSI 标准、EIA-TIA-232-E 及 ITU 推荐标准 V.28。

(7) ESD 保护大于 MIL-STD-883 标准。

关于该器件的更多介绍和使用方法请参阅相关文献，在这里读者只要知道 MAX232 是用来进行电平转换的就可以了。在 MAX232 的电路连接中，RS-232 电平由 R1IN 输入，然后由 R1OUT 输出 TTL 电平；由 T1IN 输入 TTL 电平，然后由 T1OUT 输出 RS-232 电平。

9.1.6 基于 RS-232 的单片机通信实例

实例 9-1 编写一个单片机与计算机之间通信的程序，其原理图如图 9-5 所示。单片机不断向虚拟设备端口发送一串数据“Send Data”，并在虚拟设备窗口可以看到这串数据显示结果。

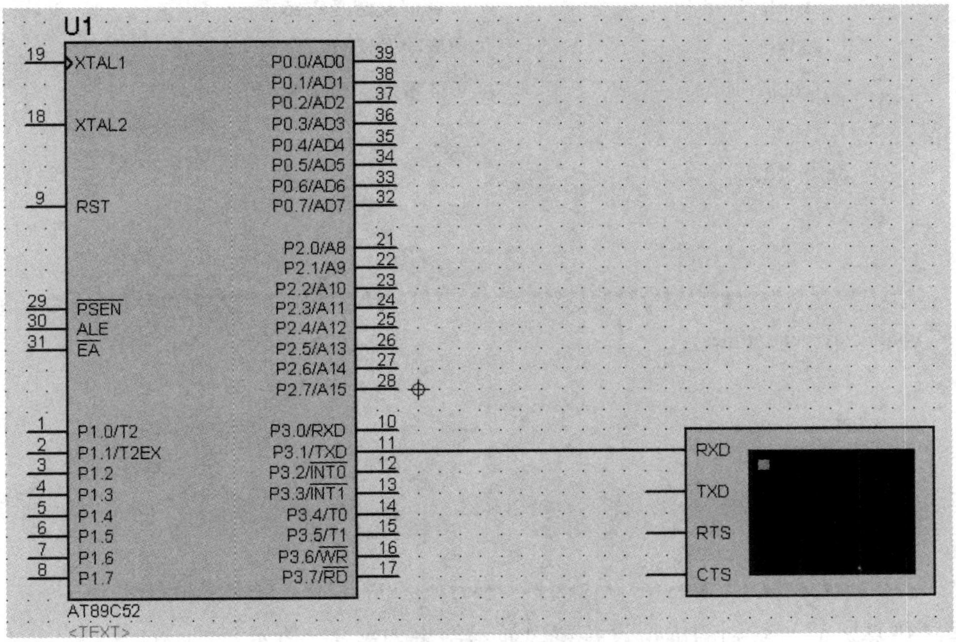

图 9-5　单片机与虚拟设备连接原理图

程序如下：

```
/*****************************************************************************/
#include <reg52.h>
#define uchar unsigned char
#define uint unsigned int 组数
uchar idata send_data[]= "Send Data\n ";                    //数据定义
void delay(uchar);                                          //函数声明
/*****************************************************************************/
void main(void)
{
    uchar count;
```

```
    TMOD=0x20;                              //工作在方式 2
    TL1=0xfd;                               //定时器 1 串行的波特率为 9600 b/s
    TH1=0xfd;                               //串行工作在方式 3
    SCON=0xd8;                              //串行工作方式初始化
    TR1=1;                                  //启动定时器 1
    while(1)
    {
        count=0;
        while(*(send_data+count))           //判断一串数据是否结束
        {
            SBUF=*(send_data+count);        //发送数据
            while(TI==0);                   //查询发送是否结束
            TI=0;                           //清除发送标志位
            count++;                        //准备发送一个数据
        }
        delay(100);
    }
}
/************************************************************************/
void delay(uchar times)
{
    uchar i;
    while(times--)
      for(i=0; i<125; i++){}
}
/************************************************************************/
```

程序仿真之后，得到的虚拟设备窗口显示结果如图 9-6 所示。

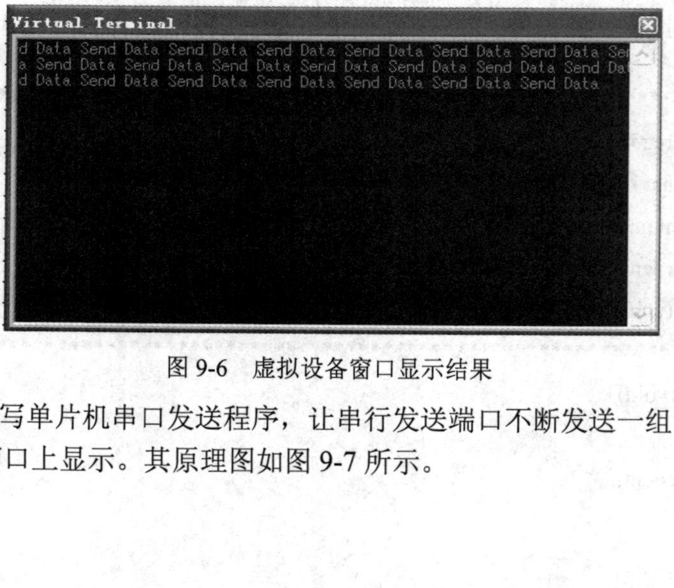

图 9-6　虚拟设备窗口显示结果

实例 9-2　编写单片机串口发送程序，让串行发送端口不断发送一组 ASCII 码数据，同时在虚拟设备窗口上显示。其原理图如图 9-7 所示。

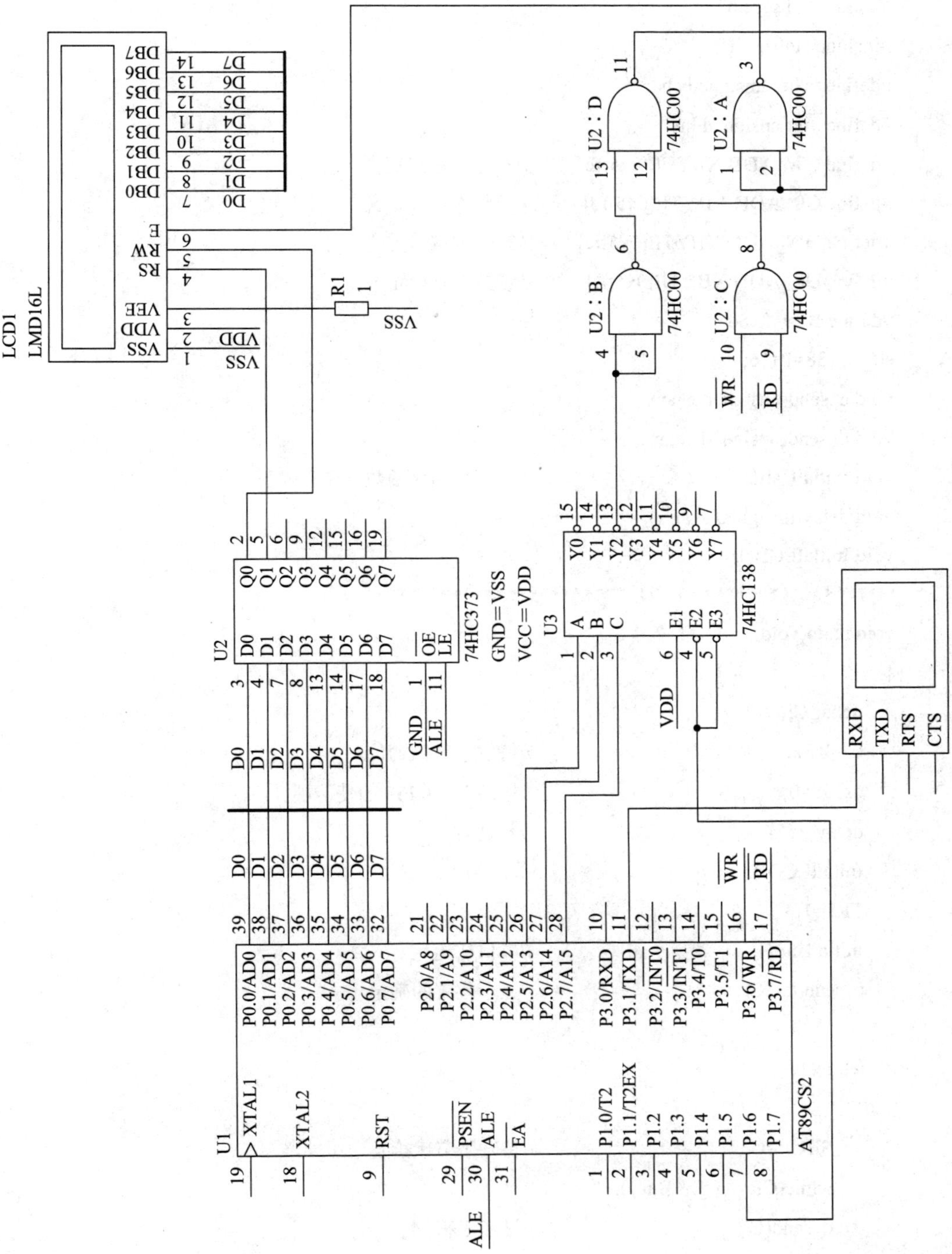

图 9-7 单片机发送 ASCII 码原理图

本实例的C语言程序如下：

```
/**********************************************************************/
#include "reg521.h"
#include "absacc.h"
#include "intrins.h"
#define uchar unsigned char
#define uint unsigned int
#define CW_ADD XBYTE[0x5ffc]        //写命令端口定义
#define CR_ADD XBYTE[0x5ffd]        //读状态端口定义
#define DW_ADD XBYTE[0x5ffe]        //写数据端口定义
#define DR_ADD XBYTE[0x5fff]        //读数据端口定义
#define Busy 0x80
sbit cs138=P1^6;
void c_send(unsigned char);
void d_send(unsigned char) ;
void InitialUart();                    //串口初始化函数
void delay(unsigned char x);
void InitialLCD();
/******************主函数**********************/
void main(void)
{
   uchar C;
   C=0x32;                             //待发字节赋初值
   cs138=0;                            //选通 74HC138 的使能端
   delay(255);                         //长延时
   InitialLCD();
   TR1=1;
   InitialUart();                      //串口初始化
   c_send(0x80) ;                      //显示位置的确定

   while(1)
   {
      SBUF=C;                          //待发字节赋给发送缓冲器
      while(CR_ADD&Busy);
      d_send(C);                       //显示字符
      delay(255);delay(255);           //定义每种显示的时间长度
      while(TI==0);                    //等待字节被发送
```

```
        TI=0;                          //待发字节已被发送，将 TI 清 0
        if(C<=0x42)                    //发送数据由这里确定
            C++;
        else C=0x32;
    }
}
/**********************主函数结束************************/
void InitialLCD()
{
    c_send(0x38);             //LCD 复位：设置 8 位数据传输，设置双行显示和 5 × 7 显示阵列
    delay(5);
    while(CR_ADD&Busy);            //查询 LCD 的忙标志
    c_send(0x38);
    //while(CR_ADD&Busy);
    c_send(0x08);                  //显示关闭
    //while(CR_ADD&Busy);
    c_send(0x01);                  //清屏
    //while(CR_ADD&Busy);
    c_send(0x06);                  //光标自动右移
    //while(CR_ADD&Busy);
    c_send(0x0f);                  //显示屏开和光标设置
}
/*****************************************************************/
void c_send(unsigned char A)
{
    CW_ADD=A;
    delay(2);
}
/*****************************************************************/
void d_send(unsigned char B)
{
    DW_ADD=B;
    delay(2);
}
/*****************************************************************/
void InitialUart()                     //串口初始化函数
{
```

```
    SCON = 0x50;                       //串口方式 2
    TMOD = 0x21;                       //定时器 1 工作于方式 2，定时器 0 工作于方式 1

    TH1   = 0xFD;                      //11.0592 MHz 波特率为 9600 b/s
    TL1   = 0xFD;
    PCON = 0x00;                       //波特率不用翻倍
}
/**********************************************************************/
 void delay(unsigned char x)
{
    unsigned char k;
    while(x--)
    for(k=0; k<125; k++);
}
/**********************************************************************/
```

程序仿真之后，得到虚拟设备窗口显示结果如图 9-8 所示。

图 9-8　虚拟终端窗口显示结果

在上述步骤中，定时器 1 的工作方式一定要为自动重载方式 2，定时器 1 的初始值可以通过查表 9-3 得到。

9.2　I²C 总线及其应用

9.2.1　I²C 总线

I²C 总线是一种用于芯片与芯片之间连接的一种二线制总线形式，它可以在 SDA(串行数据线)和 SCL(串行时钟线)及其连接的器件之间进行数据传送，并且能根据地址识别每一个器件，这些器件可以是单片机、键盘接口、Flash Memory、LCD 驱动器、A/D 转换器、D/A 转换器、温度传感器和其他具有 I^2C 总线的器件。

I^2C 总线可以通过这两根总线连接具有 I^2C 总线的任何器件。每个器件都有唯一的地址，而且都可以作为发送器或者接收器。此外这些器件在进行数据传输时，也可以被看作是主机或从机。

发送器是发送数据(不包括地址和命令)到总线的器件。

接收器是从总线接收数据(不包括地址和命令)的器件。

主机是指初始化发送数据、产生时钟信号和终止发送的器件，它可以是发送器，也可以是接收器，通常是指单片机。

从机是被主机寻址的器件，它可以是发送器，也可以是接收器。

I^2C 总线可以连接成多主机的总线形式，也可以将多个能控制总线的器件连接在总线上。当两个或两个以上能控制总线的器件同时传输时，只能有一个器件能真正控制总线的主机。这时，为了保证传输的可靠性，就需要对总线进行仲裁。在仲裁成功后，多个控制总线的器件将在同一个时钟信号下协调工作。

仲裁的原则是：当多个主器件同时想占用总线时，如果某个主器件发送高电平，而另一个主器件发送低电平，则发送电平与此时 SDA 总线电平不符的那个器件将自动关闭其输出级。总线竞争的仲裁是在两个层次上进行的，首先是地址位的比较，如果主器件地址与从器件地址相同，则进入数据位比较，从而确保了竞争仲裁的可靠性。利用 I^2C 总线上的信息进行仲裁，不会造成数据的丢失。

因为 SDA 信号和 SCL 信号都是双向传输的，所以连接到总线上的器件输出级必须是漏极开路或集电极开路，它们都要通过一个电流源或上拉电阻连接到电源电压，这样才能实现线路的功能。当总线空闲时，这两条线路信号应该是高电平。

在标准传输模式下，数据传输速率为 0～100 kb/s。在快速方式下，最高传送速率可达 400 kb/s。

如图 9-9 所示是 I^2C 总线的二线制工作形式，SCL 提供时钟信号，SDA 提供数据信号，ACK 提供数据确认信号。I^2C 总线要求每传输一个数据位就必须产生一个完整的时钟脉冲。

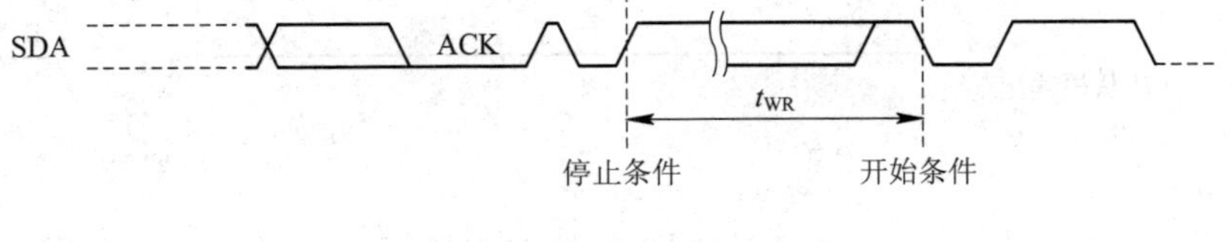

图 9-9　I^2C 总线的二线制工作形式

图 9-10 是 I^2C 总线的数据有效期。SDA 上的数据必须在时钟线 SCL 为高电平时保持稳定，而数据线电平状态的改变，只能发生在 SCL 信号为低电平时期。

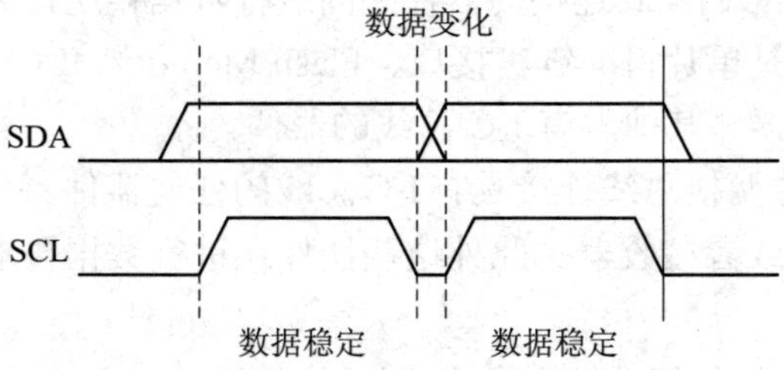

图 9-10 I²C 总线的数据有效期

如图 9-11 所示为 I²C 总线的起始和停止条件，在数据传输之前要有一个起始条件，结束传输之后要有一个停止条件。

起始条件：在 SCL 信号是高电平时，SDA 信号从高电平向低电平转换。

停止条件：在 SCL 信号是高电平时，SDA 信号从低电平向高电平转换。

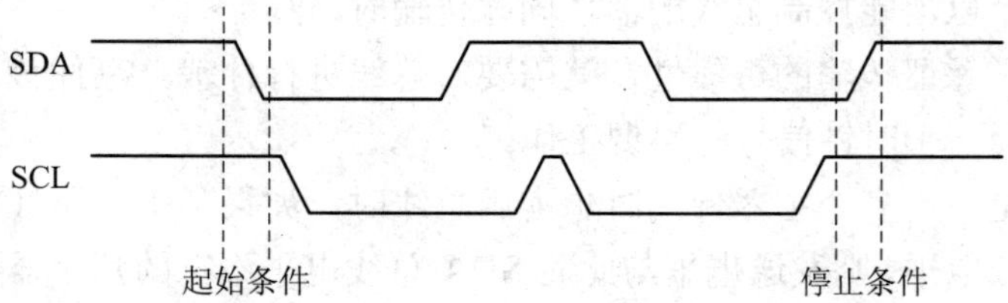

图 9-11 I²C 总线的起始和停止条件

图 9-11 中的起始条件和停止条件一般由主机产生。起始条件作为一次传输数据的开始，在起始条件后，总线就被认为处于忙状态。停止条件作为一次传输数据的结束，在停止条件后，总线就被认为处于空闲状态。若重复起始条件，则表示上次传输数据的结束，也表示下次传输数据的开始。

如图 9-12 所示是 I²C 总线的应答格式。应答脉冲由从机产生，在应答的时钟脉冲期间，发送器释放 SDA 信号，接收器必须将 SDA 信号拉到低电平，并在时钟脉冲 SCL 为高电平期间保持稳定的低电平。图 9-12 所示为将一个字节的数据传输完成后的第 9 位作为应答位。

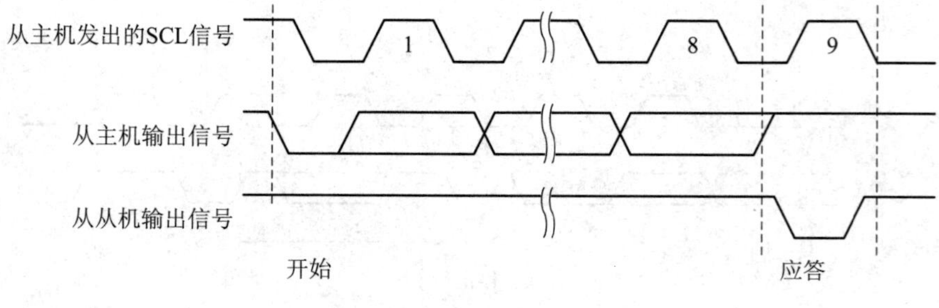

图 9-12 I²C 总线的应答格式

一般来说，被寻址匹配的从机或可以继续接收下一个字节的接收器将产生一个应答。如果作为发送器的主机在发送完一个字节后，没有接收到应答位(或一个非应答位)，或作为接收器的主机没有发送应答位(或一个非应答位)，那么主机必须产生一个停止条件或重复起始条件来结束本次传输。

若从机或接收器不能接收更多的数据字节，则将不产生这个应答位。主机或接收器在接收完最后一个字节后不产生应答，则将通知从机或接收器数据传输结束。

9.2.2　串行 E^2PROM

电可擦除可编程的读写存储器 E^2PROM 可以分为并行 E^2PROM 和串行 E^2PROM 两大类。并行 E^2PROM 在读写数据时是通过相应的数据总线来传输的，因为现在 Flash Memory 的崛起，使并行 E^2PROM 的应用领域受到了很大的限制，而串行 E^2PROM 因为其特殊的特点，应用领域相当广泛。串行 E^2PROM 具有体积小、专用 I/O 口少，价格低和电路简单等特点，所以广泛应用于智能仪器、仪表设备中，例如公交卡、食堂就餐卡、手机 SIM 卡等。

现在的许多器件都支持 I^2C 总线格式，如具有 I^2C 总线的单片机、RAM、键盘接口、Flash Memory、E^2PROM、LCD 驱动器、A/D 转换器、D/A 转换器、温度传感器等，其中串行 E^2PROM 就是利用 I^2C 总线格式的典型应用。

目前 E^2PROM 的制造公司很多，这里以 ATMEL 公司生产的 E^2PROM 系列为例进行说明。ATMEL 公司生产的 E^2PROM 常用的主要有 AT24C01、AT24C02、AT24C04、AT24C08、AT24C16 等，这些芯片的引脚都是脚对脚完全兼容(如图 9-13 所示)。但这些芯片容量是不一样的，它们的容量大小依次是 1KB、2KB、4KB、8KB 和 16 KB，并且它们都是每一个地址对应一个 8 位二进制数据，即一个字节，所以它们的容量又分别可以称为 128 × 8 B、256 × 8 B、512 × 8 B、1024 × 8 B 和 2048 × 8 B。

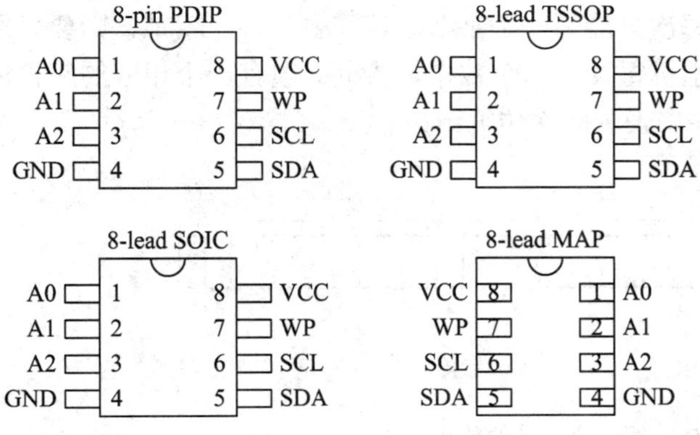

引　脚	功　能
A2～A0	地址输入
VCC	正电源
GND	地
SCL	串行数据输入
SDA	串行数据输出
WP	写保护
NC	不用

图 9-13　常用 E^2PROM 的引脚排列形式及功能

下面介绍串行 E^2PROM 的数据传输方式。

1. 寻址字节

主机产生起始条件后，发送的第一个字节就是寻址字节。该字节的头 7 位(即高 7 位)为从机地址，最低位(LSB)决定有效数据的传输方向。若最低位为“0”，则表示主机写数据到从机；若此位为“1”，则表示主机从从机中读取数据。如图 9-14 所示是 E^2PROM 起始条件的第一个字节。当发送端发送了一个字节的地址后，系统中的每个器件都将头 7 位与自己的地址比较，如果一样，则器件应该应答主机的寻址，至于是写数据还是读数据将依据此字节的最低位决定。

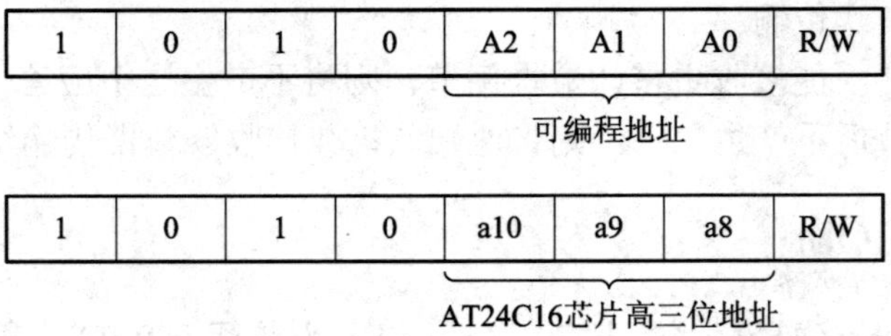

图 9-14　起始条件的第一个字节

从机地址(如 E^2PROM 的地址)是由一个固定部分和一个可编程部分组成。在 E^2PROM 的地址中，高 4 位固定为 1010，另外 3 位是可编程的地址或高位地址，这些地址是以在同一总线上连接相同的器件时作为其区分。如图 10-14 所示的 A2、A1、A0 即为可编程的地址，a10、a9、a8 即为 AT24C16 芯片的高三位地址。

其他具有 I^2C 总线格式的器件的高 7 位可以通过查阅相关资料获得。

2. 传输格式

主机产生起始条件后，首先发送一个字节的寻址字节，也称为设备地址。发送设备地址一定是主机发给从机的，所以，设备地址的最低位为 0，然后等待从机(这里指 E^2PROM)应答。在从机应答后，发送低 8 位地址，它可以与设备地址中的 3 位构成 11 位地址，寻址空间为可达 2048 B (2KB)。在低 8 位地址发送完成后，等待从机应答。在从机应答后，主机发送 8 位有效数据，发送完后也需要等待从机应答。在从机应答后，发送停止条件，表示此次写数据全部完成。

如图 9-15 所示的传输格式中，每次只能写一个字节。若需要写多个字节，则要采用如图 9-16 所示的数据传输格式。按照主机每发送一个数据，从机必须有一个相应的应答后继续发送数据，直到发送一个停止条件来表示此次传输结束。

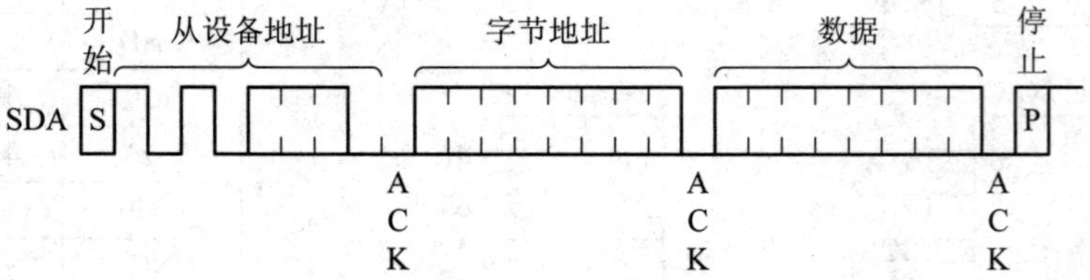

图 9-15　写一个字节的传输格式

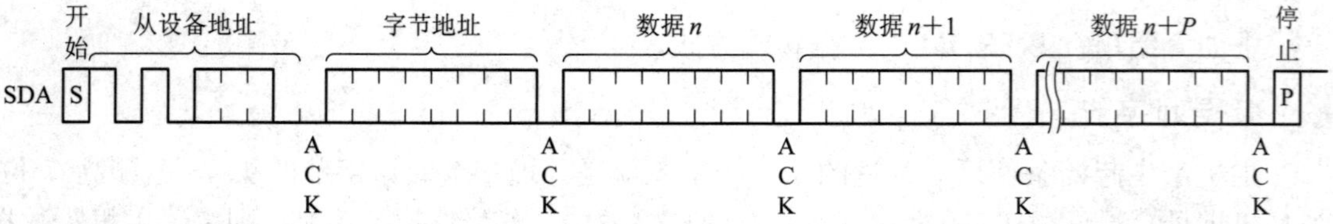

图 9-16　连续写多个字节的传输格式

如图 9-17 所示为立即读取一个字节的传输格式。立即的含义是指可能刚写完一个字节，接着马上将此数据读出；或者是一直在读数据，还想再读此数据。立即读取一个字节的传输格式是在传输一个起始条件后，发送一个字节的寻址字节，但此时寻址字节的最低位为“1”。在从机应答完成后，从机将此默认地址中字节的数据。先传送给主机，在主机接收到此数据后，再发送一个非应答格式给从机，最后发送一个停止条件，表示此次传输结束。

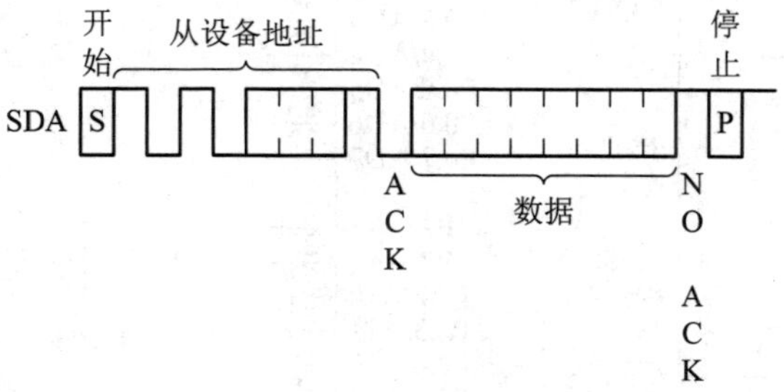

图 9-17　立即读取一个字节的传输格式

非应答格式与应答格式的电平刚好相反，它是一个高电平。

如图 9-18 所示是表示随机读取一个字节的传输格式，随机的含义是指根据需要读取 E^2PROM 的数据。图 9-18 与图 9-17 不同的是前面增加了写地址的过程。

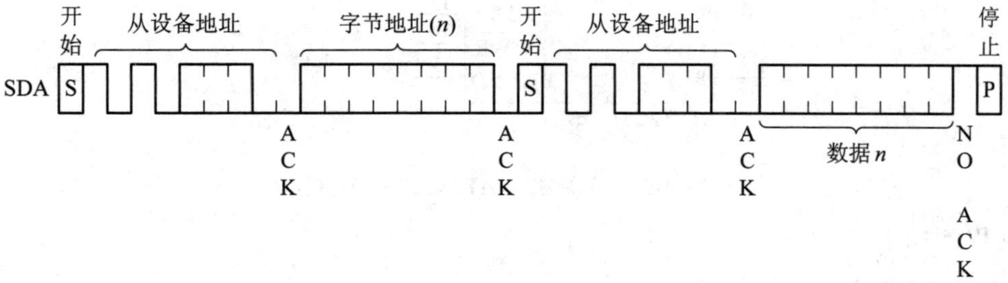

图 9-18　随机读一个字节的传输格式

如图 9-19 所示为连续读取多个字节的传输格式，与图 9-18 所示不同的是在主机接收完一个字节后，主机不发送非应答格式，而是发送一个应答格式。在不想接收数据时，主机只需要在发送非应答格式后，再发送一个停止条件，就可以表示此次数据传输结束。

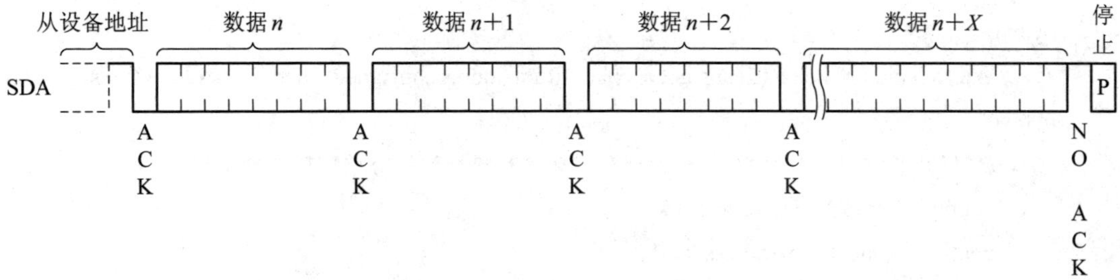

图 9-19　连续读取多个字节的传输格式

9.2.3　基于 I^2C 的单片机通信实例

串行 E^2PROM 与单片机的连接非常简单，其连接图如图 9-20 所示。

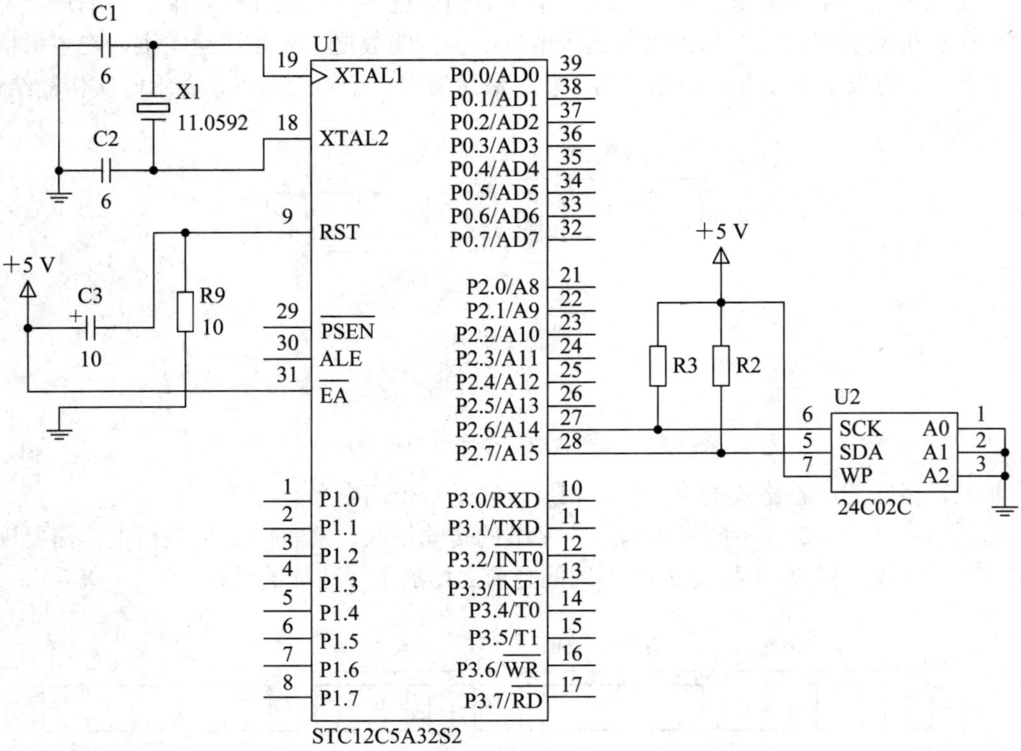

图 9-20　单片机与 AT24C02 的连接图

其程序如下：

```
#include  <reg52.h>
#include  <absacc.h>
#include  <intrins.h>
// 本程序是对 AT24C02 的读、写，下面是函数的声明
extern void DelayMs(unsigned int);
extern void Read24c02(unsigned char *RamAddress,unsigned char RomAddress,unsigned char bytes);
extern void Write24c02(unsigned char *RamAddress,unsigned char RomAddress,unsigned char bytes);
/****************************************************************/
#define  WriteDeviceAddress 0xa0
#define  ReadDviceAddress 0xa1
/****************************************************************/
sbit  SCL=P2^6;                              //串行时钟线
sbit  SDA=P2^7;                              //串行数据线
/****************************************************************/
void DelayMs(unsigned int number)
```

```
{
    unsigned char temp;
    while(number--)                              //延时程序
    {
        for(temp=112; temp!=0; temp--) {}
    }
}
/*****************************************************************/
void Start()
{
    SDA=1;
    SCL=1;                                        //起始条件
    _nop_( );
    _nop_( );
    SDA=0;
    _nop_( );
    _nop_( );
    SCL=0;
}
/*****************************************************************/
void Stop()
{
    SCL=0;                                        //停止条件
    SDA=0;
    _nop_( );
    _nop_( );
    SCL=1;
    _nop_( );
    _nop_( );
    SDA=1;
}
/*****************************************************************/
void Ack()
{
    SDA=0;                                        //应答格式
    SCL=1;
    _nop_( );
    _nop_( );
    SCL=0;
```

```
    SDA=1;
}
/******************************************************************/
void NoAck()
{
    SDA=1;                                  //应答格式
    SCL=1;
    _nop_( );
    _nop_( );
    SCL=0;
}
/******************************************************************/
bit TestAck()
{
    bit ErrorBit;                           //检测应答的 ACK
    SDA=1;
    SCL=1;
    _nop_( );
    _nop_( );
    _nop_( );
    _nop_( );
    ErrorBit=SDA;
    SCL=0;
    return(ErrorBit);
}
/******************************************************************/
bit Write8Bit(unsigned char input)          //写一个字节
{
    unsigned char temp;
    for(temp=8;temp!=0;temp--)
    {
        SDA=(bit)(input&0x80);              //强制转换
        SCL=1;                              //时钟脉冲
        _nop_( );
        _nop_( );
        SCL=0;
        input=input<<1;                     //移位
    }
}
```

```
/****************************************************************/
void Write24c02(unsigned char *Wdata,unsigned char RomAddress,unsigned char number)
{
    Start();                                    //起始条件
    Write8Bit(WriteDeviceAddress);              //写 8 位设备地址
    if(TestAck()==1)                                //应答检查
        return 0;
    Write8Bit(RomAddress);                          //写低 8 位地址
    if(TestAck()==1)                                //应答检查
        return 0;
    for(;number!=0;number--)
    {
        Write8Bit(*Wdata);                      //写多字节
        if(TestAck()==1)                        //应答检查
            return 0;
        Wdata++;
    }
    Stop();                                         //停止条件
    DelayMs(10);                                    //延时
}
/****************************************************************/
unsigned char Read8Bit()                            //读一个字节
{
    unsigned char temp,rbyte=0;
    for(temp=8;temp!=0;temp--)
    {
        SCL=1;
        rbyte=rbyte<<1;
        rbyte=rbyte|((unsigned char)(SDA));     //强制转换
        SCL=0;
    }
    return(rbyte);                              //返回所读字节
}
/****************************************************************/
void Read24c02(unsigned char *RamAddress,unsigned char RomAddress,unsigned char bytes)
{
    unsigned char temp,rbyte;
    Start();                                        //起始条件
    Write8Bit(WriteDeviceAddress);                  //写 8 位寻址地址
```

```
    if(TestAck()==1)                                    /应答检查
        return 0;
    Write8Bit(RomAddress);                                  //写低 8 位地址
    if(TestAck()==1)                                    //应答检查
        return 0;
    Start();                                            //起始条件
    Write8Bit(ReadDviceAddress);                            //写 8 位寻址地址
    if(TestAck()==1)                                        //应答检查
        return 0;
    while(bytes!=1)                                         //读多个字节
    {
        *RamAddress=Read8Bit();
        Ack();                                          //应答
        RamAddress++;
        bytes--;
    }
    *RamAddress=Read8Bit();
    NoAck();                                                //非应答
    Stop();                                                 //结束条件
}
/*****************************************************************/
```

9.3 RS-485 通信

9.3.1 RS-485 通信概述

为了弥补 RS-232 通信的不足，实际应用中还有一些不同的接口标准，RS-485 的电气标准就是其中的一种。RS-485 是美国电气工业联合会(EIA)制定的利用平衡双绞线作为传输线的多点通信标准。它采用差分信号进行传输；最大传输距离可以达到 1200 m；最大可连接 32 个驱动器和收发器(MAX1487 可连接 128 个驱动器和收发器)；接收器最小灵敏度可达 ±200 mV；最大传输速率可达 2.5 Mb/s。由此可见，RS-485 协议正是针对远距离、高灵敏度、多点通信制定的标准。

9.3.2 MAX485

MAX485 接口芯片是 Maxim 公司的一种 RS-485 芯片。MAX485、MAX487、MAX491 以及 MAX1487 都是用于 RS-422 通信的低功耗收发器，每个器件中都具有一个驱动器和一个接收器。MAX481、MAX485、MAX490、MAX491、MAX1487 都可以实现最高 2.5 Mb/s 的无差错数据传输速率。

这些收发器在驱动器禁用空载或满载状态下，吸取的电源电流在 120～500 μA 之间；所有器件都工作在 5 V 单电源下；驱动器具有短路电流限制，并可以通过热关断电路将驱动器输出置为高阻状态；接收器输入具有失效保护特性，当输入开路时，可以确保逻辑高电平输出；具有较高的抗干扰性能。

MAX485 芯片在工作时额定电流为 300 μA，并采用半双工通信方式。它具有将 TTL 电平转换为 RS-485 电平的功能。MAX485 芯片的结构和引脚都非常简单，如图 9-21 所示。其内部含有一个驱动器和接收器，RO 和 DI 端分别为接收器的输出和驱动器的输入端，与单片机连接时只需分别与单片机的 RXD 和 TXD 相连即可。$\overline{RE}$ 和 DE 端分别为接收和发送的使能端，当 $\overline{RE}$ 为逻辑 0 时，器件处于接收状态；当 DE 为逻辑 1 时，器件处于发送状态。因为 MAX485 工作在半双工状态，所以只需用单片机的一个引脚控制这两个引脚即可。A 端和 B 端分别为接收和发送的差分信号端，当 A 端的电平高于 B 端时，代表发送的数据为 1；当 A 端的电平低于 B 端时，代表发送的数据为 0。与单片机连接非常简单，只需要一个信号控制 MAX485 的接收和发送即可，同时在 A 端和 B 端之间加一匹配电阻，一般可选 100 Ω 的电阻。

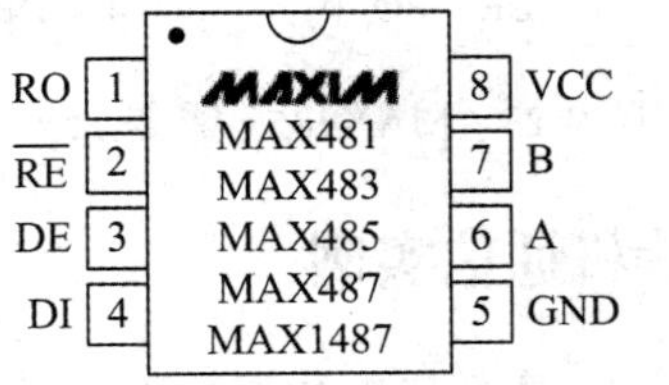

图 9-21　MAX 485 芯片的引脚分布图

总线只有信号线 A 和 B，当电平 A→B＞200 mV 时，表示线路上传输信号“1”；当 B→A＜200 mV 时，表示线路上传输“0”。如图 9-22 所示为 MAX485 的外部连接方式。

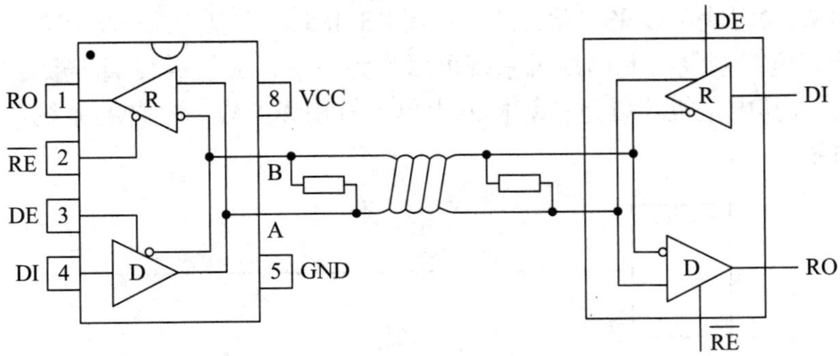

图 9-22　MAX485 外部连接方式

RS-485 通信具有以下特点。

(1) RS-485 的电气特性：逻辑“1”表示两线间的电压差为 +(2～6) V；逻辑“0”表示两线间的电压差为 −(2～6) V。接口信号电平比 RS-232C 电平低，不易损坏接口电路的芯片，且该电平与 TTL 电平兼容，可方便与 TTL 电路连接。

(2) RS-485 的最高数据传输速率为 10 Mb/s。

(3) RS-485 接口采用平衡驱动器和差分接收器的组合，抗共模干扰能力增强，即抗噪声干扰性好。

(4) RS-485 接口的最大传输距离的标准值为 4000 英尺(1 英尺 = 0.3048 m)，实际上可达 3000 m，另外 RS-232C 接口在总线上只允许连接 1 个收发器，即单站能力。而 RS-485 接口在总线上是允许连接多达 128 个收发器，即具有多站能力，这样用户可以利用单一的 RS-485 接口方便地建立起设备网络(如图 9-23 所示)。

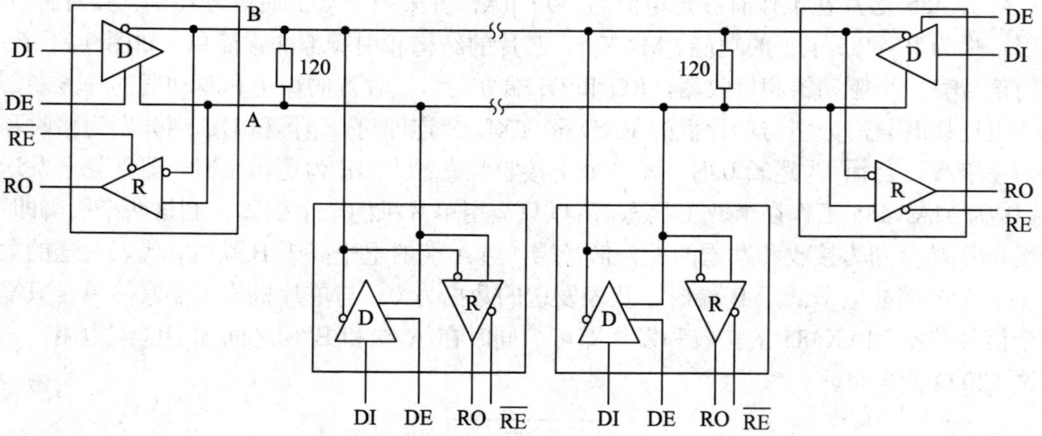

图 9-23　MAX485 多机连接方式

9.3.3　基于 RS-485 的单片机通信实例

串行口通信的方式有多种。计算机与单片机一对一通信只需要在计算机与单片机之间增加一个电平转换芯片即可。一般简单协议就能适合这种通信方式。

目前有许多系统通过联网来实现其功能，例如考勤系统、智能化小区管理系统、监控系统等。这些系统一般采用 RS-485 的通信方式。RS-485 的通信方式传输距离可以达到 1200 m，所以，近距离联网就可以采用此方式，并且 RS-485 还可以构成一对多的主从通信方式，这种方式中计算机或稍复杂的单片机系统可以作为主机，分机或终端一般是单片机系统。如图 9-24 所示，其中主机可以是计算机或由单片机构成的较为复杂的系统，终端 1～N 一般为单片机系统。

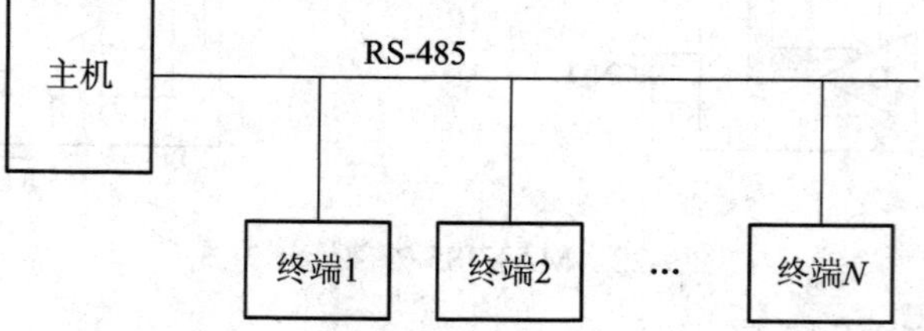

图 9-24　由 RS-485 组成的网络系统

这种通信方式需要专门的通信协议支持，下面介绍 RS-485 的通信方式。

RS-485 通信协议的基本格式如下：

通信头	巴克码	地址字	命令字	长度字	信息字	校验码	结束码

其中：

(1) 通信头占 1～8 个字节，表示本次通信的开始，可以使用除 00H 和 FFH 以外的十六进制代码作为通信头，例如用 5AH 和 A5H。

(2) 巴克码占 1 个字节，且一般固定为 72H。因为通信头的长度有时不确定，可以用此字节表示通信头的结束，若通信头的长度固定，则可以考虑不用此码。

(3) 地址字占 1 个字节，表示主机利用 RS-485 连接的各终端的地址。其中各终端的地址不能相同，只有终端接收到的地址是本机地址码时，对于主机发来的命令本终端机才可根据相应的命令来处理。因为地址字占 1 个字节，所以主机连接的终端最多可达 256 个，但一般将 00H 和 FFH 作为广播地址。

(4) 命令字占 1 个字节，表示主机发给各终端的命令，各命令一般代表一定的意义。

(5) 长度字占 1 个字节，表示接收信息的长度，本协议中各条命令的长度是不等长的，具体长度由此字来确定，但最长不能超过 252 字节。长度字的长度是从地址字开始到信息字结束之间所有字节的字节数。

(6) 信息字占的字节数不确定，一般根据相应的命令来确定，但每帧信息位的字节数不超过 252 个，信息字根据不同的命令也可以一个字节都没有。

(7) 校验码占两个字节，校验码所校验的字节是从地址字开始，到信息字结束之间的所有字节。校验可以采用最简单的和校验，也可以采用较为先进的 CRC 校验。其中和校验的一个字节是从地址字开始到信息字结束之间所有字节的不进位的和，另一个字节则是第一个字节的反码。关于 CRC 校验，有专门书籍介绍。

(8) 结束码占 1 个字节，通常用来表示通信的结束。此码在有长度字的情况下可以考虑不用。

例如有以下格式：

5AH，A5H	72H	01H	02H	03H	06H，F9H

其中，5AH，A5H 作为通信头，当接收方收到此头时表示通信的开始；72H 是巴克码，表示通信头的结束；01H 表示 1 号终端将接收此命令；02H 表示是对 1 号终端发送的 2 号命令，具体是什么命令，必须在通信前约定好；03H 是长度字，因为没有信息字，所以长度就是 03H，本命令无信息字；校验采用和校验方式，01H＋02H＋03H=06H，就是和校验的第一个字节，另一个字节是将 06H 按位取反为 F9H。

接收方接收到命令后，应该根据不同命令对发送方进行应答。接收方应答方式有两种，一种是接收正确应答 ACK，一种是接收错误应答 NAK。ACK 和 NAK 的数据格式分别为：

ACK 的数据格式：

通信头	巴克码	地址字	命令字	06H，06H，06H，06H

NAK 的数据格式：

通信头	巴克码	地址字	命令字	15H，15H，15H，15H

其中，通信头、巴克码、地址字、命令字与发送方发送的字节完全相同。

当发送方收到 ACK 时，表示此次通信成功，可以发送新的命令。当发送方收到 NAK 时，表示此次发送失败，要求重新发送刚才的命令。在发送方重新发送后，若接收方仍然应答 NAK，则继续发送。若有一次发送方接收到 ACK，则表示通信成功，就可以发送新的命令。若一直应答 NAK，则发送方最多发送 7 次命令，并提示错误信息。

若发送方发送完数据后无任何应答，例如通信系统中的通信线路断开等现象发生，此时发送方再次发送命令，但最多 7 次，若 7 次后都无应答，则给出错误提示。

发送方的命令若是要求接收方传送数据，则接收方接收到此命令后，将应该传送的数据打包并传送。因为数据格式的限制，有可能一包数据传送不完，此时需多包传送。多包传送时，在信息字的第一个字节为包数，当包数为 FFH 时，表示是最后一包。当原发送方接收到数据包后，应该根据接收的正确与否，应答 ACK 或者是 NAK。

在编写此通信协议程序之前，必须根据需要将所有的命令事先约定好。例如：在交通灯的设置中，将 1 号命令设置为红灯亮；2 号命令设置为黄灯亮；3 号命令设置为绿灯亮；4 号命令设置为红灯亮 20 s，黄灯亮 2 s，绿灯亮 20 s，依次循环；5 号命令设置为红灯亮 30 s，黄灯亮 2 s，绿灯亮 30 s，依次循环等。

下面是接收和发送数据的程序，其中发送数据包采用查询方式，接收数据包采用中断方式。建议接收数据包一般采用中断。

```
//发送整个数据包，发送数据预先准备在 recbuf 数组中
/*************************************************************************/
void send_data(void)
{
    ES=0;                                   //关闭串行通信中断
    SBUF=0xed;                              //假设通信头的第一个字节为 EDH
    while(TI==0);TI=0;                      //查询方式，判断是否发送完毕
    SBUF=0xfa;                              //发送通信头的第二个字节 FAH
    while(TI==0);TI=0;                      //判断是否发送完毕
    for(i=0;i<=recbuf[2]+1;i++)             //recbuf[2]中放的是发送的长度
    {
        SBUF=recbuf[i];                     //发送数据
        while(TI==0);TI=0;                  //判断是否发送完毕
    }
    ES=1;                                   //打开串行通信中断
}           //接收中断服务程序，每中断一次接收一个数据，接收的数据放在缓冲区 recbuf 中
/*************************************************************************/
void serial_int(void) interrupt 4 using 1
{
    recdata=SBUF;RI=0;                      //接收数据，将 RI 清零
    if(rec_end==0)                          //判断接收是否结束
        if(head2==0)                        //判断是否收到第二个头
        {
            if(head1==0)                    //判断是否收到第一个头
            {
                if(recdata==0xef)           //判断是否是第一个通信头 EFH
```

```
                head1=1;            //第一个通信头正确，置 1
            }
        else
            if(recdata==0xef)       //判断是否是第二个通信头 EFH
            {head2=1; i=0;}         //第二个通信头正确，置 1，接收长度置 0
            else
                head1=0;            //表示一个通信头都没有接收到
        }
    else
        recbuf[i++]=recdata;        //将数据全部接收到缓冲区 recbuf
    if(i<12)                        //防止数据过长
    {
        if(i==recbuf[2]+1)
            rec_end=1;              //数据接收的长度与实际长度相等
    }
    else
        i=0;                        //否则数据接收无效
}
/************************************************************************/
```

本章小结

本章首先对 RS-232 通信所涉及的寄存器、工作方式等做了介绍。通过两个基于 RS-232 的单片机通信实例来加深读者对 RS-232 通信的理解。然后对 I^2C 总线及其在单片机中的应用通信实例做了介绍。最后对 RS-485 及基于 RS-485 的单片机通信实例做了介绍。

本章习题

1. 串行通信有哪几种方式？
2. I^2C 总线的作用是什么？
3. 试阐述 RS-232 通信与 RS-485 通信的区别。

第 10 章　综 合 应 用

10.1　基于 PCF8563 的实时时钟/日历系统设计

10.1.1　概述

PCF8563 是低功耗的 CMOS 实时时钟/日历芯片，它提供一个可编程时钟输出、一个中断输出和掉电检测器，所有的地址和数据通过 I^2C 总线接口串行传递。最大总线速度为 400 kb/s，每次读写数据后，内嵌的字地址寄存器会自动产生增量。PCF8563 基本参数如下：

(1) 低工作电流：典型值为 0.25 μA(VDD = 3.0V，Tamb = 25℃时)。
(2) 大工作电压范围：1.0～5.5 V。
(3) 低休眠电流：典型值为 0.25 μA(VDD = 3.0 V，Tamb = 25℃)。
(4) 400 kHz 的 I^2C 总线接口(VDD = 1.8～5.5 V 时)。
(5) 可编程时钟输出频率为：32.768 kHz、1024 Hz、32 Hz、1 Hz。
(6) 报警和定时器。
(7) 掉电检测器。
(8) 内部集成的振荡器电容。
(9) 片内电源复位功能。
(10) I^2C 总线从地址：读为 0A3H；写为 0A2H。
(11) 开漏中断引脚。

现在 PCF8563 已经广泛应用于移动电话、便携仪器仪表、传真机、电池与电源产品等领域。

10.1.2　PCF8563 的引脚介绍及功能描述

1. PCF8563 的引脚介绍

如图 10-1 所示是 PCF8563 的引脚图，如表 10-1 所示是各引脚的说明。

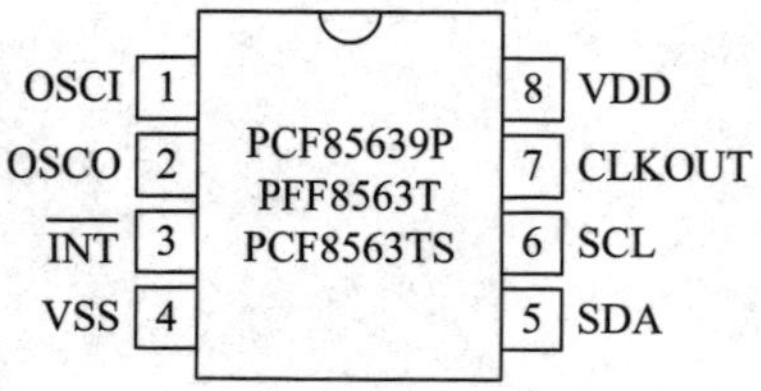

图 10-1　PCF8563 引脚图

表 10-1 PCF8563 引脚说明

符号	引脚号	描 述
OSCI	1	振荡器的输入
OSCO	2	振荡器的输出
$\overline{\text{INT}}$	3	中断输出(开漏：低电平有效)
VSS	4	地
SDA	5	串行数据输入/输出
SCL	6	串行时钟输入
CLKOUT	7	时钟输出(开漏)
VDD	8	正电源

2. PCF8563 的功能描述

PCF8563 有 16 个 8 位寄存器，相关的只有以下 8 个：1 个可自动增量的地址寄存器，1 个内置 32.768 kHz 的振荡器(带有 1 个内部集成的电容)，1 个分频器(用于给实时时钟 RTC 提供源时钟)，1 个可编程时钟输出，1 个定时器，1 个报警器，1 个掉电检测器和 1 个 400 kHz I^2C 总线接口。

PCF8563 的 16 个寄存器都设计成可寻址的 8 位并行寄存器，但不是所有位都有用。前两个寄存器(内存地址为 00H、01H)用于控制寄存器和状态寄存器；内存地址为 02H～08H 的寄存器用于时钟计数器(秒～年计数器)；地址为 09H～0CH 的是报警寄存器(定义报警条件)；内存地址为 0DH 的用于控制 CLKOUT 引脚的输出频率；内存地址为 0EH 和 0FH 的是定时器控制寄存器和定时器寄存器。秒、分钟、小时、日、月、年、分钟报警、小时报警、日报警寄存器编码格式为 BCD，星期和星期报警寄存器不以 BCD 格式编码。

当一个 RTC 寄存器被读取时，所有计数器的内容被锁存，因此，在传送条件下，可以禁止对时钟/日历芯片进行读写。

3. 报警功能模式

一个或多个报警寄存器 MSB 报警使能位 AE(Alarm Enable)清 0 时，相应的报警条件有效。这样，一个报警将在每分钟至每星期范围内产生一次。设置报警标志位 AF(控制/状态寄存器 2 的位 3)用于产生中断，AF 只可以用软件清除。

4. 定时器

8 位的倒计数器(地址 0FH)由定时器控制寄存器(地址 0EH)控制。定时器控制寄存器用于设置定时器的频率(4096 Hz、64 Hz、1 Hz 或 1/60 Hz)，以及用于设置定时器有效或无效。定时器从软件设置的 8 位二进制数倒计数，每次倒计数结束，定时器设置标志位 TF 为 1。定时器标志位 TF 只可以用软件清除，且用于产生一个中断($\overline{\text{INT}}$)，每个倒计数周期产生一个脉冲作为中断信号。控制/状态寄存器的 TI/TP 位控制中断产生的条件，当读定时器时，返回当前倒计数的数值。

10.1.3 CLKOUT 输出

PCF8563 的引脚 CLKOUT 可以输出可编程的方波。CLKOUT 的频率寄存器(地址为 0DH)决定方波的频率，CLKOUT 可以输出 32.768 kHz(缺省值)、1024 Hz、32 Hz、1 Hz 的方波。CLKOUT 为开漏输出引脚，通电时有效，无效时为高阻抗。

10.1.4 复位

PCF8563 包含一个片内复位电路，当振荡器停止工作时，复位电路开始工作。在复位状态下，I^2C 总线初始化，寄存器 TF、VL、TD1、TD0、TESTC、AE 被置逻辑 1，其他的寄存器和地址指针被清 0。

10.1.5 掉电检测器和时钟监控

PCF8563 内嵌有掉电检测器，当 VDD 低于 Vlow 时，位 VL(Voltage Low，秒寄存器的位 7)被置 1，用于指明可能产生不准确的时钟/日历信息。VL 标志位只可以用软件清除。当 VDD 慢速降低(例如以电池供电)达到 Vlow 时，标志位 VL 才被设置，这时可能会产生中断，如图 10-2 所示。

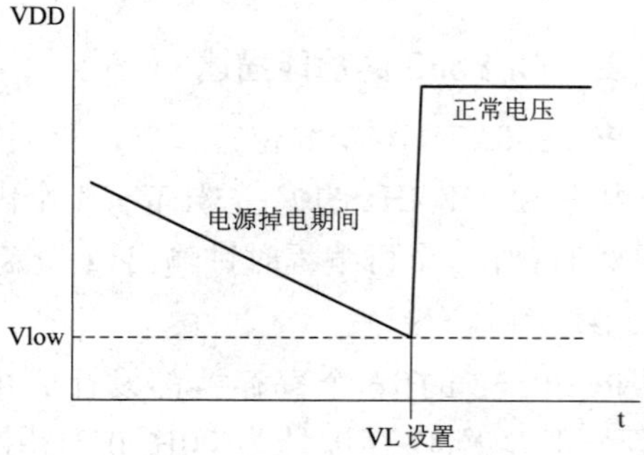

图 10-2 PCF8563 的掉电检测

10.1.6 PCF8563 的各寄存器描述

1. 控制/状态寄存器

如表 10-2 所示为控制/状态寄存器的相关信息；如表 10-3 所示为 BCD 格式寄存器的信息。

表 10-2 控制/状态寄存器相关信息

地址	寄存器名称	位 7	位 6	位 5	位 4	位 3	位 2	位 1	位 0
00H	控制/状态寄存器 1	TEST	0	STOP	0	TESTC	0	0	0
01H	控制/状态寄存器 2	0	0	0	TI/IP	AF	TF	AIE	TIE
0DH	CLKOUT 频率寄存器	FE	—	—	—	—	—	FDI	FDO
0EH	定时器控制寄存器	IE	—	—	—	—	—	IDI	IDO
0FH	定时器倒计数数值寄存器	定时器倒计数数值							

注：在上表中标明“—”的位无效，标明“0”的位应置逻辑 0。

表 10-3　BCD 格式寄存器信息

地址	寄存器名称	位 7	位 6	位 5	位 4	位 3	位 2	位 1	位 0
02H	秒	VL	00～59 BCD 格式数						
03H	分钟	—	—						
04H	小时		—	00～23 BCD 格式数					
05H	日	—	—	00～31 BCD 格式数					
06H	星期	—	—	—	0～6				
07H	月/世纪	C	—	—	—	—	00～12 BCD 格式数		
08H	年	00～99 BCD 格式数							
09H	分钟报警	—	00～59 BCD 格式数						
0AH	小时报警	—	—	00～23 BCD 格式数					
0BH	日报警	—	—	00～31 BCD 格式数					
0CH	星期报警	—	—	—	—	—	0～6		

注：在上表中标明“—”的位无效。

2. PCF8563 的各寄存器的位描述

表 10-4 所示为控制/状态寄存器(地址：00H)的信息；表 10-5 所示为控制/状态寄存器(地址：01H)的信息；表 10-6 所示为控制/状态寄存器地址 01H 中 $\overline{INT}$ 的描述；表 10-7 为控制/状态寄存器地址 01H 中 AF 和 TF 值的描述。

表 10-4　控制/状态寄存器(地址：00H)信息

位	符号	描　　述
7	TEST1	TEST=0：普通模式；TEST=1：EXT CLK 测试模式
5	STOP	STOP=0：芯片时钟运行 STOP=1：所有芯片分频器异步设置逻辑 0；芯片时钟停止运行(CLKOUT 在 32.768 kHz 时可用)
3	TESTC	TESTC=0：电源复位功能失效 (普通模式时置逻辑 0) TESTC=1：电源复位功能有效
6, 4, 2, 1, 0	0	缺省值置逻辑 0

表 10-5　控制/状态寄存器(地址：01H)信息

位	符号	描　　述
7, 6, 5	0	缺省值置逻辑 0
4	TI/TF	TI/TP=0：当 TF 有效时 $\overline{INT}$ 有效(取决于 TIE 的状态) TI/TP=1：$\overline{INT}$ 脉冲有效，参见下表(取决于 TIE 的状态) 注意：若 AF 和 AIE 都有效时，则/INT 一直有效

续表

<table>
<tr><th>位</th><th>符号</th><th>描　述</th></tr>
<tr><td>3</td><td>AF</td><td rowspan="2">当报警发生时，AF 被置逻辑 1；在定时器倒计数结束时，TF 被置逻辑 1；它们在被软件重写前一直保持原有值。若定时器和报警中断都请求时，中断源由 AF 和 TF 决定。若要清除一个标志位而防止另一标志位被重写，应运用逻辑指令 AND。标志位 AF 和 TF 值描述参见表 10-7</td></tr>
<tr><td>2</td><td>TF</td></tr>
<tr><td>1</td><td>AIE</td><td rowspan="2">标志位 AIE 和 TIE 一起决定一个中断的请求有效或无效，当 AF 或 TF 中一个为“1”时，中断 AIE 和 TIE 都置“1”
AE=0：报警中断无效；AIE=1：报警中断有效
TIE=0：定时器中断无效；TIE=1：定时器中断有效</td></tr>
<tr><td>0</td><td>TIE</td></tr>
</table>

表 10-6　控制/状态寄存器地址 01H 中 $\overline{INT}$ 的描述

源时钟(Hz)	$\overline{INT}$ 周期	
	n=1	n>1
4096	1/8192	1/4096
64	1/128	1/64
1	1/64	1/64
1/60	1/64	1/64

注意：

(1) 当 TI/TP=1 时，为有效操作。

(2) TF 和 $\overline{INT}$ 要同时有效。

(3) n 为倒计数定时器的数值，当 $n=0$ 时定时器停止工作。

表 10-7　控制/状态寄存器地址 01H 中 AF 和 TF 值的描述

R/W	位：AF		位：TF	
	值	描　述	值	描　述
Read(读)	0	报警标志无效	0	定时器标志无效
	1	报警标志有效	1	定时器标志有效
Write(写)	0	报警标志被清除	0	定时器标志被清除
	1	报警标志保持不变	1	定时器标志保持不变

3. PCF8563 的秒、分钟和小时寄存器的位描述

表 10-8 所示为秒寄存器位(地址：02H)的描述；表 10-9 所示为分钟寄存器位的(地址：03H)描述；表 10-10 所示为小时寄存器位(地址：04H)的描述。

表 10-8　秒寄存器(地址：02H)描述

位	符号	描　述
7	VL	VL = 0：保证准确的时钟/日历数据 VL = 1：不保证准确的时钟/日历数据
6～0	<秒>	BCD 格式的当前秒数值，值为 00～99 例如：<秒>=1011001，代表 59 s

表 10-9　分钟寄存器位(地址：03H)描述

位	符号	描　述
7	—	无效
6～0	<分钟>	BCD 格式的当前分钟数值，值为 00～59

表 10-10　小时寄存器位(地址：04H)描述

位	符号	描　述
7～6	—	无效
5～0	<小时>	BCD 格式的当前小时数值，值为 00～23

4. PCF8563 的日、星期、月/世纪和年寄存器的位描述

表 10-11 所示为日寄存器位(地址：05H)的描述；表 10-12 所示为星期寄存器位(地址：06H)的描述；表 10-13 所示为星期分配表；表 10-14 所示为月/世纪寄存器位(地址：07H)的描述；表 10-15 所示为月分配表；表 10-16 所示为年寄存器位(地址：08H)的描述。

表 10-11　日寄存器位(地址：05H)描述

位	符号	描　述
7～6	—	无效
5～0	<日>	BCD 格式的当前日数值，值为 01～31。当年计数器的值是闰年时，PCF8563 自动给二月增加一个值，使其成为 29 天

表 10-12　星期寄存器位(地址：06H)描述

位	符号	描　述
7～6	—	无效
5～0	<日>	当前星期数值 0～6，参见表 7-12 所示，这些位也可由用户重新分配

表 10-13　星期分配表

日(Day)	位 2	位 1	位 0
星期日	0	0	0
星期一	0	0	1
星期二	0	1	0
星期三	0	1	1
星期四	1	0	0
星期五	1	0	1
星期六	1	1	0

表 10-14　月/世纪寄存器位(地址：07H)描述

位	符号	描　述
7	C	世纪位。C = 0 指定世纪数为 20××；C=1 指定世纪数为 19××；“××”为年寄存器中的值。当年寄存器中的值由 99 变为 00 时，世纪位会改变
6～5	—	不用
4～0	<月>	BCD 格式的当前月份，值为 01～12

表 10-15　月 分 配 表

月份	位 4	位 3	位 2	位 1	位 0
一月	0	0	0	0	1
二月	0	0	0	1	0
三月	0	0	0	1	1
四月	0	0	1	0	0
五月	0	0	1	0	1
六月	0	0	1	1	0
七月	0	0	1	1	1
八月	0	1	0	0	0
九月	0	1	0	0	1
十月	1	0	0	0	0
十一月	1	0	0	0	1
十二月	1	0	0	1	0

表 10-16 年寄存器位(地址：08H)描述

位	符号	描　述
7～0	<年>	BCD 格式的当前年数值，值为 00～99

5. PCF8563 报警寄存器的位描述

当一个或多个报警寄存器写入合法的分钟、小时、日或星期数值，并且它们相应的 AE(Alarm Enable)位为逻辑 0，以及这些数值与当前的分钟、小时、日或星期数值相等时，标志位 AF(Alarm Flag)才被设置。AF 保存设置值直到被软件清除为止。AF 被清除后，只有在时间增量与报警条件再次相匹配时才可被再设置。报警寄存器在它们相应位 AE 置为逻辑 1 时将被忽略。相关寄存器位信息如表 10-17～表 10-20 所示。

表 10-17 分钟报警寄存器位(地址：09H)描述

位	符号	描　述
7	AE	AE=0：分钟报警有效；AE=1：分钟报警无效
6～0	<分钟报警>	BCD 格式的分钟报警数值，值为 00～59

表 10-18 小时报警寄存器位(地址：0AH)描述

位	符号	描　述
7	AE	AE=0：小时报警有效；AE=1：小时报警无效
6～0	<小时报警>	BCD 格式的小时报警数值，值为 00～23

表 10-19 日报警寄存器位(地址：0BH)描述

位	符号	描　述
7	AE	AE=0：日报警有效；AE=1：日报警无效
6～0	<日报警>	BCD 格式的日报警数值，值为 00～31

表 10-20 星期报警寄存器位(地址：0CH)描述

位	符号	描　述
7	AE	AE=0：星期报警有效；AE=1：星期报警无效
6～0	<星期报警>	BCD 格式的星期报警数值，值为 0～6

6. PCF8563 CLKOUT 频率寄存器的位描述

表 10-21 所示为 CLKOUT 频率寄存器位(地址：0DH)描述；表 10-22 所示为 CLKOUT 频率选择表。

表 10-21　CLKOUT 频率寄存器位(地址：0DH)描述

位	符号	描　述
7	AE	FE=0：CLKOUT 输出被禁止并设成高阻抗 FE=1：CLKOUT 输出有效
6～2	—	无效
1	Fd1	用于控制 CLKOUT 的输出频率(f_{CLKOUT})
0	Fd0	参见表 10-22

表 10-22　CLKOUT 频率选择表

Fd1	Fd0	f_{CLKOUT}
0	0	32.768 kHz
0	1	1024 Hz
1	0	32 Hz
1	1	1 Hz

7. PCF8563 CLKOUT 倒计数定时器寄存器的位描述

定时器寄存器是一个 8 位字节的倒计数定时器，它由定时器控制器中位 TE 决定有效或无效。定时器的时钟由定时器控制器决定，其他定时器功能，如中断产生，由控制/状态寄存器 2 控制。为了能精确读出倒计数的数值，I^2C 总线时钟 SCL 的频率应至少为所选择定时器时钟频率的两倍。表 10-23 所示为定时器控制器寄存器位(地址：OEH)描述；表 10-24 所示为定时器时钟频率选择信息；表 10-25 所示为定时器倒计数数值寄存器位(地址：OFH)描述。

表 10-23　定时器控制器寄存器位(地址：OEH)描述

位	符号	描　述
7	TE	TE=0：定时器无效。TE=1：定时器有效
6～2	—	无效
1 0	Td1 Td0	定时器时钟频率选择位，决定倒计数定时器的时钟频率，参见表 10-24，不用时 Td1 和 Td0 应分别设为 11(1/60Hz)，以降低电源损耗

表 10-24　定时器时钟频率选择信息

Td1	Td0	定时器时钟频率/Hz
0	0	4096
0	1	64
1	0	1
1	1	1/60

表 10-25 定时器倒计数数值寄存器位(地址：OFH)描述

位	符 号	描 述
7～0	<定时器倒计数数值>	倒计数数值 *n* 倒计数周期=*n* / 时钟频率

8. PCF8563 EXT_CLK 测试模式

测试模式用于在线测试、建立测试模式和控制 RTC 的操作。

测试模式由控制/状态寄存器 1 的位 TEST1 设置，这时 CLKOUT 引脚成为输入引脚。在测试模式状态下，通过 CLKOUT 引脚输入的频率信号代替片内的 64 Hz 频率信号，每 64 个上升沿将产生 1 s 的时间增量。

注意：进入 EXT_CLK 测试模式时，输入时钟不与片内 64 Hz 时钟同步，也确定不出预分频的状态。

9. PCF8563 操作举例

可对 PCF8563 进行以下操作：

(1) 进入 EXT_CLK 测试模式；设置控制/状态寄存器 1 的位 7(TEST=1)。

(2) 设置控制/状态寄存器 1 的位 5(STOP=1)。

(3) 清除控制/状态寄存器 1 的位 5(STOP=0)。

(4) 设置时间寄存器(秒、分钟、小时、日、星期、月/世纪和年)为期望值。

(5) 提供 32 个时钟脉冲给 CLKOUT。

(6) 观察读时间寄存器第一次变化。

(7) 提供 64 个时钟脉冲给 CLKOUT。

(8) 观察读时间寄存器第二次变化；需要读时间寄存器的附加增量时，重复步骤(7)和(8)。

10. PCF8563 电源复位(POR)失败模式

POR 的持续时间直接与振荡器的起动时间有关。一种内嵌的长时间起动的电路可以使 POR 失效，但可以使设备测试加速。这种模式要求 I^2C 总线引脚 SDA 和 SCL 的信号波形如图 10-3 所示(也称 POR 失败时序图)，图中所有的时间值为所需的最小值。

当进入失败模式时，芯片立即停止复位，操作通过 I^2C 总线进入 EXT_CLK 测试模式。设置 TESTC 为逻辑 0 可消除失败模式，再次进入失败模式只有在设置 TESTC 为逻辑 1 后进行。在普通模式时，设置 TESTC 为逻辑 0 没有意义，除非想阻止进入 POR 失败模式。

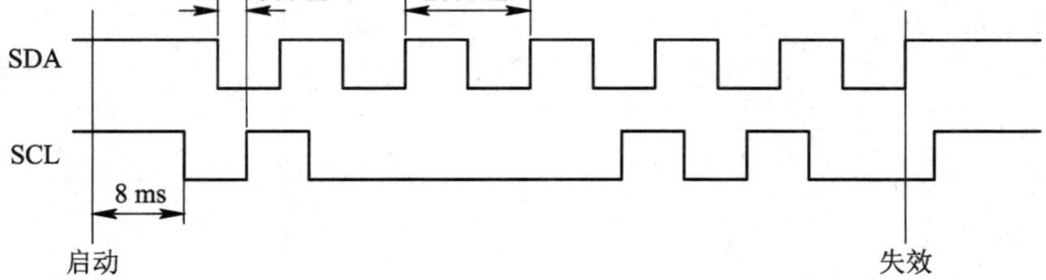

图 10-3 POR 失败时序图

11. PCF8563 串行接口、电路连接说明和源程序

PCF8563 的串行接口完全兼容 I^2C 总线，它的从地址如图 10-4 所示，电路连接采用 SDA 连接单片机 P1.0，SCL 连接单片机 P1.1 即可。

1	0	1	0	0	0	A0	R/W
组1				组2			

图 10-4　PCF8563 的从地址

源程序如下：

```
/*******************************************************************
说明：I2C 总线驱动程序(用两个普通 IO 模拟 I2C 总线)包括 100 kHz(T=10 μs)的标准模式(慢速模式)选择和 400 kHz(T=2.5 μs)的快速模式选择，默认晶振频率为 11.0592 MHz
*********************************************************************/
 #ifndef    SDA
 #define    SDA   P1_0
 #define    SCL   P1_1
 #endif
 extern uchar SystemError;
 #define uchar unsigned char
 #define uint unsigned int
 #define Byte unsigned char
 #define Word unsigned int
 #define bool bit
 #define true 1
 #define false 0
 #define SomeNOP(); _nop_();_nop_();_nop_();_nop_();
/*******************************************************************
 调用方式：void I2CStart(void)
 函数说明：私有函数，I2C 专用
*******************************************************************/
void I2CStart(void)
{
   EA=0;                                           //关中断
   SDA=1;
   SCL=1;
   SomeNOP();                                      //等待
   SDA=0;
   SomeNOP();                                      //开始
   SCL=0;
```

```
}
/*****************************************************************
 调用方式：void I²CStop(void)  @2001/07/0 4
 函数说明：私有函数，I²C 专用
*****************************************************************/
void I2CStop(void)
{
    SCL=0;
    SDA=0;
    SomeNOP();                                  //INI
    SCL=1;
    SomeNOP();
    SDA=1;                                      //STOP
    EA=1;
}
/*****************************************************************
调用方式：bit I²CAck(void)
函数说明：私有函数，I²C 专用，等待从器件接收方的应答
*****************************************************************/
bool WaitAck(void)
{
    uchar errtime=255;              //因故障接收方无 ACK，超时值为 255
    SDA=1;
    SomeNOP();
    SCL=1;
    SomeNOP();
    while(SDA)
    {
        errtime--;
        if (!errtime)
        {
            I2CStop();
            SystemError=0x11;
            return false;
        }
    }
    SCL=0;
    return true;
}
```

```
/*****************************************************************
调用方式：void SendAck(void)
函数说明：私有函数，I²C 专用，主器件为接收方，从器件为发送方时，应答信号
*****************************************************************/
void SendAck(void)
{
    SDA=0;
    SomeNOP();
    SCL=1;
    SomeNOP();
    SCL=0;
}
/*****************************************************************
调用方式：void SendAck(void)
函数说明：私有函数，I²C 专用，主器件为接收方，从器件为发送方时，非应答信号
*****************************************************************/
void SendNotAck(void)
{
    SDA=1;
    SomeNOP();
    SCL=1;
    SomeNOP();
    SCL=0;
}
/*****************************************************************
调用方式：void I²CSend(uchar ch)
函数说明：私有函数，I²C 专用
*****************************************************************/
void I2CSendByte(Byte ch)
{
    uchar   i=8;
    while (i--)
    {
        SCL=0;
        _nop_();
        SDA=(bit)(ch&0x80);
        ch<<=1;
        SomeNOP();
        SCL=1;
```

```
        SomeNOP();
    }
    SCL=0;
}
/*****************************************************************
调用方式：uchar I²CReceive(void)
函数说明：私有函数，I²C 专用
*****************************************************************/
Byte I2CReceiveByte(void)
{
    uchar   i=8;
    Byte ddata=0;
    SDA=1;
    while (i--)
    {
        ddata<<=1;
        SCL=0;
        SomeNOP();
        SCL=1;
        SomeNOP();
        ddata|=SDA;
    }
    SCL=0;
    return ddata;
}
/*****************************************************************
调用方式：void GetPCF8563(uchar firsttype,uchar count,uchar *buff)
函数说明：读取时钟芯片 PCF8563 的时间，设置要读的第一个时间类型 firsttype，并设置读取
的字节数，则会一次性把时间读取到 buff 中。顺序是：0x02:秒/0x03:分/0x04:小时/0x05:日/0x06:星期
/0x07:月(世纪)/0x08:年
*****************************************************************/
void GetPCF8563(uchar firsttype,uchar count,uchar *buff)
{
    uchar   i;
    I2CStart();
    I2CSendByte(0xA2);
    WaitAck();
    I2CSendByte(firsttype);
    WaitAck();
```

```
    I2CStart();
    I2CSendByte(0xA3);
    WaitAck();
    for (i=0;i<count;i++)
    {
        buff[i]=I2CReceiveByte();
        if (i!=count-1)
            SendAck();    //除最后一个字节外，其他都要从 MASTER 发应答
    }
    SendNotAck();
    I2CStop();
}
/**************************************************************
调用方式：void SetPCF8563(uchar timetype,uchar value)
函数说明：调整时钟。timetype 是要改的时间类型，value 是新设置的时间值(BCD 格式)。顺序
是：0x02:秒/0x03:分/0x04:小时/0x05:日/0x06:星期/0x07:月(世纪)/0x08:年
**************************************************************/
void SetPCF8563(uchar timetype,uchar value)
{
    I2CStart();
    I2CSendByte(0xA2);
    WaitAck();
    I2CSendByte(timetype);
    WaitAck();
    I2CSendByte(value);
    WaitAck();
    I2CStop();
}
/**************************************************************
调用方式：void SetAlarmHour(uchar count)
函数说明：设置报警闹钟在一天的第 count 点报警。例如：count=23，则在晚上 11 点报警
**************************************************************/
void SetAlarm(uchar alarmtype,uchar count)
{
    SetPCF8563(0x01,0x02);
    SetPCF8563(alarmtype,count);
}
/**************************************************************
调用方式：void CleanAlarm(void)  @2001/08/0 7
```

```
函数说明：清除所有报警设置
****************************************************************/
void CleanAlarm(void)
{
    SetPCF8563(0x01,0x00);
    SetPCF8563(0x09,0x80);
    SetPCF8563(0x0A,0x80);
    SetPCF8563(0x0B,0x80);
    SetPCF8563(0x0C,0x80);
    // SetPCF8563(0x0D,0x00);
    // SetPCF8563(0x0E,0x03);
}
/****************************************************************
调用方式：uchar read1380(uchar command )
函数说明：read1380()返回当前时间, command 指要返回的时间类型
秒:81H 分钟:83H 小时:85H 日期:87H 星期:89H 星期几:8BH 年:8DH
****************************************************************/
uchar read1380 (uchar command)
{
    uchar time;
    GetPCF8563(command,1,&time);
    return time;
}
/****************************************************************
调用方式：void write1380(uchar command ,uchar time )
函数说明：write1380()往 HT1380 写命令和数据，command 是命令字, time 是后写入的数据
****************************************************************/
void write1380(uchar command ,uchar time)
{
    SetPCF8563(command,time);
}
/****************************************************************
调用方式：void time_display(uchar x0,uchar y0 )
函数说明：time_display()在指定的 x0,y0 坐标，以 00:00:00 格式显示当前时间
****************************************************************/
//uchar time[]="00:11:11";
void time_display(uchar x0,uchar y0,bit type)          //液晶时间显示
{
    uchar time[]="00:00:00";
```

```
    uchar con[3];
    uchar time_type;
    GetPCF8563(0x02,3,con);
    time[0]=(con[2]>>4)+'0';
    time[1]=(con[2]&0x0f)+'0';
    time[3]=(con[1]>>4)+'0';
    time[4]=(con[1]&0x0f)+'0';
    time[6]=(con[0]>>4)+'0';
    time[7]=(con[0]&0x0f)+'0';
    time[8]=0;
    if(type==1)
    {
        time_type=0xff;
    }
    else
    {
        time_type=0;
    }
    dipchar0(x0,y0,F57,1,time_type,time);
}
/***********************************************************/
```

10.2 交通灯控制系统设计

交通信号灯是城市日常生活中经常遇到的信号灯，是城市车辆正常运转的核心工具。本节就是设计一个交通信号灯，要求：

(1) 依据给定的原理图和电路板，焊接电子器件。

(2) 编写相应的软件。

交通灯工作过程要求如下(模仿实际交通灯运作，无左转和右转指示灯)。

① 交通灯设置三个时段，分别为忙、不忙、闲，三个时段的南北和东西方向的交通灯的时间是不一样的，忙的时间大于不忙的时间，不忙的时间大于闲的时间。

② 三个时段的南北和东西方向的交通灯的时间可用按键调整，并且在同一时段中，南北和东西方向的交通灯的时间不一定是相同的，且均可调。

③ 三个时段可以通过串行通信口设置相应的时段，串口通信数据格式采用组号+时段两个字节表示。例如：传输数据时，0x01,0x00 表示第一组的闲时段；0x01,0x01 表示第一组的不忙时段；0x01,0x02，表示第一组的忙时段。不同的组的组号是不一样的，若为第 5 组，前面一个字节是 0x05。调试时，可以采用计算机提供的串口调试助手完成。最后测试时采用无线通信测试。

④ 红、黄、绿三个灯完成灯颜色的变换，数码管显示相应倒计时时间。例如：假设南北方向红灯亮 20 s，然后东西方向绿灯亮 17 s，当东西方向绿灯为 3 s 时，绿灯闪烁直至 0 s；接着黄灯闪烁 3 s，当黄灯变为 0 s 后，东西方向的红灯亮 30 s；然后南北方向绿灯亮 27 s，当南北方向绿灯为 3 s 时，绿灯闪烁到 0 s 时，接着黄灯闪烁 3 s，直到黄灯为 0 s 时，南北方向红灯又亮 20 s，然后东西方向绿灯又亮 17 s，以此类推，周而复始。

注意：为了演示的方便，假设三个时段中忙时段最长时间是 50 s，不忙时段最长时间是 40 s，闲时段最长时间是 30 s，每个时段最短时间为 5 s。

源程序如下：

```
#include <reg52.h>
#define uchar unsigned char
#define uint unsigned int
void delay(uchar);
void display(void);
void Timer0(void);
uchar KeyScan(void);
void KeyProcess();
void Serial(void);
void AdjState(void);
uchar code LedCode[]={0x3f,0x06,0x5b,0x4f,0x66,0x6d,0x7d,0x07,0x7f,0x6f};
uchar code State[]={0x10,0x08,0x18};
uchar SerialValue[2];
sbit RedSN=P1^0;
sbit YellowSN=P1^1;
sbit GreenSN=P1^2;
sbit RedEW=P1^3;
sbit YellowEW=P1^4;
sbit GreenEW=P1^5;
sbit Con1=P3^3;
sbit Con2=P3^2;
sbit Con3=P1^7;
sbit Con4=P1^6;
sbit Con5=P2^4;
sbit Con6=P2^5;
sbit Con7=P2^6;
sbit Con8=P2^7;
uchar count,times;
uchar secondNS,secondEW,secondYellow;
uchar
SNTimes,EWTimes,SNTimes1,EWTimes1,SNTimes2,EWTimes2,SNTimes3,EWTimes3,KeyTimes,
```

```
DispTimes;
uchar key,OldKey;
uchar BusySpace;
sbit P37=P3^7;
bit yellowFlagEW,yellowFlagSN;
bit ChangeBusySpace;
uchar Num,NumFlag;
bit SerialFlag;
void main(void)
{
    TMOD=0x21;
    TH0=(65536-46080)/256;
    TL0=(65536-46080)%256;
    SCON=0x50;
    TH1=0xfd;
    TL1=0xfd;
    IE=0x92;                          //开定时器 0 中断和串行口中断
    TR0=1;
    TR1=1;
    SNTimes1=10;
    EWTimes1=15;
    SNTimes2=20;
    EWTimes2=25;
    SNTimes3=30;
    EWTimes3=35;
    secondYellow=3;
    times=0;
    RedSN=0;
    GreenEW=0;
    Con1=Con2=Con5=Con6=1;
    KeyTimes=0;
    BusySpace=1;
    yellowFlagEW=0;
    yellowFlagSN=0;
    ChangeBusySpace=0;
    secondNS=SNTimes2+3;                  //初值 BusySpace=1
    secondEW=SNTimes2;
    while(1)
    {
```

```
        AdjState();
        key=KeyScan();
        KeyProcess();
        display();
    }
}
void AdjState(void)
{
    if(SerialFlag)
    {
        SerialFlag=0;
        if(SerialValue[0]==0x01)          //地址假设为 0x01
        {
            BusySpace=SerialValue[1];
            ChangeBusySpace=1;
        }
    }
    if(ChangeBusySpace)
    {
        ChangeBusySpace=0;
        if(BusySpace==0)                  //BusySpace=0 忙
        {
            secondNS=SNTimes1+3;
            secondEW=SNTimes1;
        }
        else if(BusySpace==1)
        {
            secondNS=SNTimes2+3;
            secondEW=SNTimes2;
        }
        else if(BusySpace==2)
        {
            secondNS=SNTimes3+3;
            secondEW=SNTimes3;
        }
    }
}
void serial(void) interrupt 4
{
```

```
    RI=0;
    SerialValue[Num]=SBUF;
    Num++;

    if(Num==2)
    {
        Num=0;
        SerialFlag=1;
    }
}

void KeyProcess(void)
{
    if(OldKey!=key)
    {
        OldKey=key;
        if(key==0x03)
        {
            KeyTimes++;
            if(KeyTimes==1)      DispTimes=SNTimes1;
            else if(KeyTimes==2) DispTimes=EWTimes1;
            else if(KeyTimes==3) DispTimes=SNTimes2;
            else if(KeyTimes==4) DispTimes=EWTimes2;
            else if(KeyTimes==5) DispTimes=SNTimes3;
            else if(KeyTimes==6) DispTimes=EWTimes3;
            if(KeyTimes==7)KeyTimes=0;
        }
        else if(key==0x05)
        {
            if(KeyTimes==1)
            {
                SNTimes1++;
                if(SNTimes1>=30) SNTimes1=30;
                    DispTimes=SNTimes1;
            }
            else if(KeyTimes==2)
            {
                EWTimes1++;
                if(EWTimes1>=30)EWTimes1=30;
```

```
            DispTimes=EWTimes1;
        }
        else if(KeyTimes==3)
        {
            SNTimes2++;
            if(SNTimes2>=40) SNTimes2=40;
                DispTimes=SNTimes2;
        }
        else if(KeyTimes==4)
        {
            EWTimes2++;
            if(EWTimes2>=40)EWTimes2=40;
            DispTimes=EWTimes2;
        }
        else if(KeyTimes==5)
        {
            SNTimes3++;
            if(SNTimes3>=50) SNTimes3=50;
            DispTimes=SNTimes3;
        }
        else if(KeyTimes==6)
        {
            EWTimes3++;
            if(EWTimes3>=50)EWTimes3=50;
                DispTimes=EWTimes3;
        }
    }
    else if(key==0x06)
    {
        if(KeyTimes==1)
        {
            SNTimes1--;
            if(SNTimes1<=8) SNTimes1=8;
                DispTimes=SNTimes1;
        }
        else if(KeyTimes==2)
        {
            EWTimes1--;
            if(EWTimes1<=8)EWTimes1=8;
```

```
                DispTimes=EWTimes1;
            }
            else if(KeyTimes==3)
            {
                SNTimes2--;
                if(SNTimes2<=8) SNTimes2=8;
                    DispTimes=SNTimes2;
            }
            else if(KeyTimes==4)
            {
                EWTimes2--;
                if(EWTimes2<=8)EWTimes2=8;
                DispTimes=EWTimes2;
            }
            else if(KeyTimes==5)
            {
                SNTimes3--;
                if(SNTimes3<=8) SNTimes3=8;
                    DispTimes=SNTimes3;
            }
            else if(KeyTimes==6)
            {
                EWTimes3--;
                if(EWTimes3<=8)EWTimes3=8;
                    DispTimes=EWTimes3;
            }
        }
    }
}
uchar KeyScan(void)
{
    P2!=0x07;
    if((P2&0x07)!=0x07)
    {
        // if(KeyTime==0)
        display();
        // else
        // delay(2);
        if((P2&0x07)!=0x07)
```

```
        {
            return P2&0x07;
        }
    }
    return 0;
}
void Timer0(void) interrupt 1 using 1
{
    TH0=(65536-46080)/256;
    TL0=(65536-46080)%256;
    count++;
    if(count==10)
    {
        if(yellowFlagEW)
            YellowEW=0;
        else if(yellowFlagSN)
            YellowSN=0;
        if(Num==1)
        {
            NumFlag++;
            if(NumFlag==2)
            {
                NumFlag=0;
                Num=0;
            }
        }
    }
    if(count==20)
    {
        count=0;
        if(yellowFlagEW)
            YellowEW=1;
        else if(yellowFlagSN)
            YellowSN=1;

        if(BusySpace==0)                    //BusySpace=0 忙
        {
            SNTimes=SNTimes1;
            EWTimes=EWTimes1;
```

```
        }
        else if(BusySpace==1)
        {
            SNTimes=SNTimes2;
            EWTimes=EWTimes2;
        }
        else if(BusySpace==2)
        {
            SNTimes=SNTimes3;
            EWTimes=EWTimes3;
        }

        if(times==0)
        {
            secondNS--;
            secondEW--;
            if(secondEW==0)
            {
                RedSN=0;
                GreenEW=1;
                yellowFlagEW=1;
                secondEW=3;
                times++;
            }
        }
        else if(times==1)
        {
            secondNS--;
            secondEW--;
            if(secondNS==0)
            {
                yellowFlagEW=0;
                GreenSN=0;
                RedSN=1;//
                RedEW=0;
                secondEW=EWTimes+3;
                secondNS=EWTimes;
                times++;
            }
```

```
            }
            else if(times==2)
            {
                secondNS--;
                secondEW--;
                if(secondNS==0)
                {
                    //RedEW=0;
                    GreenSN=1;
                    yellowFlagSN=1;
                    secondNS=3;
                    times++;
                }
            }
            else if(times==3)
            {
                secondNS--;
                secondEW--;
                if(secondEW==0)
                {
                    yellowFlagSN=0;
                    GreenEW=0;
                    RedSN=0;
                    RedEW=1;
                    secondEW=SNTimes;
                    secondNS=SNTimes+3;
                    times=0;
                }
            }
        }
}

void display(void)
{
    if(KeyTimes==0)
    {
        Con2=Con6=0;
        P0=State[BusySpace];Con1=1;delay(1);Con1=0;
        // P0=LedCode[SerialValue[0]%10];Con2=1;delay(1);Con2=0;
```

```
        if(secondNS/10==0)
            Con3=0;
        else
        {
            P0=LedCode[secondNS/10]; Con3=1; delay(1);Con3=0;
        }
        P0=LedCode[secondNS%10]; Con4=1; delay(1);Con4=0;
        P0=State[BusySpace]; Con5=1; delay(1); Con5=0;
        // P0=LedCode[secondEW/100%10]; Con6=1; delay(1); Con6=0;
        if(secondEW/10==0)
            Con7=0;
        else
        {
            P0=LedCode[secondEW/10]; Con7=1; delay(1); Con7=0;
        }
        P0=LedCode[secondEW%10]; Con8=1; delay(1); Con8=0;
    }
    else
    {
        P0=LedCode[KeyTimes]; Con1=1; delay(1); Con1=0;
        // P0=0x00; Con2=0; delay(1);
        Con2=0;
        P0=LedCode[DispTimes/10]; Con3=1; delay(1); Con3=0;
        P0=LedCode[DispTimes%10]; Con4=1; delay(1); Con4=0;

        P0=LedCode[KeyTimes];Con5=1;delay(1);Con5=0;
        // P0=0x00;Con6=0;delay(1);
        Con6=0;
        P0=LedCode[DispTimes/10]; Con7=1; delay(1); Con7=0;
        P0=LedCode[DispTimes%10]; Con8=1; delay(1); Con8=0;
    }
}

void delay(uchar x)
{
    uchar k;
    while(x--)
        for(k=0; k<125; k++);
}
```

附录 单片机开发环境

一、Keil C51 的安装和使用

本附录将介绍如何设置 Keil C51 的操作环境以及如何在用户的硬盘上安装本软件。在开始安装程序之前请先完成以下工作：

(1) 确认计算机系统是否符合最小安装需求。

(2) 请制作一份安装盘的副本。

1．系统需求

为了取得比较好的运行效果，安装 Keil C51 的计算机硬件和软件最低配置必须满足以下条件：

(1) 具有奔腾、奔腾Ⅱ或兼容的处理器。

(2) 操作系统为 Windows 95、Windows 98、Windows NT4.0 或更高。

(3) RAM 大于 16 MB。

(4) 硬盘剩余空间大于 20 MB。

2．安装详细说明

为了方便安装，所有的 Keil C51 产品都带有一个安装程序。Keil C51 开发工具的安装步骤如下：

(1) 插入 Keil 开发工具光盘。

(2) 从 CD 浏览界面选择安装软件。

(3) 根据提示进行安装操作。

注意：当插入 CD 时，计算机可能会自动浏览 CD，如果没有，则直接运行\KEIL\SETUP\SETUP.EXE 安装软件即可。

3．文件夹组织结构

安装程序默认将Keil C51开发工具安装到目录C:\KEIL。下面列出的文件夹中包括8051开发工具的全部安装信息。安装信息由用户购买的开发工具套件所决定。

(1) C:\KEIL\C51\ASM：汇编 SFR 定义文件和模板源程序文件。

(2) C:\KEIL\C51\BIN：8051 工具的执行文件。

(3) C:\KEIL\C51\EXAMPLES：应用示例文件。

(4) C:\KEIL\C51\RTX51：完全实时操作系统文件。

(5) C:\KEIL\C51\RTX_TINY：小型实时操作系统文件。

(6) C:\KEIL\C51\INC：C 编译器包含文件。

(7) C:\KEIL\C51\LIB：C 编译器库文件，以及启动代码和常规 I/O 资源。

(8) C:\KEIL\C51\MONITOR：目标监控文件和用户硬件的监控配置文件。

(9) C:\KEIL\UV2：普通 μVision 3 文件。

在本附录中，假定用户采用默认的文件夹结构。如果用户将软件安装到一个不同的文件夹，则必须调整路径名以适应用户的安装位置。

二、开发工具

Keil 8051 开发工具提供数个十分有用的特性，可以帮助用户快速地成功开发嵌入式应用系统和软件。这些工具使用简单，并能达到用户的设计要求。

1. μVision 3 集成开发环境(μVision 3 IDE)

μVision 3 IDE 是一个基于 Windows 的开发平台，它包含一个高效的编辑器、一个项目管理器和一个 MAKE 工具。μVision 3 支持所有的 Keil 8051 工具，包括 C 编译器、宏汇编译器、连接/定位器、目标代码到 HEX 的转换器(集成环境如附图 1 所示)。

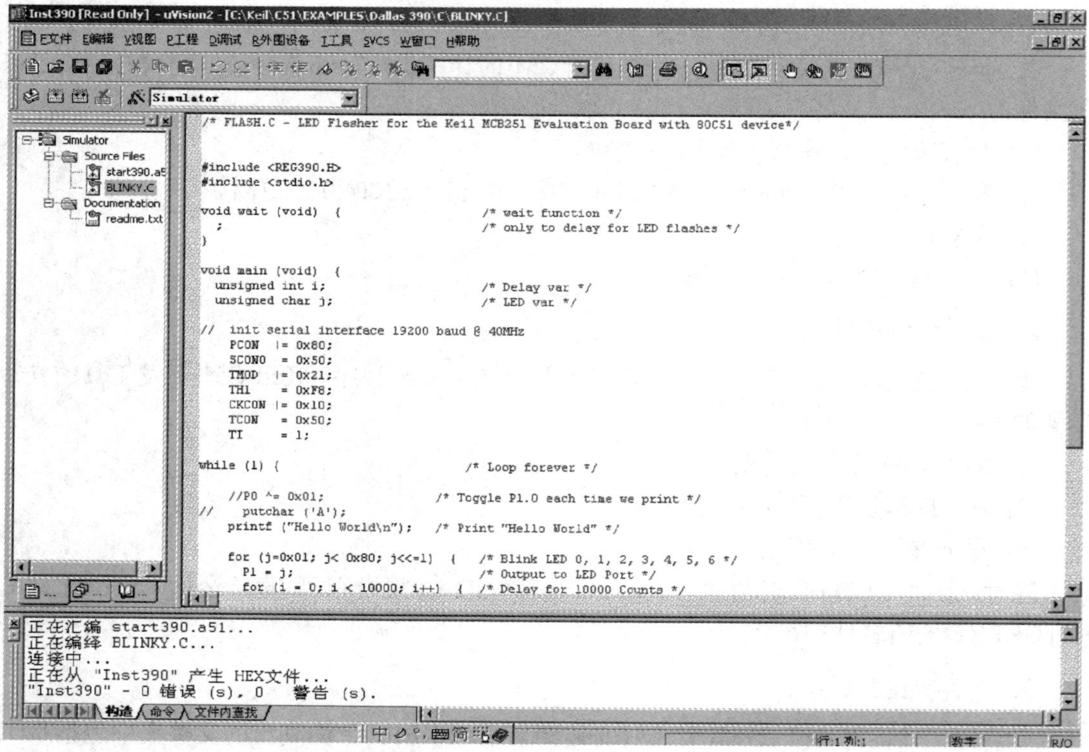

附图 1　μVision 3 的集成开发环境

μVision 3 通过以下特性可加速用户在嵌入式系统中的开发过程。

(1) 全功能的源代码编辑器。

(2) 器件库用来配置开发工具。

(3) 项目管理器用来创建和维护用户的项目。

(4) 集成的 MAKE 工具可以汇编、编译和连接用户的嵌入式应用。

(5) 所有开发工具的设置都是对话框形式的。

(6) 真正的源代码级的对 CPU 和外围器件的调试器。

(7) 高级 GDI(AGDI)接口用来在目标硬件上进行软件调试，以及和 Monitor-51 进行通信。

(8) 与开发工具手册、器件数据手册和用户指南有直接的链接。

注意：μVision 3 调试器的特性只有 PK51 和 DK51 套件开发工具具备。

2. 关于开发环境

μVision 3 界面提供一个菜单条和一个工具条以便用户快速选择命令按钮，另外还有源代码的显示窗口、对话框和信息显示。μVision 3 允许同时打开、浏览多个源文件。

μVision 3 菜单条提供各种操作菜单，如编辑操作、项目维护、开发工具选项设置、调试程序、窗口选择和处理、在线帮助等；工具条中的按钮允许用户快速地执行 μVision 3 命令；键盘快捷键(用户自己可以配置)允许用户执行 μVision 3 命令。

附表 1～附表 10 列出了 μVision 3 菜单项命令、工具条图标、默认的快捷键以及对它们的描述。

附表 1　文件菜单和命令(File)

菜单工具条		快捷键	描　述
New		Ctrl + N	创建新文件
Open		Ctrl + O	打开已经存在的文件
Close	—	—	关闭当前文件
Save		Ctrl + S	保存当前文件
Save all		—	保存所有文件
Save as…	—	—	另外取名保存
Device Database	—	—	维护器件库
Print Setup…	—	—	设置打印机
Print	—	Ctrl + P	打印当前文件
Print Preview	—	—	打印预览
Exit	—	—	退出 μVision 3，提示是否保存文件

附表 2　编辑菜单和编辑器命令(Edit)

菜单工具条		快捷键	描　述
—	—	Home	移动光标到本行的开始
—	—	End	移动光标到本行的末尾
—	—	Ctrl + Home	移动光标到文件的开始
—	—	Ctrl+End	移动光标到文件的结束

续表

菜单工具条		快捷键	描　　述
—	—	Ctrl+←	移动光标到文本的左边
—	—	Ctrl+→	移动光标到文本的右边
—	—	Ctrl+A	选择当前文件的所有文本
Undo		Ctrl+Z	取消上次操作
Redo		Ctrl+Shift+Z	重复上次取消操作
Cut		Ctrl+X	剪切所选文本
		Ctrl+Y	剪切当前行的所有文本
Copy		Ctrl+C	复制所选文本
Paste		Ctrl+V	粘贴
Indent Selected Text		—	将所选文本右移一个制表键的距离
Unindent Selected Text		—	将所选文本左移一个制表键的距离
Toggle Bookmark	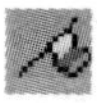	Ctrl+F2	设置/取消当前行的标签
Goto Next Bookmark		F2	移动光标到下一个标签处
Goto Previous Bookmark		Shift+F2	移动光标到上一个标签处
Clear All Bookmarks		—	清除当前文件的所有标签
Find		Ctrl+F	在当前文件中查找文本
		F3	向前重复查找
		Shift+F3	向后重复查找
		Ctrl+F3	查找光标处的单词
		Ctrl+]	寻找匹配的大括号、圆括号、方括号(用此命令将光标放到大括号、圆括号或方括号的前面)
Replace	—	Ctrl+H	替换特定的字符
Find in Files…		—	在几个文件中查找字符

注意：在 μVision 3 2.20a 中，“Ctrl +]”命令作用不大。μVision 3 的 Edit 菜单中还有一个“Goto Matching Brace”命令，其功能是选择匹配的一对大括号、圆括号或方括号中的内容。在操作之前，把光标置于其中一个括号的旁边、前或后都可以，但是要注意，必须紧靠！

附表 3 视图菜单(View)和命令

菜单工具条		快捷键	描 述
Status Bar	—	—	显示/隐藏状态条
File Toolbar	—	—	显示/隐藏文件菜单条
Build Toolbar	—	—	显示/隐藏编译菜单条
Debug Toolbar	—	—	显示/隐藏调试菜单条
Project Window		—	显示/隐藏项目窗口
Output Window		—	显示/隐藏输出窗口
Source Browser		—	打开资源浏览器
Disassembly Window		—	显示/隐藏反汇编窗口
Watch & Call Stack Window		—	显示/隐藏观察和堆栈窗口
Memory Window		—	显示/隐藏存储器窗口
Code Coverage Window		—	显示/隐藏代码报告窗口
Analyzer Window Performance		—	显示/隐藏性能分析窗口
Symbol Window	—	—	显示/隐藏字符变量窗口
Serial Window #1		—	显示/隐藏串口 1 的观察窗口
Serial Window #2	—	—	显示/隐藏串口 2 的观察窗口
Toolbox		—	显示/隐藏自定义工具条
Periodic Window Update	—	—	显示/隐藏窗口框架模式
Workbook Mode	—	—	程序运行时刷新调试窗口
Options …	—	—	设置颜色、字体、快捷键和编辑器的选项

附表 4　项目菜单和项目命令(Project)

菜单工具条		快捷键	描　述
New Project...	—	—	创建新项目
Import μVision Project...	—	—	转化 μVision 的项目
Open Project …	—	—	打开一个已经存在的项目
Close Project...	—	—	关闭当前的项目
Target Environment	—	—	定义工具、包含文件和库的路径
Targets, Groups, Files…	—	—	维护一个项目的对象、文件组和文件
Select Device for Target	—	—	选择对象的 CPU
Remove...	—	—	从项目中移走一个组或文件
Options...		Alt + F7	设置对象、组或文件的工具选项
File Extensions	—	—	选择不同文件类型的扩展名
Build Target		F7	编译修改过的文件并生成应用
Rebuild Target		—	重新编译所有的文件并生成应用
Translate...		Ctrl + F7	编译当前文件
Stop Build		—	停止生成应用的过程
1～9	—	—	打开最近使用的项目文件

附表 5　调试菜单和调试命令(Debug)

菜单工具条		快捷键	描　述
Start/Stop Debuging		Ctrl + F5	开始/停止调试模式
Go		F5	运行程序，直到遇到一个中断
Step		F11	单步执行程序，遇到子程序则进入
Step over		F10	单步执行程序，跳过子程序
Step out of Current Function		Ctrl + F11	执行到当前函数的结束
Stop Running		ESC	停止程序运行
Breakpoints...	—	—	打开断点对话框
Insert/Remove Breakpoint		—	设置/取消当前行的断点
Enable/Disable Breakpoint		—	使能/禁止当前行的断点
Disable All Breakpoints		—	禁止所有的断点
Kill All Breakpoints		—	取消所有的断点

续表

菜单工具条		快捷键	描 述
Show Next Statement		—	显示下一条指令
Enable/Disable Trace Recording		—	使能/禁止程序运行轨迹的标识
View Trace Records		—	显示程序运行过的指令
Memory Map…	—	—	打开存储器空间配置对话框
Performance Analyzer…	—	—	打开设置性能分析的窗口
Inline Assembly…	—	—	对某一个行重新汇编，可以修改汇编代码
Function Editor…	—	—	编辑调试函数和调试配置文件

附表 6 外围器件菜单(Peripherals)和命令

菜单工具条		快捷键	描 述
Reset CPU		—	复位 CPU
Interrupt, I/O - Ports, Serial, Timer, A/D Converter, D /A Converter, I^2C Controller, CAN Controller, Watchdog	—	—	打开片上外围器件的设置对话框。对话框的种类及内容依赖于用户选择的 CPU

利用附表 6 中的工具菜单可以配置、运行 Gimpel PC-Lint、Siemens Easy-Case 和用户程序。通过“Customize Tools Menu…”菜单，可以添加用户想要添加的程序。

附表 7 工具菜单(Tool)和命令

菜单工具条		快捷键	描 述
Setup PC-Lint…	—	—	配置 Gimpel Software 的 PC-Lint 程序
Lint	—	—	用 PC-Lint 处理当前编辑的文件
Lint all C Source Files	—	—	用 PC-Lint 处理用户项目中所有的 C 语言源代码文件
Setup Easy-Case…	—	—	配置 Siemens 的 Easy-Case 程序
Start/Stop Easy-Case	—	—	运行/停止 Siemens 的 Easy-Case 程序
Show File (Line)	—	—	用 Easy-Case 处理当前编辑的文件
Customize Tools Menu…	—	—	添加用户程序到工具菜单中

用附表 7 中的菜单可配置和添加软件版本控制系统的命令。

附表 8　软件版本控制系统菜单(SVCS)命令

菜单工具条		快捷键	描　述
Configure Version Control…	—	—	配置软件版本控制系统的命令

附表 9　视窗菜单(Window)命令

菜单工具条		快捷键	描　述
Cascade	—	—	以互相重叠的形式排列文件窗口
Tile Horizontally	—	—	以不互相重叠的形式水平排列文件窗口
Tile Vertically	—	—	以不互相重叠的形式垂直排列文件窗口
Arrange Icons	—	—	排列主框架底部的图标
Split	—	—	把当前的文件窗口分割为几个
1～9	—	—	激活选中的窗口

附表 10　帮助菜单(Help)和命令

菜单工具条		快捷键	描　述
Help Topics	—	—	打开在线帮助
About μVision	—	—	显示 μVision 版本信息和许可证信息

在 μVision 3 中，可以通过按住 Shift 键和相应的光标操作键来选择文本。如“Ctrl + →”组合键可移动光标到下一个词，“Ctrl + Shift + →”组合键可选择当前光标位置到下一个词的开始位置之间的文本。当然，也可以用鼠标来选择所需文本。选择文本方法如附表 11 所示。

附表 11　选择文本方法

要选择所需文本	鼠 标 操 作
任意数量的文本	在用户要选择的文本上拖动鼠标
一个词	双击此词
一行文本	移动鼠标到此行的最左边，直到鼠标变成右指向的箭头，然后单击
多行文本	移动鼠标到此行的最左边，直到鼠标变成右指向的箭头，然后相应拖动
一个矩形框中的文本	按住 Alt 键，然后相应拖动鼠标

μVision 3 有创建和调试两种操作模式：

(1) 创建模式：让用户编译应用程序中所有的文件，以产生执行程序。

(2) 调试模式：提供一个非常强劲的调试器，用户可以用它来调试用户的程序。

在这两种模式下，用户都可以用源文件编辑器来编辑用户的源代码。

三、创建应用

本节将介绍 μVision 3 的创建模式，并向用户演示如何使用它来创建一个简单的程序，以及生成和维护项目的一些选项，包括文件输出选项、C51 编译器关于代码优化的配置、μVision 3 项目管理器(见附图 2)的特性等。

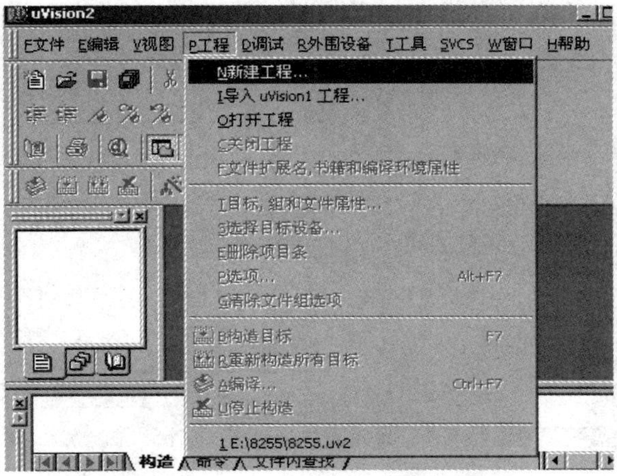

附图 2　μVision 3 的项目管理器

μVision 3 项目管理器可以使用户的 8051 应用系统设计变得简单。要创建一个应用，用户需要按下列步骤进行操作。

1．新建项目文件

μVision 3 是一个标准的 Windows 应用程序，直接单击程序图标就可以启动它。首先要新建一个项目文件，从 μVision 3 的“Project”菜单中选择“New Project”命令可打开一个标准的 Windows 对话框，此对话框要求用户输入项目文件名。

一般建议用户为每个项目建一个单独的文件夹，这样用户就可以在弹出的对话框中单击新建文件夹的图标来得到一个空的文件夹，然后选择子文件夹并键入项目的名称，如 Study。μVision 3 将自动创建一个文件名为“Study.UV2”的新项目文件(见附图 3)。

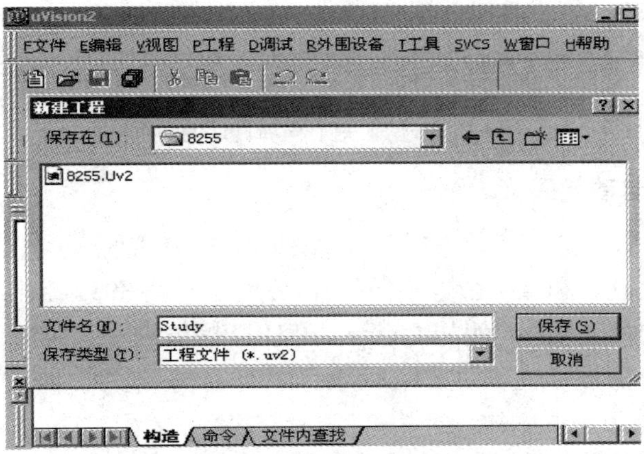

附图 3　创建一个工程名为 Study 的文件

新的项目文件夹包含了一个以默认的文件名命名的目标和文件组，用户可以在项目文件窗口中看到这些名字。

接着从菜单“Project　Select Device for Target”为用户的项目选择一个 CPU。这时弹出的对话框中显示的是器件数据库，用户只要选择所需要的 CPU 就可以了(见附图 4)。

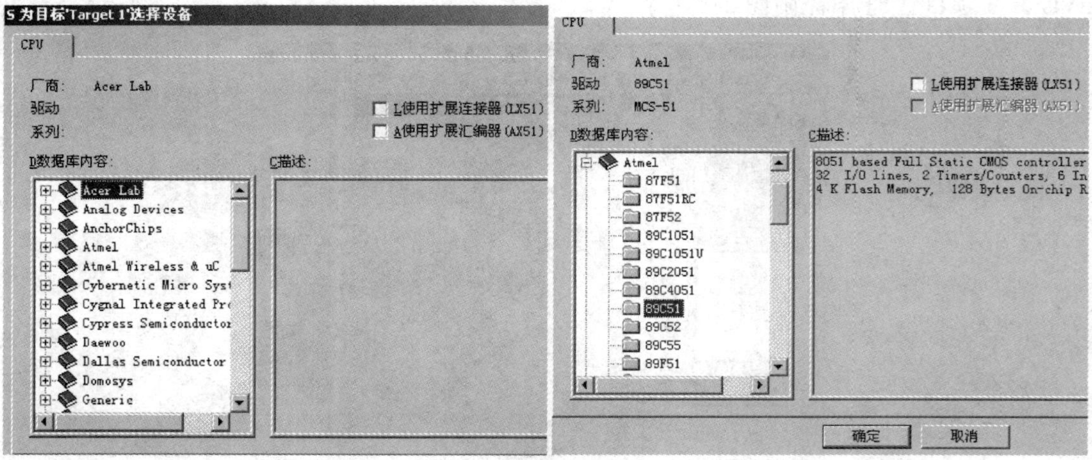

附图 4　选择用户所需 CPU 窗口

然后单击“确定”按钮后，出现如附图 5 所示界面，即完成工程项目文件的建立。

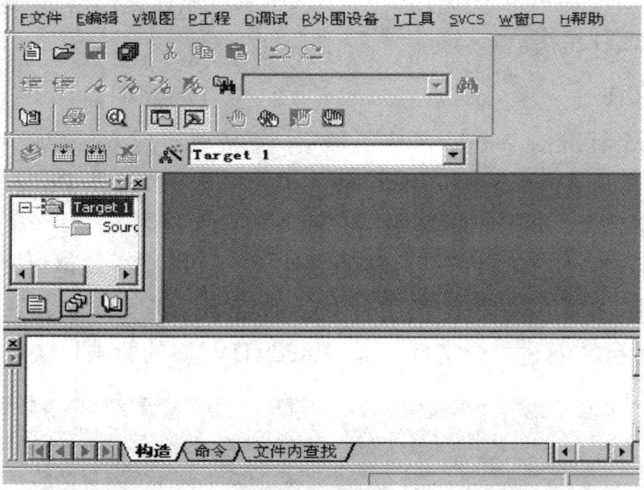

附图 5　建立完工程项目后的界面

2. 增加和配置启动代码

文件“Startup.A51”是大多数 MCS-51 系列单片机准备的启动代码，启动代码可清除数据存储器并初始化硬件和重入函数堆栈指针。另外，一些 8051 派生产品要求初始化 CPU 来满足用户设计中的相应硬件，例如 Philips 8051RD 提供的片上 Xdata RAM 应该在启动代码中启用。假如用户需要修改启动文件来满足自己的目标硬件，就应该把文件 Startup.a51 复制一份到用户的项目文件夹中。

用户应该为自己选择的 CPU 的配置文件创建一个文件组，这是一个良好的习惯。用菜单“Project”→“Targets,Groups.Files…”打开对话框来添加一个名为“System Files”的文件组到用户的目标中，也在此对话框中，用“Add Files to Groups…”按钮把文件“STARTUP.A51”添加到自己的项目中，则项目窗口文件中列出了项目的所有条目。

现在，我们可以看到 μVision 3 的项目窗口文件就应该显示上述所说的文件结构(如附图 6 所示)。在项目窗口中双击文件名“Startup.a51”，用户就可以把它在编辑器中打开。如果用户觉得应该使用所选择器件片上的 RAM，在启动代码中的设置必须匹配“Options for Target”对话框中的设置。

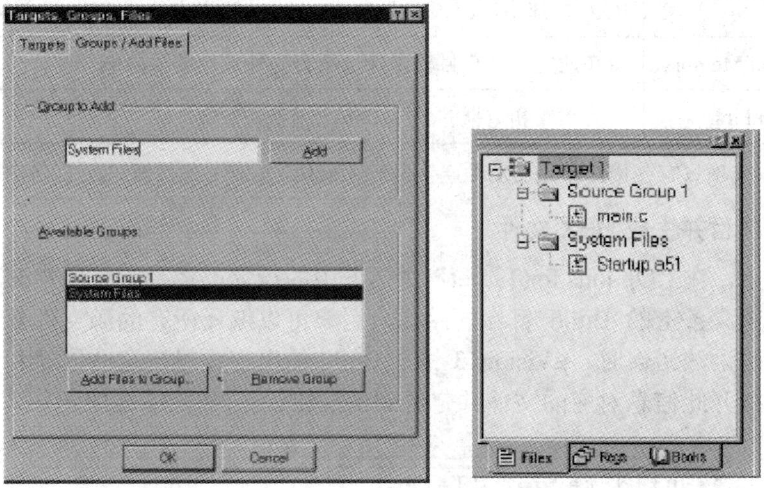

附图 6　添加 Startup 文件的方法和添加后的界面

3．为目标硬件设置选项

μVision 3 允许用户通过“Options for Target”对话框为自己的目标硬件设置选项。“Options for Target”对话框可以通过工具条图标打开，在目标硬件的各个选项卡中，用户可以定义与自己的目标硬件及所选器件的片上元件相关的所有参数，如附图 7 所示为目标硬件设置选项界面。

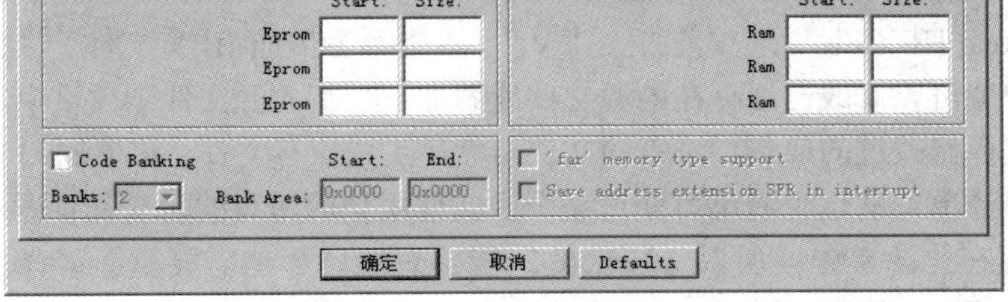

附图 7　目标硬件设置选项界面

附表 12 描述了“Options for Target”对话框的一些选项。

附表 12　“Options for Target”对话框选项

对话框选项	描　述
Xtal	定义 CPU 时钟，对于大多数应用和实际的 XTAL，其频率相同
Memory Model	定义编译器的存储模式。对于一个新的应用，默认的是 SMALL 模式
Use On-chip ROM	定义在启动代码中使能片上元器件的使用。如果用户使用片上 xdata RAM，那用户应该在文件“Star tup.a51”中使能 XRAM 的访问
Off-chip　Xdata Memory	在此定义用户目标硬件上所有的外部存储器区域
Code　Banking	为代码和数据的分段(Banking)定义参数

注意：有些选项只有在用户使用 LX51 连接器时才能用，LX51 连接器只在 LX51 中提供。

4．Build 项目并生成 HEX 文件

通常情况下，在“Options for Target”对话框中的设置已经足够使用户开始一个新的应用。通过单击工具条上的 Build 目标的图标，用户可以编译所有的源文件并生成应用。当用户的应用中有语法错误时，μVision 3 将在 Build 输出窗口显示这些错误和告警信息。双击一个信息将打开此信息对应的文件并定位到语法错误处(如附图 8 所示)。

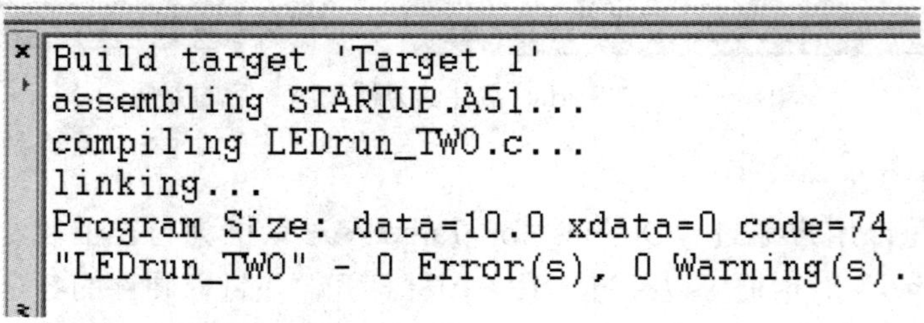

附图 8　Build 后的内容

一旦用户成功的生成了自己的应用，用户就可以开始调试应用了。在用户调试完自己的应用后，需要创建一个 HEX 文件来烧录芯片或模拟软件。当“Options for Target”对话框的“Output 选项卡”中选择输出 HEX 文件时，μVision 3 每进行一次 Build 都会生成 HEX 文件。如果选择了“Options for Target”对话框选项卡“Output”中“Run User Program #1”选项时，则在生成 HEX 文件完成后，将自动运行此处选择的操作，如编写 EPROM 器件等。

不过需要注意的是，在编译之前必须事先按照附图 9 所示的界面进行设置，在“Output”选项卡的“Creat HEX Fi:”选项前打上“ √ ”，否则不会生成 HEX 文件。

此时用户就可以修改已经存在的源文件或添加一个新的源文件到项目中。Build 目标工具条按钮只编译修改过的或新加进来的文件，然后生成执行文件。μVision 3 的一个项目文件也包含项目清单，从这个清单可知道某个源文件用到的所有的包含文件。而且工具配置选项也被保存在此清单中，所以 μVision 3 能够只编译那些需要重新编译的文件。利用“Rebuild A11 Target”(原文为“RebuildTarget”)命令，所有的文件都可被重新编译，而不

论是否被修改过。

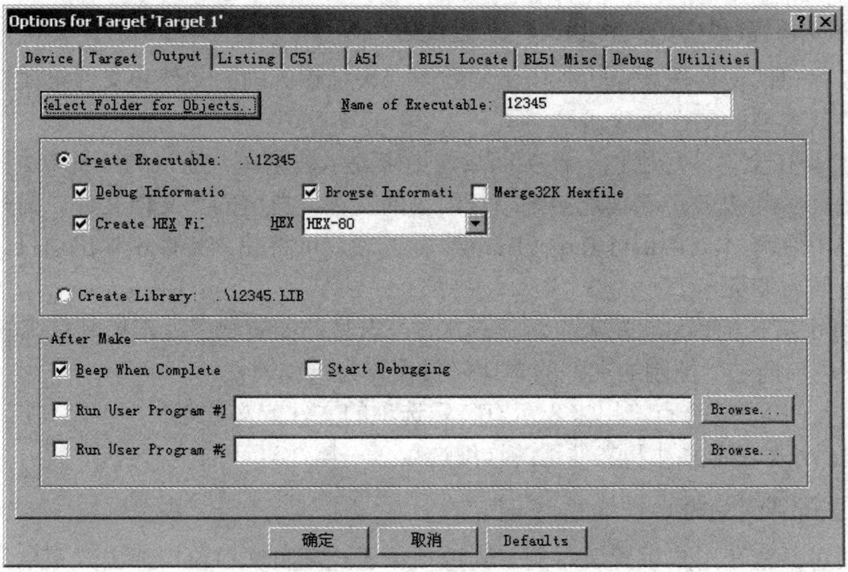

附图 9 设置 HEX 文件界面

5. 项目目标和文件组

通过使用不同的项目目标，μVision 3 允许用户为一个应用创建几个不同的程序。用户也许只需要一个项目目标用来测试，而另一个项目目标则是用户应用系统的发行版本。在同一个项目文件中，允许每个项目目标进行独立的工具设置。

项目窗口向用户展示所有的文件组和相联系的文件，文件按照显示的顺序编译和连接。用户可以通过拖放来移动文件的位置。用户也可以通过单击项目目标或文件组的名字去修改它。右击项目目标或文件组将打开弹出菜单，弹出菜单可以让用户进行以下操作：

(1) 设置工具选项。

(2) 删除条目。

(3) 添加文件到文件组。

(4) 打开文件。

在 Build 工具条上(如附图 10 所示)，用户可以快速改变当前的目标。

文件组是用来让用户把项目中相关的文件放在一组。要求把文件按功能块组织，这在确定用户的软件开发团队中的工程师们的职责时特别有用。我们已经在本例子中使用了文件组去分离与 CPU 相联系的文件和其他文件。利用这个技术，可以轻松地管理拥有几百个文件的复杂项目。

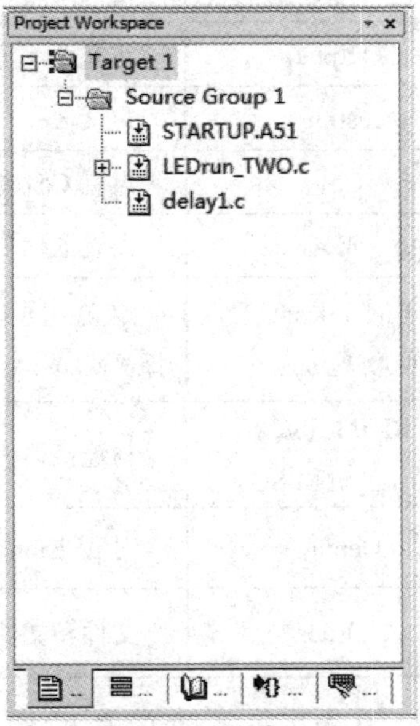

附图 10 Build 工具条

“Project”→“Targets，Groups，Files...”命令允许用户创建项目目标和文件组。我们已经用此命令增加了系统配置文件。

6．浏览项目窗口中的文件和文件组的属性

在项目窗口的文件选项窗口中用不同的图标来标识不同的文件和文件组属性。下面是这些图标及其对应的属性的描述。

图标是在文件图标上加一箭头而成，用来表示被编译、连接到项目中去的文件。

文件图标用来表示不被连接到项目中去的文件，典型的如文档文件。另外，在文件的属性窗口中取消“Include in Target Build”复选项，可将使该文件剔除出项目。剔除出项目的文件也用此图标。

图标上有一把钥匙，用来表示只读文件。典型的如被软件版本控制系统(SVCS)控制的文件，SVCS 把它所控制的文件的本地拷贝设置为只读属性。

图标左边有三个点，用来表示有特殊选项的文件或文件组。

图标用来表示文件和文件组的详细选项——属性对话框。

7．浏览配置对话框

此选项对话框让用户设置所有的工具选项。通过项目文件窗口弹出式菜单，用户可以为文件组或者一个单独的文件设置不同的选项。附表 13 描述了项目目标配置对话框的选项卡。在此处的描述表中，用户仅仅能够获得对话框相应的选项卡。利用对话框中的帮助按钮，用户可以获得大多数对话框选项的帮助。

附表 13　配置对话框选项卡描述

对话框的选项卡	描　述
Target	定义用户应用的硬件
Output	定义 Keil 工具的输出文件，并让用户定义生成处理后执行的用户程序
Listing	定义 Keil 工具输出的所有列表文件
C5l	设置 C51 编译器的一些特殊工具选项，如代码优化或变量分配
A51 或 AX51	设置汇编器的特殊工具选项，如宏处理
BL5 Locate 或 X5l Locate	定义不同类型的存储器和存储器的不同段的位置。典型情况下，用户可以选择“Memory Layout from Target Dialog”选项来获得自动设置
BL5l MiSC 或 LX 5l MiSC	与连接器相关的其他设置，如告警或存储器指示
Debug	对 μVision 3 ebugger 的设置
Utilities	文件和文件组的文件信息和特别选项

在 BL51 Locate 选项卡中，一旦用户使能“Use Memory Layout from Target Dialog”选项(如附图 11 所示)，μVision 3 便可使用从用户所选择器件和目标标签页中所得的存储器信息。用户还可以添加附加的段到这些设置中。

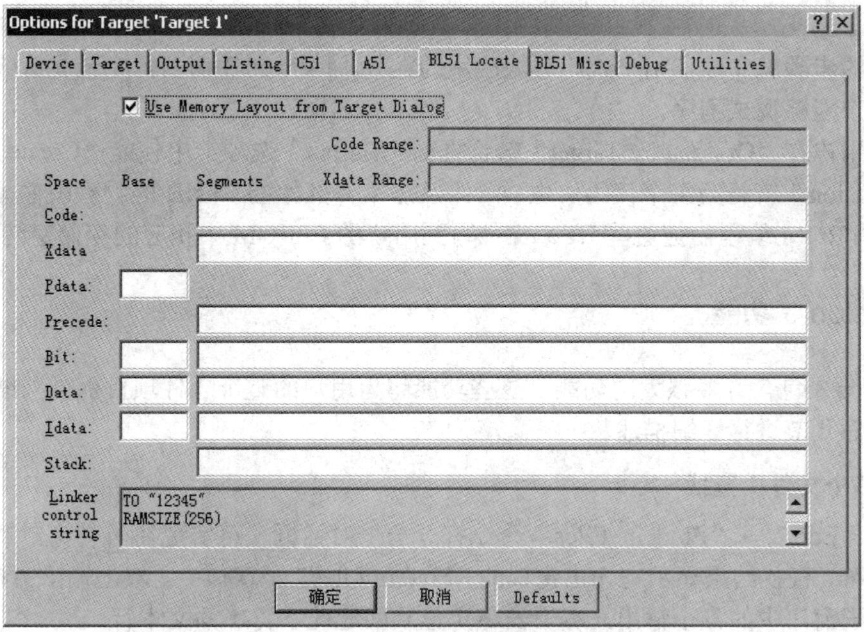

附图 11　代码块或公共区域选择对话框

8．代码分块(Code Banking)

一个标准的 51 单片机能最多寻址到 64 KB 的代码空间。为了突破 64 KB 代码空间的限制，Keil 8051 工具支持代码分块。这个技术可让用户管理一个公共区域和 32 个每个最大达 64 KB 的块，从而达到总共 2 MB 的代码切换空间。

例如：用户的硬件可以包括一个位于 00000～07FFF 空间的 32 KB 的程序存储器 ROM(如用户所熟知的公共区域或公共 ROM)和四块位于 0x8000～0xFFFF 空间的 32 KB 的 ROM(如用户所知的代码块 ROM)。通常情况下，代码块通过端口线选择。

代码分段在“Options for Target”对话框的“Target”选项卡中使能和配置。在此选项卡中输入用户硬件支持的代码分块的个数和分块的区域即可。

为了配置用户的分块硬件，用户需要将文件“C51\LIB\L51_BANK.A51”加入到用户的项目中。复制此文件到用户的项目文件夹，把它和用户项目中的其他源文件放在一起，并添加它到用户项目的一个文件组中。文件“C51\LIB\L51_BANK.A51”必须经过修改以便符合用户的目标硬件。

每个文件或文件组通过其“Options for Target”对话框的“Utilities”选项卡可以被定义到一个特定的代码块中。

通过右击项目窗口中的文件或文件组来打开此文件或文件组的“Options for Target”对话框。此对话框允许用户选择哪个代码块或公共区域。

公共区域可以被所有的代码块访问，此公共区域常常包括那些必须一直需要访问的进程和数据常量，如中断进程、中断与复位向量、字符串常量和块切换进程。所以连接器只需把一个模块中的程序段定位到相应的块区域中(数据常量放在公共区域中)。如果用户能够确定某些常量段的信息只被某个特定的代码块访问，用户就可以在“Options for Target”对话框的“BL51 Misc”选项卡中用“Bankx”来指示连接器把这些常量段定位到此特定的代码块中。

以上的步骤就完成了用户代码分块应用的配置。μVision 3 调试器完全支持代码分块，从而让用户能够调试程序。

如果用户在“Options for Target”对话框的“Output”选项卡中使能“Create HEX File”选项，μVision 3 就将为每个代码块生成一个从地址 0 开始的 64 KB 的物理映像。用户需要用用户的 PROM 编程器把这些 HEX 文件写到用户的 EPROM 中相应的存储空间中。

四、μVision 3 功能

μVision 3 包含许多强大的功能，这些功能将为用户的整个软件项目提供帮助。这些功能将在下面几节进行详细描述。

1. 多个文件中查找

单击“Edit”→“Find in Files”命令打开一个对话框，可实现在所有特定的文件中查找一个字符。查找结果显示在输出窗口的“Find in Files”子窗口中。双击输出窗口的“Find in Files”子窗口中的某个输出，编辑器将定位到匹配此字符串的文本行。

2. 资源浏览器

资源浏览器可显示用户程序中所用符号的信息。如果“Options for Target”对话框的“Output”选项卡中“Browser Information”选项被选中，则编译器在编译时将把浏览信息包含到项目文件中。单击“View”→“Source Browser”命令可打开资源浏览器窗口(如附图 12 所示)。

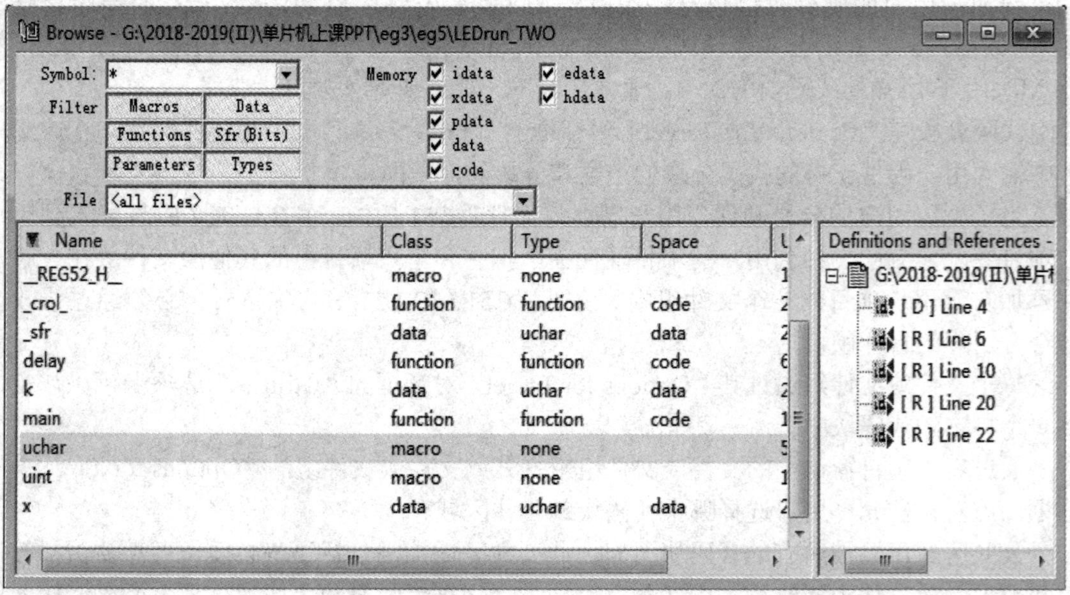

附图 12　资源浏览器窗口

附图 12 浏览窗口列出了符号名、类、类型、存储器空间和使用的次数。单击列名将按此列排序显示信息。用户可以用附表 14 描述的选项来过滤浏览的信息。

附表 14 资源浏览器选项

资源浏览器选项	描　　述
Symbol	定义一个屏蔽格式，用来显示与其相匹配的符号。此屏蔽格式可以包含实际的字符和以下通配字符： #：匹配数字 0～9 $：匹配任意字符 *：匹配任意字符串(包括 NULL)
Filter on	选择需要显示的符号的类型
File Outline	选择一个文件，显示此文件中的符号资源
Memory Spaces	定义需要显示的符号的存储类型

附表 15 中列出了一些符号代码的例子。

附表 15 符号代码示例

代码	代表的符号名
*	可代表任何符号。此符号是资源浏览器默认的代码
#	可代表有一个数字的符号，数字在符号的任何位置
a$#*	代表的符号以下划线开头，接着为字母 a，然后依次为任一字母和任一数字，最后为任一字符或不加字符
_*ABC	下划线加任意字符或不加，然后接 ABC

右击资源浏览器“Definitions and references”框中显示的定义或引用，弹出的菜单可以让用户在编辑器中打开相应的内容。

用户可以使用编辑窗口中的浏览信息，方法为：选中用户要找的条目并用鼠标右键单击可打开局部菜单，或者使用如附表 16 所示的快捷键。

附表 16 快 捷 键

快　捷　键	描　　述
F12	跳转到定义处并将光标置到符号定义处
Shift+F12	跳转到引用处并将光标置到符号引用处
Ctrl+Num+	跳转到下一处的引用或定义处
Ctrl+Num-	跳转到前一处的引用或定义处

3. 开发工具参数的键序列值表示

开发工具参数的一个键序列可以用来从 µVision 3 开发环境向外部用户程序传递参数。键序列可以应用在工具菜单、SVCS 菜单以及用户程序(在“Options for Target”对话框的“Output”选项卡中定义)的参数中传递。一个键序列是键码和文件码的组合。下面列出有效的键码和文件码(如附表 17 和附表 18 所示)。

附表 17 键 码

键码	定义由文件码所确定的文件的路径
%	包含扩展名的文件名，但是不包含路径(如：PROJECT1.UV2)
#	包含绝对路径的文件名(如：C:\ MYPROJECT\PROJECT1.UV2)
@	不包含路径和扩展名的文件名(如：PROJECT1)
$	文件夹名(如：C: \MYPROJECT)
~	当前光标所在位置的行号(仅仅在文件码为 F 时有效)
^	当前光标所在位置的列号(仅仅在文件码为 F 时有效)

注：键码 ~ 和 ^ 只在文件码为 F 时有效。要在用户程序的命令行使用 $、#、%、@、~或 ^，可用 $$、##、%%、@@、~~ 或 ^^ 格式。例如，@@在用户程序的命令行上提供一个单独的@字符。

附表 18 文 件 码

文件码	定义插入在用户程序命令行上的文件名或参数
F	在项目文件窗口中选定的文件(如：MEASURE.C)。如果选择的是目标名，则返回项目文件；如果选择的是文件组名，则返同当前活动编辑器中的文件
P	当前项目名(如：PROJECT1.UV2)
L	连接器输出文件，通常为调试而生成的可执行文件(如：PROJECT1)
H	HEX 应用文件(如：PROJECT1.H86)
E	µVision 3 可执行文件(如：C: \KEIL\UV2\uv2.EXE)

附表 19 是应用在 SVCS 系统中的文件码。

附表 19 SVCS 系统中的文件码

文件码	定义插入在用户程序命令行上的文件名或参数
Q	为 SVCS 系统保持注释的文件名
R	为 SVCS 系统保持修正码的字符串
C	为 SVCS 系统保持校验码的字符串
U	用户名(在 SVCS→Configure Version Control→User Name 中定义)
V	文件名(在 SVCS→Configure Version Control→Database 中定义)

注：Q、R、C、U 和 V 只能和键码%组合使用。

4. 使用工具菜单

通过工具菜单用户可以运行外部程序。要添加自定义程序到工具菜单，可以通过单击“Too1s”→“Customize ToolS Menu…”命令打开工具菜单对话框，在此对话框中可配置用户应用的外部参数。

如附表 20 所示为工具菜单对话框条目描述。

附表 20　对话框条目描述

对话框条目	描　述
Menu Content	工具菜单上显示的文本。其中每行都可以包括键码和文件码。用与符号(&)来定义一个快捷键。用户可以定义当前选择的菜单行下面列出的各个选项
Prompt for Arguments	如果选中，那么在用户点击此菜单时，一个对话框将弹出，提示用户输入用户程序命令行参数
Run Minimized	如果选中，将使此应用程序正运行的窗口最小化
Command	输入用户单击此菜单时运行程序的路径
Initial Folder	应用程序的当前工作目录。如果为空，则 μVision 3 用当前项目所在的目录
Arguments	传递给应用程序的命令行参数

工具菜单对话框界面如附图 13 所示。

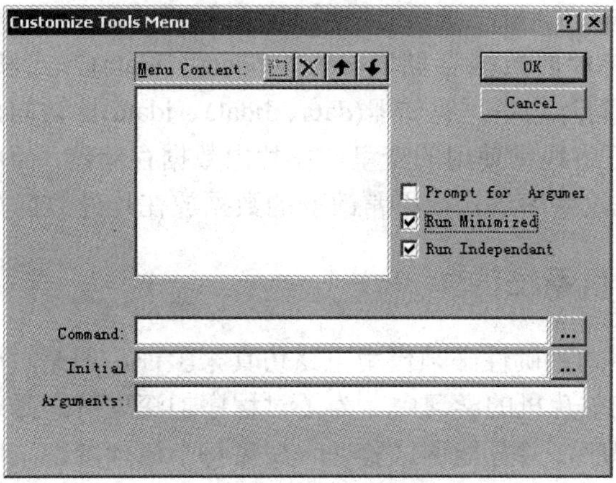

附图 13　工具菜单对话框界面

另外要说明的是：基于应用程序的命令行输出被复制到一个临时文件中，当此应用执行完成后，此临时文件的内容将在 Build 的输出窗口列出。

5. 编写优化代码

许多配置参数会影响单片机应用代码的质量。但是对于绝大部分应用，使用默认的工具设置都能产生良好的代码，用户可以通过修改参数改善代码空间和执行速度。另外，以下方法能起到优化代码的作用。

(1) 尽量用无符号类型，常用的数据类型主要有 bit、unsigned char、unsigned int，偶尔可用 unsigned long，尽量不用 float、double 类型。

(2) 数据类型的选择：能用小的类型尽量用小类型，例如能用 bit 不用 unsigned char，能用 unsigned char 不用 unsigned int。

(3) 尽量少用数组，若在整个程序运行过程中数据不改变，则数组声明前加上 code，使得数组放在程序代码区。

(4) 单片机的内部 RAM 空间比较小，在学习写小程序期间尽量养成节省存储空间的习惯，为今后的大程序做好准备。

(5) 适当用一些全局变量，但全局变量过多会影响程序的移植性。

(6) 单片机需要有一个死循环，这个死循环通常放在主函数中，除这个死循环外，主函数中不要再用循环语句；主函数应该比较简单，尽量用函数完成，当然根据程序的需要可以适当加入 if 语句。

(7) 可以适度使用 C 语言的指针、结构体和共用体。

(8) 尽量掌握汇编语言，明白 C 语言和汇编语言的关系，写出适合单片机汇编语言的 C 语言代码。

6. 存储模式和存储类型

对代码空间和执行速度影响最大的是存储模式。存储模式影响变量的存取。详细信息参照“存储模式”章节。存储模式可在 Options for Target-Targetdialog 菜单栏选择。

存储模式基本上都采用 SMALL 模式。SMALL 模式为默认模式，它是将所有缺省变量、参数及局部变量放在片内 RAM 中，其优点是访问速度快，缺点是空间有限，适用于中小程序。如果程序没有扩展 RAM，就只能采用 SMALL 模式。

存储类型包括访问片内数据存储器(data、bdata、idata)方式和访问片外数据存储器(xdata、pdata)方式。访问片内数据存储器(data、bdata、idata)比访问片外数据存储器(xdata、pdata)相对要快一些。可将经常使用的变量放在片内数据存储器，而将数据量较大且数据固定不变的数组、表格、汉字库等，或不常改变的数据放在片外数据存储器中。

五、Proteus 的单片机系统仿真

单片机 Keil C 程序的正确性必须借用电路仿真来验证，但是对于不同的电路，单片机程序也会有所不同。在单片机的学习中，为了对程序加深理解，必须能对不同的单片机原理图编写不同的开发程序，并且能调试验证。如果每个原理图都采用硬件系统实现，势必耗费很大，而且也不现实。英国 LabCenter Electronics 公司推出的 Proteus 套件可以对基于单片机的设计以及连同所有的附带电子器件一起仿真。用户甚至可以实时采用如 LED/LCD、键盘和 RS232 终端等动态外设模型对设计进行交互仿真。目前在单片机的教学过程中，Proteus 套件已越来越受到重视，并提倡将其应用于单片机数字实验室的构建之中。Proteus 支持的单片机芯片(MicroProcessors Ics)包括 8051 系列、AVR 系列、PIC 系列、HC11 系列、ARM7/LPC2000 系列以及 Z80 等。

在 PC 上安装 Proteus 软件后，即可完成单片机应用系统原理图电路绘制、PCB 设计，也可以与 μVision3 IDE 工具软件结合进行编程仿真调试。本章以 ISIS 7 Professional 为例，介绍 Proteus 在单片机系统设计中的应用。

Proteus 软件继承了原理布图、混合模式 SPICE 电路仿真、PCB 设计以及自动布线的功能，可实现一个完整的电子设计。它由 ISIS 和 ARES 两个软件构成，其中 ISIS 是一款便捷的电子系统仿真平台软件，ARES 则是一款高级的布线编辑软件。

1. ISIS 7 Professional 界面介绍

安装 Proteus 后，运行 ISIS 7 Professional，会出现如附图 14 所示的窗口界面。窗口内各部分的功能用中文做了标注。ISIS 7 Professional 中的大部分操作与 Windows 的操作类似。

下面简单介绍各部分的功能。

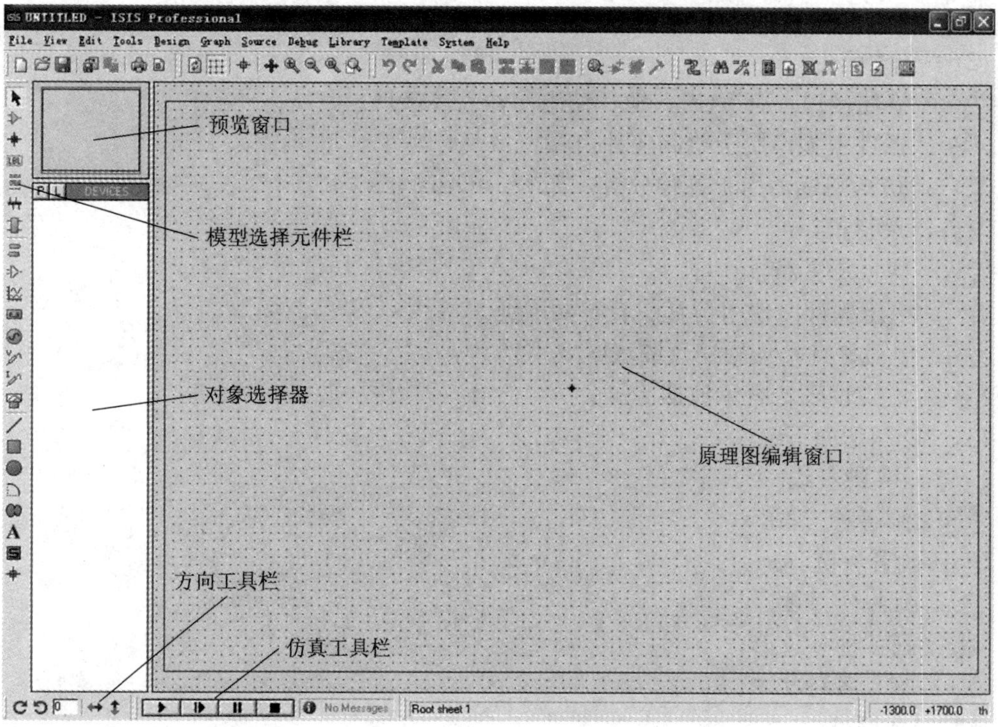

附图 14　ISIS 7 Professional 的窗口界面

1) 原理图编辑窗口

原理图编辑窗口是用来绘制原理图的。方框内为可编辑区，元器件要放到该区域内。与其他 Windows 应用软件不同，这个窗口没有滚动条时，可以用左上角的预览窗口来改变原理图的可视范围。

2) 预览窗口

预览窗口可以显示两个内容：在对象选择器中选择一个元件时，它会显示该元件的预览图；当鼠标焦点落在原理图编辑窗口时(即放置元件到原理图编辑窗口后或在原理图编辑窗口中单击鼠标后)，它会显示整张原理图的缩略图，并显示一个绿色的方框，绿色方框里面的内容就是当前原理图窗口中显示的内容，因此可用鼠标在它上面点击来改变绿色方框的位置，从而改变原理图的可视范围。

3) 模型选择元件栏

(1) 主要模型如下：

：用于即时编辑元器件参数(先单击该图标再单击要修改的元件)。

：选择元器件(默认选择的)。

：放置连接点。

：放置标签(相当于网络标号)。

：放置文本。

：用于绘制总线。

：用于放置电路。

(2) 配件如下：

：终端接口，有 VCC、地、输出和输入等接口。

：器件引脚，用于绘制各种引脚。

：仿真图标，用于各种分析，如 Noise Analysis。

：录音机。

：信号发生器。

：电压探针，使用仿真图表时要用到。

：电流探针，使用仿真图表时要用到。

：虚拟仪表，有示波器等。

(3) 2D 图形如下：

：画各种直线。

：画各种方框。

：画各种圆。

：画各种圆弧。

：画各种多边形。

：输入各种文本。

：画符号。

：画原点。

4) 对象选择器

用于挑选元件、终端接口、信号发生器、仿真图表等。例如，当选择元件(Components)时，单击“P”按钮会打开挑选元件对话框，选择了一个元件后(单击“OK”按钮后)，该元件会在对象选择器中显示，以后用到该元件时，只需在对象选择器中选择即可。

5) 方向工具栏

：用于旋转，旋转角度只能是 90 的整倍数。

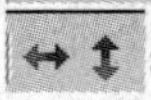：用于翻转；水平翻转和垂直翻转。

使用方法：先单击右键选中元件，然后选择相应的旋转图标。

6) 仿真工具栏

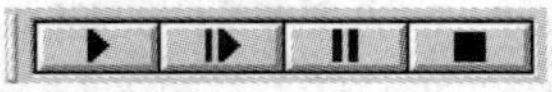：从左至右依次分别是运行、单步运行、暂停和停止按钮。

2. 绘制电路原理图

下面通过一个简单的示例说明绘制原理图过程(限于软件，这里未使用国标器件，请读者注意)。

1) 将所需器件加入到对象选择器窗口

单击对象选择器按钮，在弹出的“Pick Devices”窗口中使用搜索引擎，即在“Keywords”栏中分别输入“AT89C52”“8255A”“SWITCH”“74HC373”“10WATT1K”和“LED-RED”进行搜索，然后在搜索结果“Result”栏中找到该对象，并将其添加至对

象选择器窗口，如附图 15 所示。

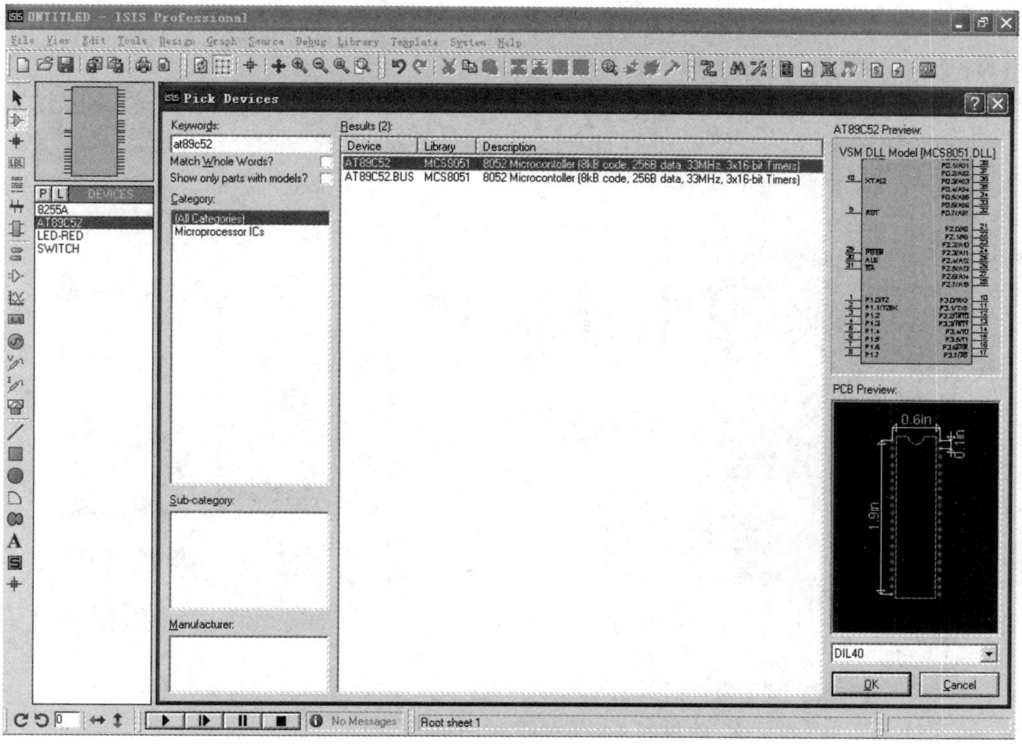

附图 15　把器件加入到对象选择器界面

2) 放置器件至原理图编辑窗口

将“AT89C52”“8255A”“SWITCH”“SWITCH”和“LED-RED”放置到原理图编辑窗口，如附图 16 所示。

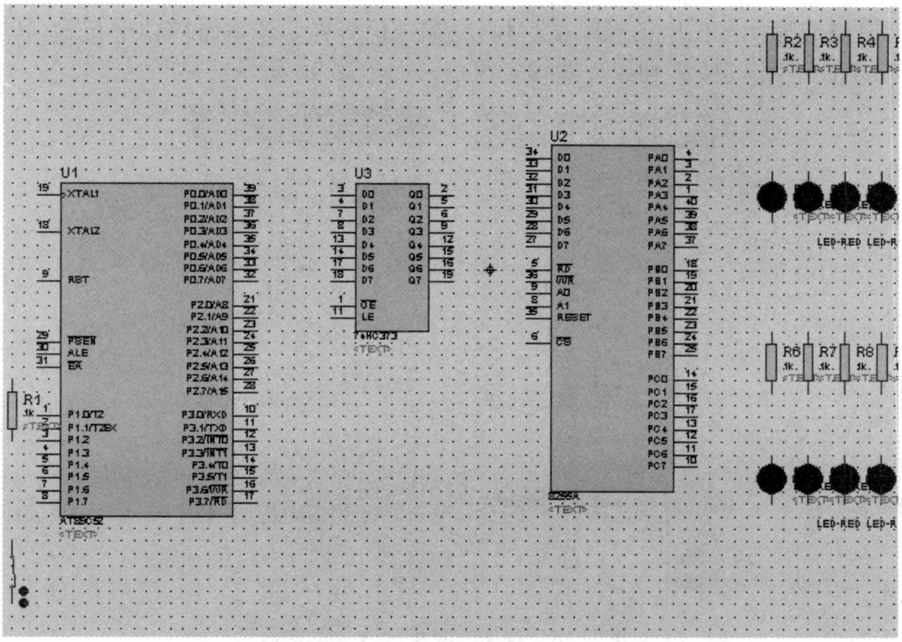

附图 16　放置器件至图形编辑窗口界面

3) 放置总线至原理图编辑窗口

单击绘图工具栏中的总线按钮 ，使之处于选中状态。用鼠标将总线按钮拖放到图形编辑窗口中，绘制如附图 17 所示的总线。

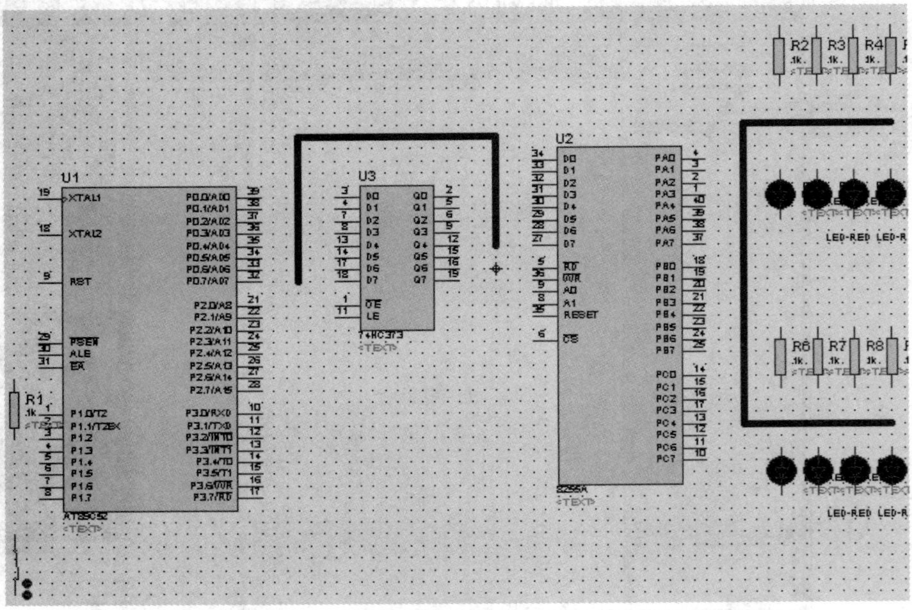

附图 17 放置总线至图形编辑窗口界面

在绘制总线的过程中应注意：当鼠标的指针靠近对象的连接点时，鼠标的指针会出现一个“×”号，表明总线可以接至该点；在绘制多段连续总线时，只需要在拐点处单击鼠标左键，其他步骤与绘制一段总线相同。

4) 添加电源和接地引脚

单击模型选择元件栏中的终端接口按钮 ，在对象选择器窗口选中对象“POWER”和“GROUND”，将其放置到原理图编辑窗口，如附图 18 所示。

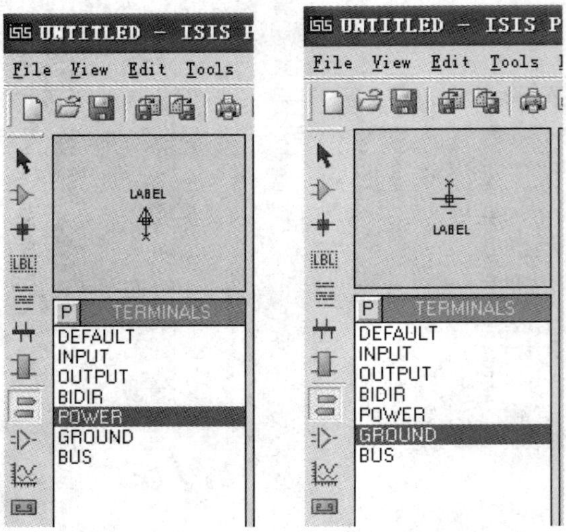

附图 18 添加电源和接地引脚界面

5) 绘制器件之间的连线

在原理图编辑窗口中，绘制各种对象的连线，如附图 19 所示。

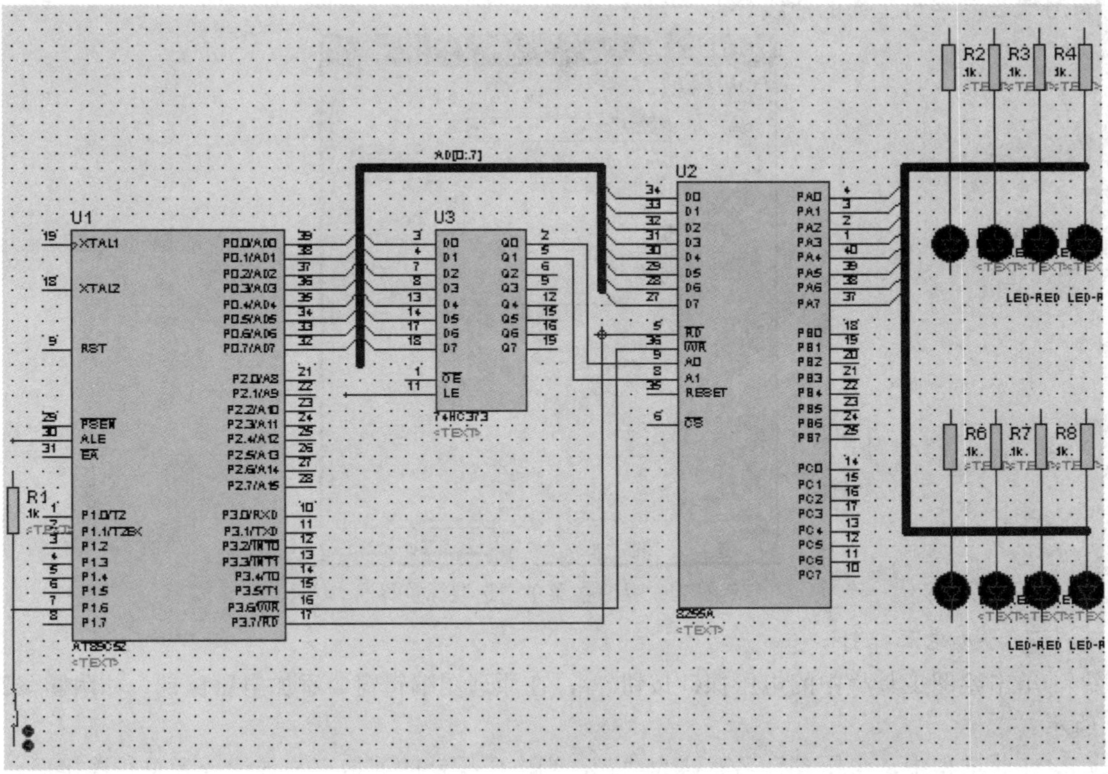

附图 19　绘制器件之间连线界面

此过程要注意：当线路出现交叉点时，若出现实心小黑圆点，表明导线接通，否则表明导线没有接通。当然，我们也可以通过绘制工具栏中的连接点按钮使两交叉线接通。

6) 给导线或总线加标签

单击绘图工具栏中的导线标签按钮 LBL，在原理图编辑窗口，完成导线或总线的标注。如附图 20 所示。

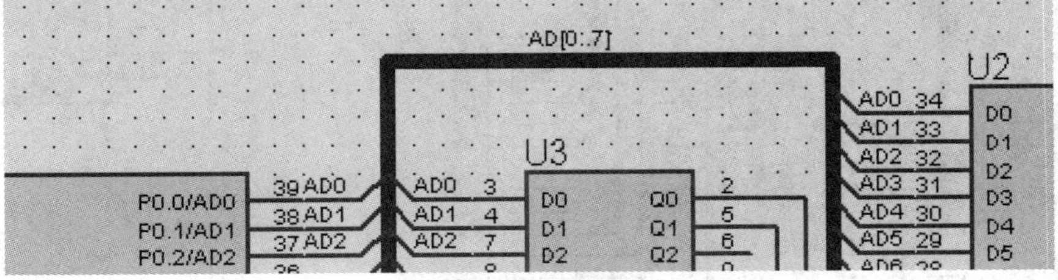

附图 20　给导线或总线加标签的局部图

此过程要注意：此总线由于与各导线都有明确的标签，可以不用标示总线名称，但为了演示更加清楚，本例题中已经标示。总线的命名可以与单片机的总线名相同，也可以不同。例如，总线名为 AD[0～7]，意味着此总线可以分为 8 条彼此独立的且命名为 AD0、AD1、AD2、AD3、AD4、AD5、AD6、AD7 的导线。该总线一旦标注完成，则系统可自动在导线标签编辑页面的“String”栏的下拉菜单中选取，如附图 21 所示。若标注名为 $\overline{WR}$，则直接在导线标签编辑页面的“String”栏中输入“WR”即可，也就是说，可以用两个“$”符号来表示字母上面的横线。

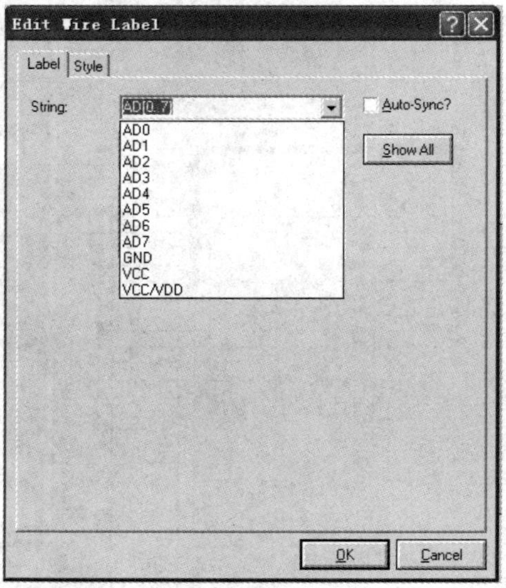

附图 21　从下拉菜单中选取标签界面

7) 添加电压探针

单击绘图工具栏中的电压探针按钮，在原理图编辑窗口添加电压探针，如附图 22 所示。

在此过程中，电压探针名默认为“?”，当电压探针的连接点与导线或者总线连接后，电压探针名自动更改为已标注的导线名、总线名或者与该导线连接的设备引脚名。

8) 添加文字标注

单击绘图工具栏中的文字标注按钮 **A**，在原理图编辑窗口完成文字标注的添加，如附图 23 所示。此处添加的文字标注为“跑马灯亮灯方式按钮”。

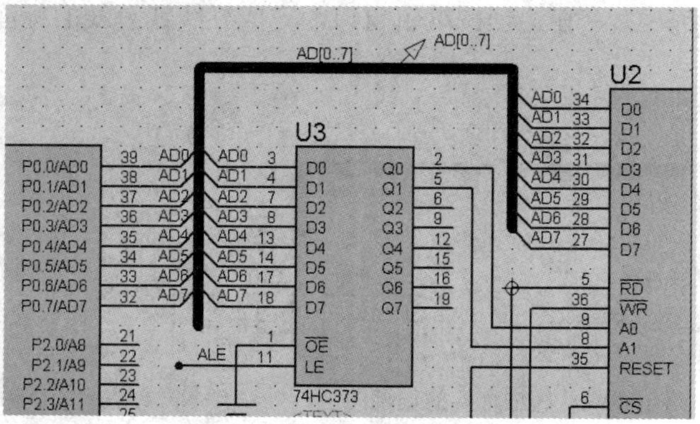

附图 22　添加电压探针界面

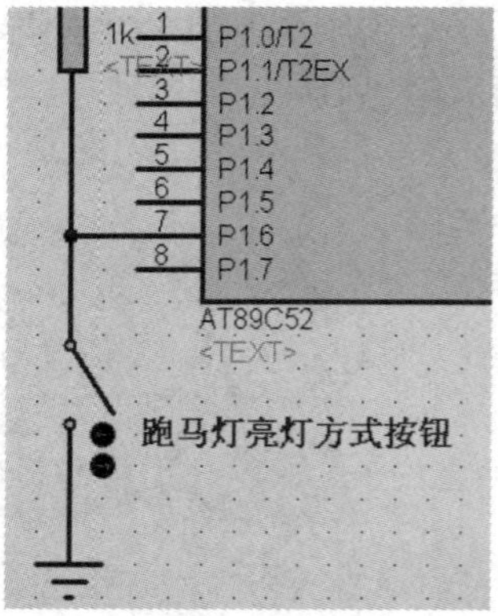

附图 23　添加文字标注界面

9) 添加虚拟仪器

单击绘图工具栏中的添加虚拟仪器按钮，选择“VIRTUAL TERMINAL”，完成虚拟仪器的添加和接线，如附图 24 所示。

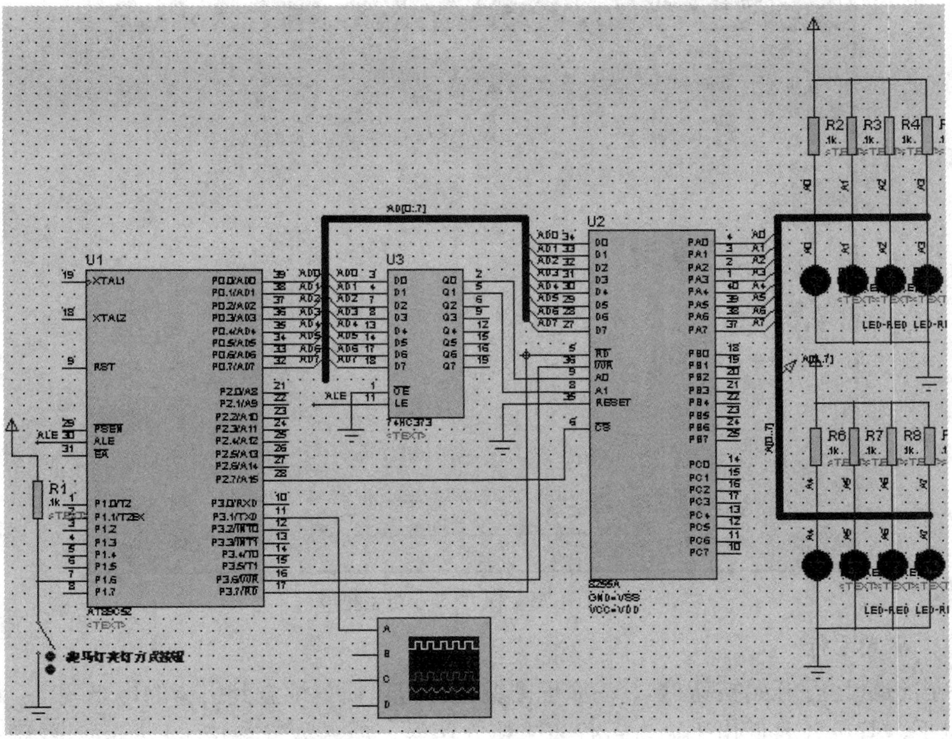

附图 24　添加虚拟仪器界面

10) 修改 AT89C52 属性并加载程序文件

在原理图编辑窗口双击 U1 芯片 AT89C52，打开“Edit Component”对话框，如附图 25 所示。在“Program File:”选项选择用户项目 HEX 文件，例如“Myproject”文件夹下的文件“shili.hex”。在“Clock Frequency”文本框中填入“11.0592 MHz”，其他选项默认，单击“OK”按钮退出。

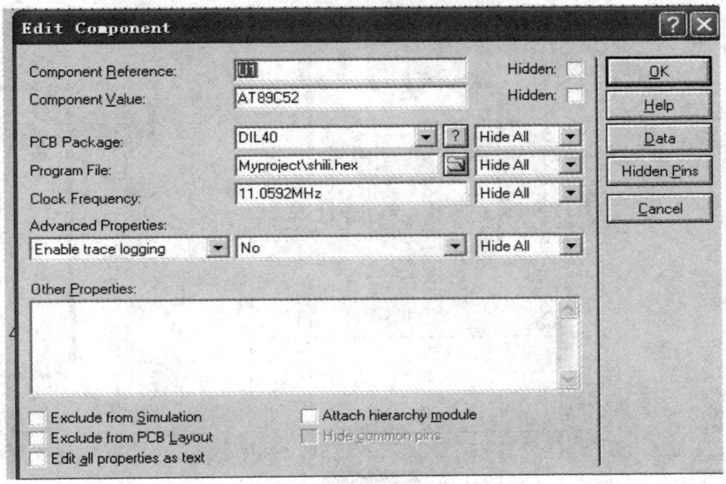

附图 25　修改 AT89C52 属性并加载程序文件

从“File”下拉菜单选择“Save”命令，出现如附图 26 所示对话框，将文件命名为“Proteus-example.DSN”，单击“保存”按钮。至此，我们便完成了整个电路图的绘制。

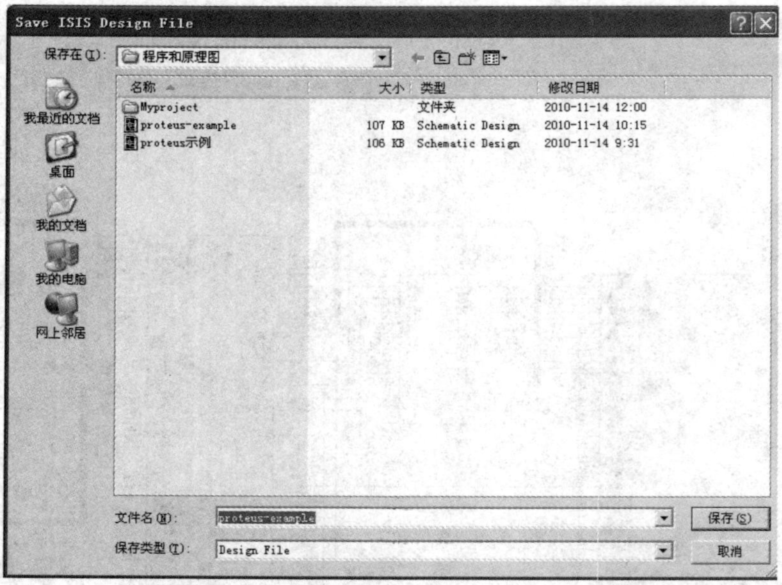

附图 26　保存文件对话框

11) 调试运行

单击仿真运行开始按钮 ▶，在原理图编辑窗口可清楚地看到引脚的电平变化，红色代表高电平，蓝色代表低电平，灰色代表未接入信号，或者为三态。而且还可以看到连到单根信号线上的电压探针高、低电平值在周期性地变化，连到总线上的电压探针的值显示的是总线电压值。如附图 27 所示为程序调试运行窗口，虽然与 Keil C 中的情况完全吻合，但更直观。附图 28 所示为虚拟终端窗口显示的 printf 的打印信息。

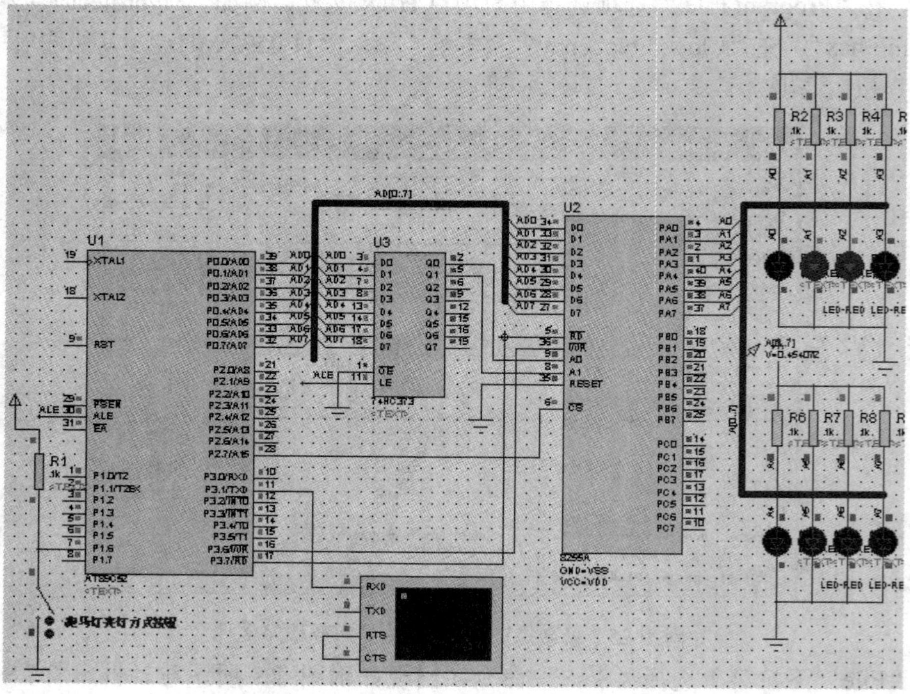

附图 27　调试运行窗口

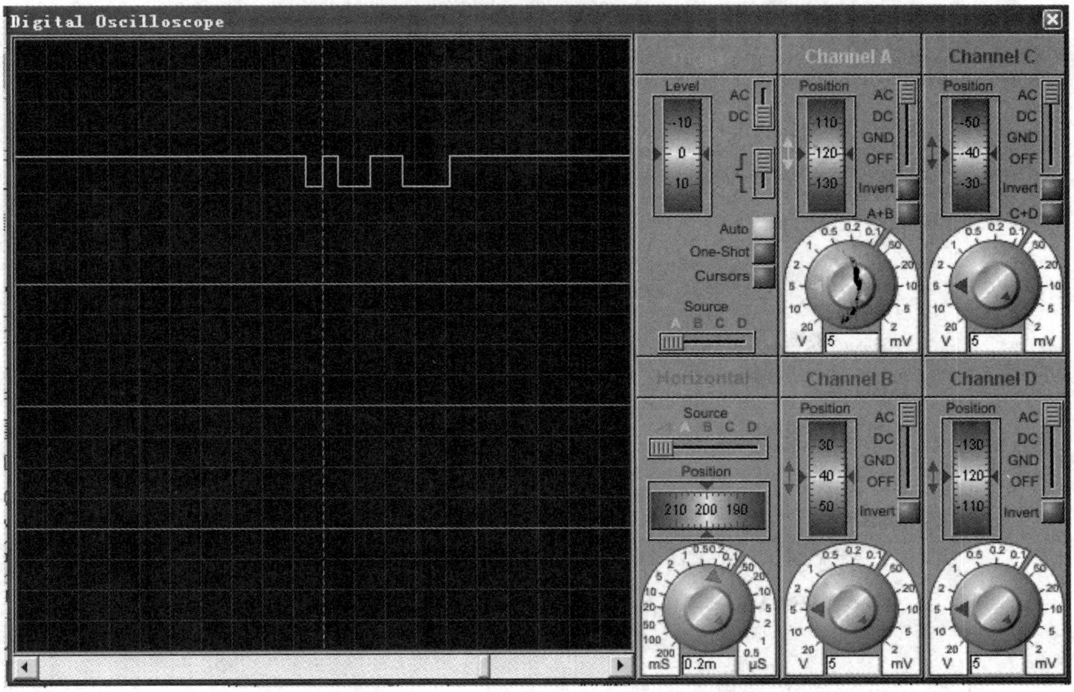

附图 28　虚拟终端窗口显示界面

单击仿真运行结束按钮■，结束仿真。

程序代码如下：

```
#include <reg51.h>                    //片内寄存器定义
#include <absacc.h>                   //输入输出函数库
#include <intrins.h>                  //内部函数库
#define uchar unsigned char;
#define uint unsigned int;
#define PA8255 XBYTE[0x7ffc]          // 8255PA 端口地址定义
#define PB8255 XBYTE[0x7ffd]          // 8255PB 端口地址定义
#define PC8255 XBYTE[0x7ffe]          // 8255PC 端口地址定义
#define COM8255 XBYTE[0x7fff]         // COM8255 端口地址定义
uchar A;
sbit select=P1^6;                     //跑马灯显示控制键定义
void delay(unsigned char);
void InitialUart();
/*****************主函数***********************/
void main(void)
{
   InitialUart();                     //串口初始化
   EA=1;                              //允许所有中断被响应
```

```
    ES=1;                                   //允许串行口响应中断
    TR1=1;                                  //定时器/计数器 1 开始计数

    COM8255=0x80;                           //8255 初始化，PA、PC 端口为输出
    A=0x03;                                 //待发字节赋初值
    while(1)
    {
        PA8255=A;                           //跑马灯通过 PA 端口输出显示
        delay(255); delay(255); delay(255); //定义每种显示的时间长度
        SBUF=A;                             //待发字节赋给发送缓冲器
        while(TI==0);                       //等待字节被发送
            TI=0;                           //待发字节已被发送，将 TI 清 0
        if(select)
            A=_crol_(A,1);                  //定义跑马灯循环的方式
        else A=_cror_(A,1);
    }
}
/***************主函数结束******************/
void InitialUart()                          //串口初始化函数
{
    SCON = 0x50;                            //串口方式 1
    TMOD = 0x21;                            //定时器/计数器 1 方式 2，定时器/计数器 0 方式 1
    TH1   = 0xFD;                           //频率为 11.0592MHz、波特率为 9600
    TL1   = 0xFD;
    PCON = 0x00;                            //波特率不用翻倍
}
void delay(unsigned char x)                 //延时，系统主频为 11.0592 MHz
{
    unsigned char k;
    while(x--)                              //延时大约 x ms
    for(k=0; k<125; k++);
}
```

小　结

掌握 Keil C51 软件的应用，能熟练地利用本软件完成单片机 C 语言的编程，掌握单片机 C 语言中多文件的编程方法、编译过程和连接方法；掌握 Proteus 原理图的绘制，并能结合 Keil C51 进行仿真。

习 题

1．描述 Keil C51 软件从工程建立到文件编译，以及最后生成 HEX 文件的方法。

2．简述 Protues 软件中怎样加载 Keil C51 编写的程序代码。

3．Protues 软件中怎样查找晶体振荡器？电源和地线分别怎样画出？

4．描述多文件编译的方法。

5．在 Keil C51 软件中，模拟编写一个程序满足以下要求：假设单片机 P1 端口连接了 8 个 LED，循环显示这 8 个 LED，每次延时大约 0.5 s。

6．怎样模拟操作单片机定时器和中断？试举例调试之。

7．试举一例子完成单文件和多文件的编辑、编译和连接的过程。

参 考 文 献

[1] 胡汉才. 单片机原理及其接口技术[M]. 4 版. 北京：清华大学出版社，2018.
[2] 张毅刚，赵光权，刘旺. 单片机原理及应用[M]. 北京：高等教育出版社，2016.
[3] 宋雪松，李冬明，崔长胜. 手把手教你学 51 单片机(C 语言版)[M]. 北京：清华大学出版社，2014.
[4] 谢维成，杨加国. 单片机原理与应用及 C51 程序设计[M]. 4 版. 北京：清华大学出版社，2019.
[5] 刘德新，范再明. 基于 L6219 芯片脉宽调制细分技术的实现[J]. 深圳信息职业技术学院学报，2005，3(4).